混沌中的机遇

OPPORTUNITIES IN CHAOS

朱伟勇　朱海
——著

上海科学技术文献出版社
Shanghai Scientific and Technological Literature Press

图书在版编目（CIP）数据

混沌中的机遇／朱伟勇，朱海松著．—上海：上海科学技术文献出版社，2023
ISBN 978-7-5439-8809-5

Ⅰ．①混…　Ⅱ．①朱…②朱…　Ⅲ．①混沌理论—普及读物　Ⅳ．①O415.5-49

中国国家版本馆CIP数据核字（2023）第065683号

责任编辑：王　珺
封面设计：留白文化

混沌中的机遇
HUNDUN ZHONG DE JIYU
朱伟勇　朱海松　著
出版发行：上海科学技术文献出版社
地　　址：上海市长乐路746号
邮政编码：200040
经　　销：全国新华书店
印　　刷：商务印书馆上海印刷有限公司
开　　本：720mm×1000mm　1/16
印　　张：19
字　　数：226 000
版　　次：2023年7月第1版　2023年7月第1次印刷
书　　号：ISBN 978-7-5439-8809-5
定　　价：78.00元
http://www.sstlp.com

谨以此书献给东北大学 100 周年校庆

自强不息　知行合一

内容提要

以混沌分形理论为代表的非线性科学的兴起改变了人们对客观世界的认识与思维方式，是一个重大的思维创新。本书以非线性领域中混沌、分形、复杂理论等重要研究课题为历史背景，提纲挈领地阐述了非线性科学思想产生的历史背景和哲学思考。非线性科学自从20世纪60年代启蒙发展以来，已经成为一个重要的学科分支和热门研究领域，并成为21世纪基础科学研究的前沿。本书全景式地解读了非线性科学的发展历程，不仅提纲挈领地描述了混沌分形理论的全新自然观和方法论，也介绍了这一重大创新学科思想的发展历史。同时深入讨论了混沌、分形、秩序、机遇、随机、简单、复杂、整体等非线性思想和复杂思维。作者强调，理解复杂、不确定的世界要从传统的线性思维“范式”向新的复杂思维的非线性“范式”转变。本书通过把混沌分形的非线性理论作为复杂网络应用实践中的工具，强调网络的碎片化传播充满了“蝴蝶效应”，其过程是混沌的，传播的路径是在不同尺度之下、具有幂律分布及“无标度”特征的分形结构。本书以广阔的视野和深刻的洞察力把非线性的复杂思想、混沌思维及分形理论的内在联系融会贯通，以深入浅出、通俗易懂的语言娓娓道来，引领读者以非线性的眼光重新审视我们既熟悉又陌生的世界。

目录

序：中国拉面的数学哲学原理 1
前言：世界本质上是非线性的 7

第一章 非线性科学的哲思 1

一、庞加莱的“三体问题” 2
二、哥德尔的不完备定理:“真”永远大于“证明” 5
三、因果性的丧失:“上帝掷骰子吗?” 10
四、简单性与复杂性 16
五、整体论与还原论 21
六、决定论与随机论 25

第二章 混沌的起源和发展 31

一、混沌的定义 32
二、混沌的起源和发展 34
三、洛伦兹：蝴蝶效应 37
四、斯梅尔：面包师变换与马蹄映射 42
五、罗伯特·梅：逻辑斯蒂模型 46
六、三生乱象：周期 3 导致混沌 50

第三章 混沌是自然的内在特征 53

一、混沌是自然的内在特征：费根鲍姆常数 54
二、混沌与秩序：奇怪吸引子 58
三、混沌的对称性破缺：不可逆的过程 61
四、混沌的边缘：创造性 65
五、预测在原则上是不可能的 68
六、混沌分形理论 71

第四章 大自然的分形 75

一、英国的海岸线有多长 76
二、分形的数学渊源：空间填充曲线 79
三、经典的分形：康托尔尘(Cantor dust) 87
四、上帝的指纹：简单的迭代产生复杂！ 89
五、混沌猜想：斐波那契序列是通向混沌的道路 95
六、新的范式：对经典的挑战 100

第五章 分形的时空 105

一、分形的定义 106
二、分形的维数："量化了物体细节的瀑流" 108
三、分形的伸缩对称性：自相似性 114
四、分形的尺度无关性：标度不变性 119
五、计算之美：混沌分形图 122
六、混沌是时间的分形，分形是空间的混沌 128

第六章 从封闭到开放 133

一、热力学定律 134

二、克劳修斯：熵是无序的度量 137

三、爱丁顿：熵增是不可逆的时间之箭 139

四、玻尔兹曼：熵增的概率解释！ 142

五、负熵与信息论 148

六、热寂说：世界的末日 152

七、达尔文的进化论与热寂说的矛盾 154

八、对热寂说的反驳：远离平衡的开放系统 158

第七章 复杂理论 163

一、探索复杂性：三次浪潮 164

二、复杂的意义及其特征 166

三、远离平衡态：普利高津的耗散结构 169

四、复杂系统的自组织特征：涨落和分叉 175

五、整体大于部分之和：涌现性 179

六、从存在到演化：适应是一种坚强 184

第八章 复杂网络 187

一、网络科学的崛起：具有涌现和自组织行为的复杂网络 188

二、规则网络：从“七桥问题”开始 189

三、随机网络：泊松分布 192

四、社会网络：“六度分离” 194

五、小世界网络：弱关系的强度 196
六、复杂网络：中心节点和幂律分布 204
七、复杂网络的节点增长和择优链接 208
八、复杂网络幂律分布的分形结构 210

第九章 网络的碎片化传播 215

一、复杂网络的碎片化传播 216
二、复杂网络的传播动力学 219
三、碎片化传播的蝴蝶效应 221
四、碎片化传播的对称破缺 226
五、碎片化传播的路径依赖 230
六、网络传播的整体涌现性：破碎的聚合 234

第十章 中国的整体哲学观 239

一、量子纠缠：世界是整体的 240
二、中国整体观哲学对西方的影响 244
三、生命问题：生命是什么 248
四、中医的整体生命观 254
五、中国人的“自然、人、心灵”的思维范式 259
六、文化自信是软实力的基础 262

后记：我对科学方法论的一些体会 267

序：中国拉面的数学哲学原理

中国人吃拉面有几千年的历史了，中国人拉面的技术也堪称世界一流，已达到了出神入化的地步，我们总是可以看到新闻报道中拉面大师可以把一团面拉出成千上万条的细面来，创造出多少吉尼斯世界纪录来，而这一中国人日常生活中最常见的饮食里面却包含着深刻的数学哲学原理。中国道家的重要代表人物庄子说："一尺之锤，日取其半，万世不竭"，遗憾的是这"万世不竭"之后没有得出"极限"的结论，缺少第四句话，更没有得到"零"的概念，只能走向了神秘主义。

可能是由于文化的原因，中国历史上好像从来没有人认真仔细地研究过拉面为什么会被拉出成千上万条来。更进一步地思考，如果一块面被无限地拉下去会发生什么样的情况，运用朴素的直觉，发挥我们的想象力，理论上拉面可以无限地拉下去，是"无限可分性"的，拉出来的每根细面理论上也将无限细下去，所以拉面在数学上是一个极限和集合问题，是无穷小、无穷和连续的问题。在直觉上，这些无限细下去的细面条极限的结果应该是"零"，也就是说，一块面经过拉、压、折叠、振荡、扭曲等复杂过程之后，将被拉"没有"了，是"无"，是"空"！或者按最新的物理发现，最终应该拉出的是看不见、摸不着的构成宇宙间所有物质的最小粒子"上帝粒子"！但是真实的经验告诉我们，拉面仍是可口的，一块面经过反复拉伸之后，只不过是形式发生了变化，它仍是"存在"的。从哲学意义上看，拉面好像是

“有”到“无”的过程，我们中国人可能只顾着吃了，只看眼前的那碗面，没想那么远，没有去让自己的想象空间向无穷的思维延伸，这种极限的悖论，实际上古希腊人从芝诺和毕达哥拉斯开始已经拷问了近2500年的时间！这些拷问是现代数学派系的起源，这种拷问在一百多年前有了实在的数学结果，从数学上看，拉面的极限实质上是“康托尔尘”(Cantor dust)！

古希腊的亚里士多德在2000多年前就拒绝了无穷大和无穷小的存在性。19世纪末，出生在俄国的德国数学家格奥尔格·康托尔(1845—1918)摧毁了亚里士多德统治了几十个世纪的“权威”逻辑。康托尔在快满30岁时发表了他的第一篇关于无穷级数的革命性论文，康托尔不仅证明了无穷这概念具有数学意义，而且无穷也是作为不断增大和永无止境的等级序列而存在的。康托尔的无穷论是过去2500年中对数学的最令人不安的独创性贡献之一，康托尔的连续统集合理论模型是当代研究混沌分形的最原始、最重要的基础模型。历史证明，康托尔的工作被认为是对整个数学，特别是对分析学基础的一个重大贡献，美国数学史家贝尔在《数学大师：从芝诺到庞加莱》一书中评论道：“1874年这篇开拓性的论文，着手建立起所有代数数集合的一个完全意想不到的、高度似是而非的性质”“康托尔在这篇论文中建立的关于全部代数数集合的意想不到和似是而非的结果，以及直接使用的方法的标新立异，标志着这位年轻的作者是一个见识独到、极具创造性的数学家。”“它们在围绕无穷的逻辑和数学推理的基础中意想不到的存在，是对现在整个演绎推理中批判运动的直接启迪”。

谈到这里，要强调的是拉面的极限问题并不是我们要讨论的重点，我们首先要知道这个极限问题是有实在的数学和哲学成果的，但是拉面的极限问题是与拉面的过程紧密相在的，而我们所关心的却是拉面的复杂混沌过程。一团面经过复杂的动力系统，规则而均匀地展开，拉面的过程是复杂网络从相互作用到演化的过程中，从混沌到秩序的过程，这个过程又与网络传播的规律直接相关！康托尔只是拉面问题的一部分，还有更多的杰出人物参与进来。

拉面的结果其实质是三维空间的广义康托集，但是德国数学家康托尔当时并没有发现这个集合具有典型的混沌分形特征。拉面是复杂网络在系统内在的非线性相互作用，在复杂系统拉伸过程中所造成的“拉伸”与“折叠”变换，从数学抽象的视角看，一块面可以抽象为是复杂网络，只不过这个复杂网络的节点是紧密地靠在一起的，所以可以认为网络节点之间的连线边是趋于无穷小的，就好像一张捕鱼的网被团在一起，乍一看像是一个实体，展开就是一张网。所以兰州拉面的“拉伸”与“折叠”变换可以看作是一块面团的复杂网络无序演化过程，其结果则是有序的拉面。拉面虽然是一种非线性的迭代过程，但中国在历史上对于拉面的数学哲学探讨是空白的！而西方虽然没有拉面，却有面包！

获得化学诺贝尔奖的比利时科学家普利高津在《确定性的终结》一书中，把非线性迭代运动用揉面做面包的方式加以形象化。面包师把面拉伸，然后再把它自身折叠起来，一次又一次重复这个过程。数学家把非线性方程的这种迭代过程叫做“面包师变换”。普利高津提到的“面包师变换”是由美国杰出的拓扑学家斯梅尔提出来了，最先被称为“斯梅尔马蹄”。

在20世纪50年代美国国科学家斯梅尔（Smale），他观察面包房的做面包的过程，经过长期观察他提炼出一个数学模型。这模型实质与二维康托集相似，叫斯梅尔的面包师变换或称分段函数的马蹄形拓扑模型，因此他获得了被誉为数学诺贝尔奖的菲尔斯奖。

斯梅尔马蹄演绎出的面包师变换实质上也直观地解释了拉面的数学性质。面包师变换与中国拉面是拓扑同构、拓扑同态和拓扑同势的。抻面不断的拉伸和折叠，这个过程是二维康托集的过程，是一个不确定的混沌过程，拉面的过程也具有五种混沌分形路径。用面包师变换或斯梅尔马蹄的道理解释中国拉面是以下这样的：

一块面，通过数次的拉、压、折叠，理论上可以抻出无数的细面条，拉面的过程是经过逐次迭代，使得面条所构造的时空破碎，产生了数目不断增加的不连通区域，即每根细的面条。拉面时，不断拉伸、扭曲的面使面相邻的状态不断分离而造成路径发散。但仅有拉伸变换还不足以扰乱相空间造成复杂性，也拉不出细面条来，还必须通过折叠变换。折叠是一种最强烈的非线性作用。面团中的一系列弹性线最终被拉伸、折叠成一种非常复杂的、不可预测的混沌演化模式。折叠使动力系统的行为有动力性态上的根本变化，是导致混沌的一种重要作用。所以拉面过程中，要不断地把两头的面叠扣在一起，同时还要反复拧成麻花状，对面团的这种拉伸和折叠的复杂混合动力不断反复，就产生了面团中动力系统相路径的分离、汇合，产生不可预见的、无序的不规则运动，这种运动使面的相空间发生“破碎”，但“涌现”出来的即是规则有序的细面条。

一团面被以复杂网络的视角审视时，其被拉伸的性质具有复杂网络的拓扑性质。数学家和物理学家在考虑网络的时候，往往只关心网络节点之间有没有边相连，至于节点到底在什么位置，边是长还是短，是弯曲还是平直，有没有相交等等都是他们不在意的。科学家们把网络不依赖于节点的具体位置和边的具体形态就能表现出来的性质叫做网络的拓扑性质，相应的结构叫做网络的拓扑结构。

一团面作为一个整体，具有网络的拓扑结构，与被拉出来的每根细面是“整体”与“部分”的对称关系，我们知道事物的整体形态依赖于哪怕最细小的部分。以这种眼光来看，部分也不是整体，因为通过任何部分的作用，整体又以混沌或有变革力的变化形式展现出来。每根细面作为“部分”也可看作是“自组织”，这每一“部分”的细面条如果在外力的作用下，仍可继续分离出更细的面条，所以“部分”也是“整体”，这种可变的“部分”，是萌芽状态的整体。拉面正是通过迭代，其中的“信息损失”导致了拉面整体行为的不可预见性。每个细面条的性质是自相似的，每个细面条的形状是分形的。几何对象的一个局部放大后与其整体相似，这种性质就叫做自相似性。部分以某种形式与整体相似的形状就叫做分形，拉面的过程和结果正是如此！

拉面在初始条件中的信息包括了拉面系统过去和未来的全部历史。面团在被拉伸的过程中，相空间中的伸缩与折叠变换以不同的方式永不停息又永不重复地进行，从而造成了相路径永不自交又永不相交的穿插盘绕、分离汇聚，拉面中的任意点与点之间在拉、压、折叠的迭代过程中可能会无限接近或无限分离，完全“忘掉了”初始状态的一切信息，“丢弃了”未来与过去之间的一切联系，反复出现“对称性破缺”，产生“蝴蝶效应”，呈现出既不连续、又不断裂的“稠性”的混沌运动。

拉面的过程是无序的，但结果却暗示着某种规律性，所以在混沌迭代过程当中恰恰可以产生新的复杂的信息源，是可以定量化的。通过拉面“整体”与“部分”的自相似我们来看混沌过程，从旧的时空观看，认为它是无序的，是乱七八糟的，是无法测量的；如果按着从一种新的时空角度来看，很可能就找到一个新的本质的规律，通过现象来研究它的本质规律，有序性。通过拉面给我们提供了一个认识非线性科学领域的全新时空视角。

总之，拉面是可逆的、时间可逆的、确定性的、复现的和混沌的。拉面的系统是复杂的，拉面的过程是混沌，拉面的结果是分形，具有整体涌现的性质。拉面的过程是典型的混沌分形非线性过程。从理解拉面的数学和哲学原理上看，中国的拉面里面可以拉出包含着众多伟大的名字，欧拉、康托尔、庞加莱、斯梅尔、洛伦兹、约克、李天岩、费根鲍姆、普利高津、爱多士、巴拉巴西、瓦茨、曼德勃罗特……，无论是康托尔还是庞加莱，普利高津还是曼德勃罗特、斯梅尔等，可能从来没有吃过中国的拉面，但关于拉面的数学哲学原理的一些基本问题，由于他们非凡的工作已经得到解决了，从拉面的数学哲学原理的解析当中，我们也窥见到了非线性科学的本质特点，探讨非线性科学播的规律不妨就从中国的拉面开始吧！

前言：世界本质上是非线性的

2021年诺贝尔物理学奖揭晓，授予美国普林斯顿大学高级气象学家真锅秀郎（Syukuro Manabe）和德国汉堡马克斯普朗克气象研究所教授克劳斯·哈塞尔曼（Klaus Hasselmann），以表彰他们"用于地球气候的物理建模，量化可变性并可靠地预测全球变暖"，另外一半由意大利罗马大学教授乔治·帕里西（Giorgio Parisi）共享，"发现了从原子到行星尺度的物理系统中无序和波动之间的相互作用。"乔治·帕里西（Giorgio Parisi）在无序的复杂材料中发现了隐藏的模式，使理解和描述许多不同的、显然完全随机的材料和现象成为可能。这可应用在物理学、数学、生物学、神经科学和机器学习等领域。他的发现是对复杂系统理论最重要的贡献之一。诺贝尔奖委员会给出的评价是，3位获奖者因对混沌和明显随机现象的研究而分享了这一年的诺贝尔物理学奖。

混沌和随机是什么意思？混沌中的机遇又该怎样理解？2022年举世瞩目的卡塔尔足球世界杯决赛在阿根廷与法国队之间展开，人们在赛前进行了各种预测，人们对不确定的结果充满期待，如果结果是线性的，就意味着人们已经确定知道谁将是最后冠军，那么这场比赛也就失去了悬念和乐趣。两只世界强队都有自己的优势，都具有把握混沌中的机遇的能力，每一个进球就是一个确定结果的机遇，但是谁能先进球，谁能笑到最后，充满了随机性，整个比赛过程是混沌和非线性的！从阿根廷的两球领先，到法国队的两分钟内踢平，再到加时赛的各入一球，最后点球大战阿根廷胜出，跌宕起伏的比赛吸引了全球数十亿观众。

自然系统可以被分为两种类型：线性的和非线性的。线性与非线性是数学概念，但都有丰富的经验性含义。线性是简单的比例关系，而非线性是对这种简单关系的偏离。线性是有规律的，非线性是无规则的。线性是确定的，非线性是不确定的。线性关系是互不相干的独立贡献，而非线性则是相互作用。线性系统允许近似，即使过分简单化，我们仍然没有改变其本质，与事实较小的偏差不会造成大的差异。在线性系统中，整体正好等于部分之和，非线性系统，整体不等于部分之和。大自然中的许多事物是线性的，声音是线性的，光线是线性的，但自然现象中更多的是非线性的。

自然界大部分不是有序的、稳定的、平衡的和确定性的，而是处于无序的、不稳定的、非平衡的和随机的状态之中，它存在着无数的非线性过程，河流、山脉、生命、物种都是非线性的典型例子。在非线性世界里，随机性和复杂性是其主要特征，但同时，在这些极为复杂的现象背后，存在着某种规律性。

非线性是产生复杂性的必要条件，没有非线性就没有复杂性。非线性说明了系统的整体大于各组成部分之和，即每个组成部分不能代替整体，每个层次的局部不能说明整体，低层次的规律不能说明高层次的规律。混沌、随机、复杂、偶然、分形等等这些名词是非线性科学领域中的重要概念。

混沌理论研究的是自然界非线性过程内在随机性所具有的特殊规律性，而与混沌理论密切相关的分形理论则揭示了非线性系统中有序与无序的统一，确定性与随机性的统一。

非线性系统行为中每一个细节都很重要，没有哪一个是“不相关的”或“可忽略的”，这里，一个小的改变，甚至小到无法察觉的改变，都可以引发巨大的结果。因此，或许对任何自然系统所要问的最基本问题是：它是线性还是非线性的？任何事物都是参与者，因为非线性系统必须被整体地和综合地研究。因为非线性的自然事物是差之毫厘，谬以千里。

经典的科学文化一直用一种分析、定量、对称而又机械的眼光来看待这个世界，非线性的混沌帮助我们从中解脱出来。人们自古以来就与混沌打交道，直至最近，科学才认识到它为宇宙中的根本力。混沌作为一门科学大多与“对初始条件敏感性”有关，从技术上讲，科学家称那些非随机的、误差增长非常快的、无法精确实现长期预测的复杂运动为“混沌的”。

混沌运动是在一定的时空界限内进行的。它的运动轨迹具有尺度伸缩性质的几何特征，这构成了混沌研究的主要结果之一，即分形。经过多年的耕耘，科学家们已经知道混沌与分形在图像数据压缩编码、国防保密通信、生物信息学、自动控制、人工智能等方面具有重要的应用前景，属于世界上领先的高新技术基础理论。

半个多世纪以来关于混沌分形的研究表明，过去被认为是确定论的和可逆的某些力学方程，却具有内在的随机性和不可逆性。确定论的方程可以得出不确定的结果，这对传统观念无疑是一个巨大的挑战。经典科学给我们描绘的是一幅静态的、简单的、可逆的、确定性的、永恒不变的自然图景，形成了一种关于“存在”的机械自然观。好像自然法则导致了确定性，一旦初始条件给定，一切都是确定了的。但是，人们在自己生活的世界里看到的却是地质变迁、生物进化、社会变革这样一幅动态的、复杂的、不可逆的、随机性的、千变万化的自然图景，形成的是一种关于“演化”的自然观。大自然中湍流、不规则性和不可预测性随处都是，生命系统变化多端的复杂结构和行为，与其说归结为某些规则模式，不如说更愿意趋向于混沌。实质上，混沌、不规则性、不可预见性。这些东西不仅仅是可“忽略”的无序，混沌被设想为复杂性的结果。理论上，这种复杂性可以分解为深层次的秩序。

在科学界，若一个现象的运动可以用以微分方程表征的因果模式加以解释，则它就是有秩序的。牛顿首次引入了微分思想，在他的著名运动定律中，把变化率与各种力联系起来。科学家们很快变得信赖线性微分方程。无论多么不同的现象，如炮弹飞行、植物生长、煤燃烧以及机器运转，都可以用这些方程描述，其中小的变化产生小的效应，大的效应可以通过累加许多小的变化来获得。“线性近似”是微分方程的变种。线性化操作化解的是系统产生分叉、混沌的内在根据。经典科学实质是线性科学。

除了线性方程，还存在一类很不同的方程，19 世纪的科学家对此所知甚少，这就是非线性方程。在非线性方程中，一个变量的微波变化对其他变量有不成比例的，甚至灾难性的影响。一个演化系统各要素之间的相关性可以在很大数值范围内保持相对不变，但在某些临界点处会分裂，系统的方程会所跳入一种新的性态。在非线性世界中，精确预测在实际中和在理论上都是不可能的。非线性是现实世界的无限多样性、丰富性、曲折性、奇异性、多变性的真正根源，人们现在明白了，在现实世界中，非线性问题不是少见的例外而是常见现象，线性问题才是少见的例外。

经典科学强调有序和稳定性。从经典观点——包括量子力学和相对论——来看，自然法则表达确定性。只要给定了适当的初始条件，我们就能用确定性来预言未来。一旦包括了不稳定性，情况就不再是这样了，自然法则的意义发生了根本变化，因为自然法则现在表达可能性或概率。现在，我们在所有层次上看到涨落、不稳定性、多种选择和有限可预测性，像混沌这样的思想已变得相当流行。在今天看来，这是一件非常非常简单的事，一件近乎平凡无奇的事。如今，在非线性领域，远离平衡产生结构，从混沌产生秩序，已是一种规律。在远离平衡情况下，物质具有本质上新颖的创新性质。决定论符合于精确定义的机械论，就像被牛顿、爱因斯坦等所表述的自然法则所显示的那样，它是'可预测的'。而我们现在知道，预测是困难的，特别是对未来的预测。

当前科学发展的一个重要方向就是对宏观世界复杂性的探索。由于复杂性往往与非线性紧密联系在一起，因此，近数十年来，从自然科学到社会科学领域，广泛深入地开展了非线性问题的研究。混沌也正从一个科学理论演变成文化隐喻。"世界本质上是非线性的"这一范式正引领着整个科学哲学与人类看待其世界的思维方式产生的一次重大转换。

比利时著名科学家、诺贝尔奖获得者，耗散结构理论的创始人普利高津特别研究了复杂性科学，生命是怎样开始的？湍流是什么？在一个由熵支配的宇宙中，一切都无情地趋向更大的无序，怎样才能出现有序呢？有序也在复杂系统中自发地出现，混沌和有序同时出现。普利高津根据耗散结构理论、非平衡系统自组织理论以及宇宙论和粒子物理学的最新成果，对简单性和复杂性、有序性和无序性、决定论和概率论等问题进行了自己的回答。普利高津反复强调不可逆性、多样性、不稳定性、不平衡、非线性、偶然性以及通过自组织从混沌达到有序等思想，普利高津坚信，人类正处于一个转折点上，正处于一种新理性的开端。在这种新理性事，科学不再等同于确定性，概率不再等同于无知。[1]

从20世纪70年代普利高津提出耗散理论开始，系统理论关心的焦点从存在走向了演化。由耗散结构理论、协同学、突变论和超循环理论构成的自组织理论，突出了系统自身的主动性，强调了自身的演化。20世纪80年代，随着混沌、分形以及孤立子理论的提出和发展，非线性科学有了长足的发展。后来人们逐渐认识到，以耗散结构理论为代表的一般系统理论也是非线性问题。

当代自然科学的重大基本问题包括五个方面：第一个是揭示物质结构之谜；第二个是探究宇宙的起源和演化；第三个是地球起源、演化与地球系统科学；第四个是生命与智力起源；第五方面是非线性科学与复杂性研究。前四个方面都涉及由大量粒子组成的复杂系统的演变规律。这表明无论是宇宙还是生命，物质世界都经历着从无组织的混乱状态向不同程度有组织状态的演变，实现着从"无序"到"有序"，从"简单"到"复杂"的各种过程。如何从总体上认识自然界发生的这些复杂现象并找出其基本规律，构成了正在兴起的跨学科的第五方面的研究领域，非线性科学的基本内容。

以量子力学和相对论的建立为标志的20世纪物理学革命，使人们从微观和宏观两个认识方向上对自然奥秘的了解达到了前所未有的深度。在物理学探索世界的过程中，量的变化导致物质运动由简单到复杂、从低级到高级的各种形态和阶段，直至对生命和意识这个没有止境的发展过程的基本规律认识上，也取得了长足的进步。特别应当指出的是，20世纪60年代以来，由于计算机作为研究手段（而不仅仅是数值计算工具）的广泛应用，与理论、实验手段结合，促成了"非线性科学"的建立。

中国科学院院士郝柏林说："现代自然科学和技术的发展，正在改变着传统的学科划分和科学研究的方法。……电子计算机和计算科学的长足进步，使科学方法的武库鼎力于实验、理论和计算三大根支柱之上。……得力于理论、实验、计算三大方法的重要典型之一便是非线性科学的突飞猛进。”[2]

第一章

非线性科学的哲思

一、庞加莱的“三体问题”

二、哥德尔的不完备定理：“真”永远大于“证明”

三、因果性的丧失：“上帝掷骰子吗？”

四、简单性与复杂性

五、整体论与还原论

六、决定论与随机论

一、庞加莱的“三体问题”

著名的科幻作品《三体》作者刘慈欣先生曾在一个访谈中谈到，促使他创作《三体》的原因是他看过一个物理学的古典问题，即著名的“三体”问题，这个问题讨论的是不可预测的复杂系统的问题。

1887 年，瑞典国王奥斯卡二世（Oscar II）悬赏征求天文学中的一个基本问题：太阳系稳定吗？太阳、地球、月亮这三大天体在万有引力作用下的运动规律是怎样的。这是针对太阳、地球和月亮之间关系的一个问题，史称“三体问题”。该问题的初衷是能否用牛顿定律预测通过引力相互作用的三个物体的长期运动。

在牛顿的经典著作《自然哲学的数学原理》一书中，牛顿在讨论太阳、地球、月亮的三体系统运动的时候，牛顿使用运动的相对性把三体问题简化为地球和月亮之间的两体问题。牛顿的这个论证实际上隐含了，外部观察者看到的在太阳影响下地球和月亮运动的物理与地球和月亮构成的惯性系统中运动的物理是等价的。但是，在牛顿这里，这是作为运动的分解和合成规则的结论而出现的。

根据经典物理学，动力系统是完全有序的、可预测的。对于只包含两个物体的系统，如日地系统或地月系统，牛顿方程可以精确求解：月球环绕地球的轨道可以准确确定。对于任何理想化的二体系统，轨道都是稳定的。但由二体到三体（太阳、地球、月亮）系统时，牛顿方程变得不可解了。由于形式数学的原因，三体方程不能确切求解。牛顿已经解决了二体问题。但没想到三体问题要复杂得多。这个问题将包含我们认识自然界的基本的、原始的、直觉的、创新的东西在里面。这一问题已经成为数学物理学发展史中的一个重要转折点。

19世纪末，通过对三体问题的研究，法国伟大的数学家庞加莱(Henri Poincare，1854—1912)第一个明确提出了“混沌”的问题。从数学上讲，庞加莱对付的三体问题是非线性的。“三体”问题的提出是为了确定太阳系是否稳定，行星是会维持还是会偏离目前的轨道？太阳系的运动是动力学领域中一个极其复杂的问题。其运动肯定存在，而稳定性则是一个比存在性要复杂得多的问题。通过详细研究周期轨道附近流的结构，庞加莱发现了对初始条件的敏感依赖性。庞加莱发现，即使在很小的摄动下，某些轨道也飘浮不定地、混沌地运动着。他的计算表明，来自第三个物体的极微小的引力作用也可能使得一颗行星的轨道晃来晃去，甚至可以完全飞出太阳系。对初始条件的敏感依赖性指的是，如果系统是混沌的，在测量初始位置时即使只有极其微小的误差，在预测其未来的运动时也会产生巨大的误差。对于这样的系统，一点点误差，不管多小，也会导致长期预测很不精确。庞加莱意识到，混沌或潜在混沌是非线性系统的本性，甚至像行星轨道运动这样完全确定的系统，也能产生不确定的结果。某种意义上他已经看到了，极其微小的效果可以通过反馈得到放大，一个简单的系统可能爆发出惊人的复杂性。他意识到：仅仅三体引力相互作用就能产生出惊人的复杂行为，确定性动力学方程的某些解具有不可预见性，这就是“混沌”。他对此总结说：“如果我们能知道自然界的定律和宇宙在初始时刻的精确位置，我们就能精确预测宇宙在此后的情况。但是即使我们弄清了自然界的定律，我们也还是只能近似地知道初始状态。如果我们能同样地预测以后的状态，这也就够了，我们也就能说现象是可以预测的，而且受到定律的约束。结果并不总是这样，初始条件的细微差别有可能会导致最终现象的极大不同。前者的微小误差会导致后者的巨大误差。

预测变得不可能……”

其实早在 1873 年，物理学家麦克斯韦就曾猜想，有些量的“物理尺度太小，以致无法被有局限性的人类注意，却有可能导致极为重要的结果。”受科学实践和理论认识水平的限制，瑞典国王提出这个三体问题之前的 19 世纪科学家们基本上局限于三体问题的线性规则运动范畴，混沌这种非线性复杂现象不可避免地处于他们的科学视野之外。

1889 年，庞加莱提交了他对“三体问题”的研究以及对微分方程的一般讨论。庞加莱 270 页论文“关于三体问题的动力学方程”在《数学杂志》上发表。虽然庞加莱没有成功地给出一个完整的解答，但他的工作令人印象深刻，庞加莱在研究三体相互重力作用下的轨道运动中第一个发现了混沌。评奖委员会授予他奥斯卡国王的奖金，其中一位评奖委员会成员是伟大的数学家魏尔斯特拉斯，他评价说，庞加莱的工作“将在天体力学史上开创一个新的时代”。

由于“三体问题”的研究，庞加莱成为懂得自然界混沌可能性的第一人。但是科学历史的发展并没有沿着庞加莱开创的这个方向前进，庞加莱这项工作过后不几年，德国物理学家普朗克发现能量不是连续性的东西，而以小的波包或量子的形式存在。又过了五年，爱因相斯坦发表了相对论的第一篇论文。牛顿范式在几个前沿阵地受到正面攻击。下一代的物理学家都投身于探索经典的牛顿自然观与相对论、量子理论的新观念之间的差别，特别是量子力学，横扫了物理学。作为科学史上最成功的理论，它对大量原子的、分子的、光学的和固态的现象都作出了精准的预测。科学家们由此研制出了核武器、计算机芯片和激光器等改变世界的技术。直到 20 世纪 60 年代，庞加莱的工作才重新回到人们的视野中。非线性和反馈、熵与有序系统的内在非平衡性等新研究方向吸引着人们的注意力。

庞加莱的思想远远超过了他的时代，他意识到对初始条件的敏感依赖性将会阻碍对天气的长期预报。他在某种程度上已经意识到确定性系统具有内在的随机性，成为了世界上最先了解存在混沌可能性的人。但他关于混沌现象的早期探索未能得到当时科学界的应有评价和响应。他的远见在1963年被证实，美国气象学家洛伦兹（Edward Lorenz）发现，即使用很简单的计算机气象模型，也会有对初始条件的敏感依赖性。确定性动力学方程的某些解具有不可预见性，这就是现在人们熟知的“蝴蝶效应”。

混沌的发现使人们突然醒悟到对经典力学实际上还知道的太少。混沌事实上是非线性系统较普遍存在的一种行为，对混沌的研究大为丰富了我们对事物演变的认识，不仅使我们对一些非线性系统的复杂行为有了正确的认识，也使许多长期以来无法解决的复杂现象的研究找到了新的希望。混沌现象在很多系统中都被观测到了，心脏、湍流、电路、水滴，还有许多其他看似无关的现象。变化、难以预测的宏观行为是复杂系统的标志。现在混沌系统的存在已成为科学中公认的事实。

混沌与分形作为主流理论，是由美国数学家曼德勃罗特（Benoit B. Mandelbrot）明确提出，但没有数学公式表达。1975年曼德勃罗特首次提出“非规整几何”概念，建立起混沌分形的理论基础。“分形”作为一个集合，一般可把它看作大小碎片聚集的状态或结构，是没有特征长度的图形和现象的总称。由于在许多学科中的应用与迅速发展，混沌分形理论已成为一门描述自然界中许多不规则事物的规律性学科。

二、哥德尔的不完备定理：“真”永远大于“证明”

在世界数学发展史上，经历过三次重大的危机，第一次危机是古希腊的毕达哥拉斯时代发现了无理数，超出了当时古希腊人的认知，导致数与形的分离，使得几何学得到了充分发展；直到19世纪实数理论的建立，严密地定义了无理数，第一次数学危机经历近两千年才算真正彻底解决。第二次数学危机是17世纪顿—莱布尼兹发明的微积分时代，当时微积分的基础不完备，整个微积分理论建立在含糊不清的无穷小概念上，直到18世纪法国数学家柯西提出极限概念才彻底消除了无穷小的幽灵。在19世纪的下半叶，德国数学家康托尔、维尔斯特拉斯和戴德金等人沿着柯西开辟的道路，建立起完整的实数理论，伴随着分析的严格化，第二次数学危机也宣告结束。第三次数学危机发生在19世纪末和20世纪初，19世纪后半叶，康托尔首创的集合论成为现代数学的基础，被越来越多的数学家所接受和应用。1900年，巴黎召开第二届国际数学家大会，法国大数学家庞加莱骄傲地宣称："现在我们能说完全的严格性已经达到了。"然而好景不长，数学家还没来得及高兴，英国数学家罗素提出了著名的罗素悖论，从而造成了数学史上空前的第三次危机，罗素悖论以著名的"理发师悖论"流行起来，这个悖论的核心是说一位理发师宣称"我给所有那些不给自己理发的人理发"，问题在于这位理发师是否给自己理发？如果"他不给自己理发"，按照他的那个"宣称"他就必须给自己理发；如果"他给自己理发"，按照那个"宣称"他就不能给自己理发，这是一个自指的悖论，这个悖论震撼了当时的数学界和逻辑学界。当时的德国数学家费雷格刚完成了他的集合论著作《算术基础》，在书的最后他写下了这样一句话："一个科学家碰到的最倒霉的事，莫过于在他的工作即将完成时却发现所干的工作基础崩溃了。"

1910年到1913年之间，罗素和怀特海写下了鸿篇巨著《数学原理》三卷本，提出了类型论试图解决罗素悖论，即每个集合都属于一个特定的类型。没有一个集合可以包含自己，因为包含它的集合得属于比它更高的类型。实际上《数学原理》的出版并没有解决危机，只是避开了危机。随着《数学原理》的出版，德国数学家希尔伯特找到信心，他向全世界数学家挑战，能否严格地证明《数学原理》中的逻辑系统既是一致的，又是完备的。一致的意思是利用这个逻辑系统推不出矛盾来；完备的意思是这个逻辑系统可以证明所有为真的陈述，即真命题是可证的。

第三次数学危机使许多数学家都卷入到一场大辩论当中。他们看到这次危机涉及数学的根本，必须对数学的哲学基础加以严密的考察。在这场大辩论中，原来的不明显的意见分歧扩展成为学派的争论，以罗素为代表的逻辑主义，以布劳威尔为代表的直觉主义，以希尔伯特为代表的形式主义三大学派应运而生。人类的梦想就是让数学以严格定义的推导规则和有限的几个被称为公理的完全明确的基本断言为基础。这一梦想始自古希腊的欧几里得，直到伟大的德国数学家希尔伯特，引领着数学渐渐发展起了它的形式化。形式主义者认为纯数学是“符号形式结构的科学”。三大学派尽管争论激烈，其实他们在争论过程中都吸收了对立面的看法而有很多改进。

希尔伯特在 1900 年巴黎的国际数学大会上提出了世纪之交面临的 23 个重大数学问题。同时他还提出了数学的完备性问题。可以概括为几个主要问题，其中两个是：1、数学是不是完备的？也就是说，是不是所有数学命题都可以用一组有限的公理证明或证否。2、数学是不是一致的？即数学可以证明的是否都是真命题？希尔伯特的名言是：我们必须知道，我们必将知道。

这几个问题过了 30 年都没有解决，不过希尔伯特自信地认为答案一定是“是”，并且断言“不存在不可解的问题”。1928 年，同样在巴黎的国际数学家大会上，数学家希尔伯特在讲演中提出了至关重要的基本问题，即可否证明每一个真的数学陈述。理想状态下，我们通常愿意处理的是那种能把每一个真命题都翻译成定理，反过来每一个定理都翻译成真命题的形式系统，这样的形式系统称为是完备的。简言之，希尔伯特的梦想是将给每个数学论断以一个完备的说明。在这次演讲中，希尔伯特明确这样的要求，即一个公理化的，或形式化的逻辑系统可以证明所有的真命题，他相信他的"形式主义"最终将产生出全部数学的完全的公理化。

希尔伯特提出数学形式系统的完备性想法之后没过几年，25岁的奥地利逻辑数学家哥德尔在1931年发表了他的革命性文章，即"论《数学原理》及有关系统的形式不可判定问题"，这篇文章指出：一个数学的，甚至是算术的陈述可以是真的，但在数学的意义上是不可证的！这论文证明了《数学原理》中的公理系统是不完备的，而且这个系统本身的一致性不能在系统内被证明，就是说因为系统本身是不完备的，即使找到一个真命题，在系统内也不可证。这一石破天惊的理论被称为哥德尔不完全备理论。当哥德尔无可辩驳地证明，存在着可被看作真但却不可能被证明为真的数学命题时，动摇了数学界那个"真能被证明"的信念，对数学界产生强烈的震撼。使希尔伯特的数学"形式主义"理想破灭。[3]

从本质上说，哥德尔讲的无非是，没有哪一类数学将可以足够彻底、完全地表达日常的真概念；他证明，如果算术是一致的，那么在算术中就必然存在无法被证明的真命题——也就是说"真大于证明"！哥德尔的发现是，即使存在纯数之间的真实关系，演绎逻辑的方法也因太弱而不能使我们证明所有这些事实，即存在一些有意义的命题，它们既不能被证明也不能被证否。换句话说，"真"永远大于"证明"！

哥德尔不完全性定理无可辩驳地揭示了形式主义系统的局限性，从数学上证明了企图以形式主义的技术方法一劳永逸地解决悖论问题的不可能性。它实际上告诉人们，任何想要为数学找到绝对可靠的基础，从而彻底避免悖论的种种企图都是徒劳无益的，哥德尔定理使得第三次数学危机向着更深层次发展。哥德尔定理是数理逻辑、人工智能、集合论的基石，是数学史上的一个里程碑。

哥德尔是维也纳学派的成员。维也纳学派是一个科学家、逻辑学家、数学家组成的团体，他们的目标是完成哲学的科学化，并以反对形而上学而著称。维也纳学派的代表人物是维特根斯坦，维特根斯坦关于语言、逻辑和对世界的观察之间相互关系的探索引领着维也纳学派。维特根斯坦关于语言不能把握世界上存在的全部东西的主要结论，已经由哥德尔的工作给出它的数学形式。哥德尔不完全性定理也驳斥了维特根斯坦将语言的界限等同于世界的界限之观念。

哥德尔结论性地证明了“是真的”与“是可证的”绝不是一回事。哥德尔这一精妙绝伦的结果，还能适用于广泛得多的普通的日常事件，许多人把它看作是20世纪最深刻、最具影响力的哲学成果。

1930年，哥德尔不完全性定理的证明暴露了三大数学流派的弱点，哲学的争论冷淡了下去。此后各派力量沿着自己的道路发展演化。在很长的时间内，人们没有发现哥德尔定理在物理学领域中的对应物。在哥德尔之后，图灵发现了著名的停机定理，后来证明，图灵的停机定理与哥德尔的不完备定理是等价的！图灵定理讨论的是计算机运行过程，它本身是一个物理系统，看来物理系统也可能有哥德尔定理的对应物。

哥德尔不完备定理涉及数学基本命题中的可判定性问题，后来英国科学家图灵对“停机”问题的研究被认为是哥德尔工作的延伸，所以计算机的最底层的逻辑是与哥德尔的不完备定理相关的。在后来非线性的混沌理论研究中，人们发现混沌是确定性动力学系统的行为。但混沌意味着系统长期行为的不可预见性，表明混沌的长期行为是在自然界普遍存在的不可判定的物理问题。混沌就是哥德尔不完备定理在物理学中的对应物。

哥德尔不完备定理从某种意义上也指出了自然中的根本复杂性。在任何足够强的演绎逻辑形式系统中，都存在复杂得不能诉诸该系统的逻辑演算加以证明的命题。"复杂性"像"真"一样，是一个非形式概念，哥德尔曾希望能找到一种方法，将"真"这个非形式概念形式化，希望用"证明"的概念代替它，也就是要将"复杂性"概念形式化。复杂性版本的哥德尔定理是说，存在具有高复杂性的、不能由计算机程序生成的数。

哥德尔的数学哲学立志是坚定的柏拉图主义。他断言，数学对象存在于超越时空的某个领域，但是它们并不因此而缺乏实在性。在哥德尔的最强硬的数学柏拉图主义观点中，也包含着数学直觉主义色彩。形式主义者和柏拉图主义者在关于数学对象的实在性问题上是直接对立的。但是，它们的研究方法和数学原则是相似的。尽管哥德尔的数学哲学是直觉主义的，但他的逻辑方法是形式主义的，而他的智力构造却是逻辑主义的。哥德尔的著名定理诉诸不可穷尽性，不仅是数学上的不可穷尽性，而且一般地，是人类智能的不可穷尽性，这都深刻地反映了自然的根本复杂性。

三、因果性的丧失："上帝掷骰子吗？"

19 世纪传承下来的经典世界观是牛顿、拉普拉斯式的，即自然世界是确定性的、有序的。所谓有序的就是指有因果关系，这已成为人们的思维模式。宇宙中的自然世界和人类世界都是有序的、规律的、理智的、可解释的，实在被视为某种有条理的系统。著名的"拉普拉斯妖"是说"如果我们想象一个有足够智慧的智者知道当前时刻宇宙中所有物体的确切位置、速度和受力，则没有什么秘密可言，按照因果律可以计算出有关过去和未来的一切。”

确定性的信条的核心是，宇宙像一个有序运转的巨大而精确的时钟，一方面，事物的当前状态只是它以前状态的结果，另一方面，又是其未来状态的原因。现在、过去、未来由因果关系捆绑在一起。而且根据确定论的观点，准确预报只是困难在于记录所有相关数据的问题。确定性的信条是牛顿时代的标志，海森堡在 1927 年宣布了他的测不准原理，因此对于自然科学，这一时代已经在最近结束了，而对于其他科学仍然有效。

海森堡写道：“因果律的严格表达是，当精确知道当前时，我们可以计算出未来。经典的确定性理论太过严格，因而不得不被放弃，这是一个极为重要的转折点。

从古希腊时期“科学”的古典思想起源一直到现在，大多数哲学家都把他们对于科学的观念建立在数学之上。他们的目标一直是，要以数学精确性和普遍性回答他们领域中的问题。这种根据世界偶然表面现象之下的、不能违反的、深刻的必然性，来掌握世界有规律的结构的认知寻求，长久以来就是科学的精神。然而事实上，这个精神是很有问题的！

进入 20 世纪，爱因斯坦、普朗克、薛定谔等破坏了旧的物理学秩序，康托尔、哥德尔等人打破了旧的数学秩序，量子力学理论造成了因果关系的崩溃。

自然的复杂性意味着，我们已经建立起来的自然科学的“基本规律”其本身必然不足以去解释我们实际上所观察到的现象。我们对“实在之各种模型”仅仅是粗糙的近似。哥德尔告诉我们，“真大于证明”。现代数学最深的教训之一就是我们不能声称，如果这个领域里存在事实，我们就能够按照自己的配置方式用演绎方法容纳它。

由于原因和结果之间没有明确的关系，这类现象被称为具有随机关系。根据万有引力定律，可以提前上千年预报日食和彗星的出现，科学家能够预测潮汐，但为什么他们在预测天气时有这么多麻烦？潮汐是一种有规则的现象，而天气却不是，它存在不规则和不可预测的方式相互作用的变量。总之，天气是混沌的。

混沌与有序（即因果律）在同一个系统中可同时观察到。可能存在误差的线性关系，它是确定性系统的特点，服从因果性，而在同一个系统中也可能存在一个误差的指数增大关系，即蝴蝶效应，表明因果律失效。混沌理论说的是，因果律的有效范围变窄，一方面是由于测不准原理的结果，另一方面也是自然规律中固有的不稳定性引起的。洛伦兹提出“蝴蝶效应”，他对确定性的混沌描述是这样的：将误差的传播看作时间过程的信号，它增长到与原来的信号大小相当时，混沌就出现了。

一个明显的悖论是，混沌是确定的、由固定的规则产生，而这些规则本身并不涉及任何变化的成分。我们甚至谈到确定性的混沌。从原理上讲，未来完全由过去决定。但实际上小的不确定，很像在计算时遇到的微小测量误差被放大的情况，其结果是即使短期内行为特征可以预测，但在一个长时期内仍无法预测。

自古希腊以来，人们一直从科学和哲学层面争论原子是否存在。直到19世纪末和20世纪初出现大量的证据，人类才确立了“物质由原子组成”的原子论，由普朗克开启了量子力学时代。

量子力学的形式体系是依据两条截然不同的研究思路和运用两种不同的数学手段及概念体系建立起来的。一条是由海森堡、玻恩等基于普朗克的量子假设，沿着量子化方向，立足于不连续性，建立的矩阵力学；另一条是由薛定谔基于德布罗意的物质波假设，沿着波动方向，立足于连续性，引入假想的波函数概念所创立的波动力学。就这样，矩阵力学是基于海森堡的粒子和间断性，波动力学是基于薛定谔的波和连续性。在大家认识到这两种力学是殊途同归的一样事物的不同表达之前，海森堡与薛定谔之间产生了激烈的争论。

直到 1932 年，匈牙利物理学家冯·诺依曼在他著名的《量子力学的数学原理》一书中，率先运用希尔伯特空间的数学模型，把量子力学表述成希尔伯特空间中的一种算符运算，证明了矩阵力学和波动力学分别只是这种运算的特殊表象，从而彻底澄清了两种力学形式之间的等价性。量子力学的这两种不同表述形式，尽管他们的基本假定、数学工具和总的意旨都明显地不同，在数学上却是等价的。这是物理学史上数学与物理完美结合的辉煌典范。

著名的薛定谔方程中有一个关键的物理量是波函数。薛定谔坚持认为这个波函数就是物质波。但这个解释是错的！在这个重要关头，还是 1926 年，德国物理学家玻恩给出了答案！玻恩认为，关于薛定谔波函数唯一正确的解释是指在各个地方发现粒子（如电子）的可能性，即波函数是一种概率波，或几率波！玻恩认为，单个微观粒子在空间何处出现人有偶然性或不确定性，但是大量粒子出现的空间分布却服从一定的统计规律，粒子在某点出现的概率的大小可以由波动规律确定。按照这一理论，光的干涉和衍射是光子的运动遵守波动规律的表现，亮条纹是光子到达概率大的地方，暗条纹是光子到达概率小的地方，因此光波是一种概率波。这一理论对波粒二象性做出了合理的解释。

而玻恩的这种解释是受到爱因斯坦思想的启发，爱因斯坦于 1916 年率先将概率引入量子物理学。爱因斯坦在他有关光子和麦克斯韦经典的场方程之间的关系的论文中指出，场量会把光子引导到具有更高概率的地方。当时他对电子从一个原子能级跃迁到另一个能级时的光量子的自发发射进行了概率解释。10年后，玻恩对波动函数和波动力学提出了又一个概率解释，这个解释可以说明量子跃迁的概率特性，但有一个代价是爱因斯坦不想付出的，那就是放弃因果性。对于玻恩来说，薛定谔的波动方程描绘了一个概率波。玻恩的论文雄辩地断言：薛定谔方程仅仅能够预测概率，而概率的数学形式是完全可以通过预言的途径建立起来的。将原因归于纯粹的机遇。量子力学的概率观将“注定的结果”变成“注定的结果的概率”。这个概率观好像把因果性抛弃了！

经过几百年的自然科学探索，早已经使科学家们有了这样的信念：物理过程都是符合逻辑的，一个物理现象的出现必然有它的前因后果。因此，基于这样的信念，一个违背因果律的理论是物理学家所难以接受的。量子力学的概率观引发了关于因果性的激烈争论。

薛定谔虽然创造出了漂亮的波动方程，但在他的意识里，在原子内不存在不同能级之间的量子跃迁，只有从一个驻驻波到另一个驻波的平衡的、连续的转变。他认为，波动力学允许重建一幅对物理现实性的、经典的、“直觉性”的图像，这种现实性意味着连续性、因果性和决定论。这种世界是牛顿式的，牛顿的宇宙是决定论的，不存在概率。玻恩不同意这个观点，对于玻恩来说，薛定谔的波动方程描绘了一个概率波。没有真正的电子波，只有抽象的概率波。玻恩发现概率是波动力学和量子现实性的核心内容。玻恩运用波动力学描绘了一客观存在的、超现实主义图像，这是具有间断性、非因果性和只存在可能的客观世界。玻恩与薛定谔对波函数的理解上有着完全不同的世界观。玻恩由此毫不留情地评论薛定谔说，薛定谔的成就只剩下了一些纯数学的东西。

玻恩关于薛定谔方程的解释是自牛顿以来人类认识世界观的又一次革命性的变化。因此，毫不奇怪，薛定谔本人对这种思想都不接受，还后悔自己发明了引起这样结果的方程。爱因斯坦更是一直拒绝接受玻恩关于波函数是一种概率波的解释。虽然爱因斯坦本人曾经提出了光量子假设，在量子论的发展历程中作出过不可磨灭的贡献，但是对于爱因斯坦来说，一个没有严格因果律的物理世界是不可想象的。他说："上帝不会掷骰子"。因果关系不能抛弃，爱因斯坦的信念成为一种信仰。他认为每个事件都有来龙去脉，原因结果，而不依赖于什么"随机性"。他相信，物理学应该预言宇宙如何演化，而不仅是预言某个演化发生的可能性。爱因斯坦说："关于因果性问题也使我非常烦恼。光的量子吸收和发射空间能以完全的因果性要求的意义去理解呢？还是一定要留下一点统计性的残余呢？我必须承认，在这里，我对自己的信仰缺乏勇气。但是，要放弃完全的因果性，我会是很难过的。"至于抛弃客观实在，更是不可思议的事情。1924年他在写给波恩的信中坚称："我决不愿意被迫放弃严格的因果性，并将对其进行强有力的辩护。""你信仰掷骰子的上帝，我却信仰完备的定律和秩序。"科学范式和哲学基础的不同，使得两人间的意见分歧直到最后也没能调和。就这样，在爱因斯坦和以玻尔为道的"哥本哈根"学派之间产生了伟大的论战。最终，越来越多的实验证实，因果性的丧失是确定的。

1927年10月，在比利时布鲁塞尔国际索尔维物理研究所召开的第五次索尔维会议上，爱因斯坦与玻尔的争论达到高潮。当爱因斯坦说："上帝不会掷骰子"，玻尔斩钉截铁地回应："爱因斯坦，不要评论上帝应该做什么"。英国物理学家霍金在评论爱因斯坦与玻尔的论战时曾说道："上帝不仅掷骰子，还掷到你不知道的地方！[4]

四、简单性与复杂性

英国哲学家洛克说:“一些思想是由简单的思想组合而成,我称此为复杂;比如美、感激、人、宇宙等。”在复杂理论创立前,世界被一分为二:其一是物理世界,这个世界是简单的、被动的、僵死的、可还原的、可逆的和决定论的量的世界;另一个世界是生物界和人类社会,这个世界是复杂的、不可分割的、活跃的、进化的、不可逆和非决定论的质的世界。物理世界和生命世界之间存在着巨大的差异和不可逾越的鸿沟,它们是完全分离的,从而伴随而来的是两种科学,两种文化的对立。自然科学家坚信能够把复杂性还原为简单性,把不确定性还原为确定性,把非线性还原为线性,把无序性还原为有序性,把定性还原为定量,把不精确描述还原为精确描述,等等,并且发展出一整套简化描述的方法。

复杂性是指当人们在处理系统问题由于对所研究问题缺乏足够了解而受挫时,在人脑中所产生的一种感觉,从认识论的角度来看,复杂性是人们对复杂系统的感觉,也是系统复杂性在人头脑中的映射。复杂性不是一个客观因素,而是主观因素。有复杂就一定有简单,我们习以为常的简化思维只是我们对待真实世界的一种手段,一种思维方式,简化的抽象思维让我们喜欢确定性的东西,一就是一,二就是二,我们不喜欢偶然性、随机性和不确定性,是被我们简化思维所忽略的。经典科学坚信能够把复杂性还原为简单性,把不确定性还原为确定性,把非线性还原为线性,把无序还原为有序性,把定性还原为定量,把不精确描述还原为精确描述,等等,并发展出一整套简化描述的方法,这样就有了现代科学的“精确性崇拜”。但真实世界就是这样的无序和不确定的,所以简化的思维只是认知复杂世界的“一种”思维方式，当这种思维方式无法解读复杂现象时，必须换“另一种”思维方式，即复杂的思维方式来重新认识我们的世界。

复杂性是被偶然性、随机性和缺乏人类已知的受自然支配的规则性所确定的，所以自然界没有简单的事物，只有被简化的事物。复杂性是不可简化的。被承认为复杂的东西常常是千头万绪的、扑朔迷离、难以描述的东西。复杂性不仅是一个经验现象，充满了偶然性、随机性、无序性、多层次、多元化、自主性、不稳定、不确定，等等，复杂性的表达也打乱了简单化思维的概念逻辑，“原因”和“结果”可以互为“原因”和“结果”，无序当中存在着有序，偶然当中存在着必然。

中国著名的混沌分形专家郝柏林先生说：“什么是复杂性？复杂性就是有规律的东西随机地搅和在一起。”自然界中的绝大部分的存在现象，其结构和组织都有着令人难以置信的复杂性。复杂性的一个特点是其内涵的无限多样性，一种说不清、道不明的多样性。复杂性是我们给予某特定系统存在的许多相互依赖的变量的别称。变量越多，它们的相互依赖关系越强，那么系统的复杂性就越高。变量之间的关联迫使我们要同时注意大量的特征，伴随而来的是我们不可能在一个复杂系统中只采取一种行动。以往只有关于复杂性的思想，现在开始有了复杂性科学。

当我们在这里讨论“复杂”时，并不是我们平时生活中对复杂的一般认识。社会科学领域中相当多数量的“复杂性”指的是混乱、杂多、反复等意思，而并非科学研究领域中与混沌、分形和非线性相关联的“复杂性”。

由于人们对自然界的认识是由简单到复杂，由个别到一般，由局部到整体，简单和复杂也是相对而言的，科学的发展和实际的需要已经使我们不能只从事物的一个方面，不能只从全体的一个部分来认识复杂的现象，而必须加以综合研究。因为，复杂系统中的许多特点：自相似性、层次性、鲁棒性和奇异性，这些无穷的嵌套结构和无标度特性均充分地反映在混沌分形图之中，我们认为这一系列复杂结构类似于生物系统有细胞、器官、肌体、种群，人脑有许多神经元构造，复杂的物理和化学过程以及复杂的社会现象等等都包含有层次结构，正像著名科学家钱学森先生指出的："许多复杂现象从低层次上看是杂乱无章的和无序的，但从高层次上看却是一种未知的新的有序"。

"复杂"与"简单"的区别，并不像我们直觉认为的那样鲜明，许多系统看似简单，但仔细考察时却显示出显著的复杂性（如树叶）。因为复杂性是系统中组分之间的相互作用引起的，所以复杂性展现在系统自身的层面上。无论是在较低的层次上，还是在更高的层次上都不可能捕获复杂性的本质。

简单是对复杂的抽象。法国当代思想家埃德加·莫兰说："简单仅仅是从复杂性中强行抽象出来的一个片段。"简单化注重形式化和量化，久而久之，简单化思维造成的后果是，认为那些用传统方式无法理解、不可量化和不可形式化的东西是不存在的，简单化思维让我们对真实世界视而不见，真实世界的复杂性变成了熟视无睹，被忽略不计，对客观事物的简化处理成为一种强制性和习惯性的狭隘视野，并已成为不再被人们所意识的本能。但世界归根到底仍是复杂的，复杂性首先强调了简化的不可能性。复杂性是简单性的反面，后者与经济性有关，前者与丰富性有关。简单性显示了事物构成和操作中的经济性和秩序性，复杂性，它的精致同样反映在一种错综纠缠，乃至事实上的不协调中。但是简化思维蒙蔽了我们对真实复杂世界的认识，忽略了客观存在的现实，封闭了我们自己，阻挡了认识的进步，现代科学技术的发展表明，不能把复杂性全部归结为认识过程的不充分性，必须承认存在客观的复杂性，真正的复杂性应当具备自身特有的规定性。当复杂性展示其巨大的威力时，当简化思维无法面对复杂时，我们必须重新对我们根深蒂固的简化思维“格式化”，让思维的革命重新爆发。

伟大的牛顿在他的《自然哲学的数学原理》一书提出了被人们称为“简单性原则”的法则：“除那些真实而已足够说明其现象者外，不必去寻找自然界事物的其他原因。”爱因斯坦后来评论道：“从希腊哲学到现代物理学的整个科学史中，不断有人力图把表面上极为复杂的自然现象归结为几个简单的基本概念和关系。这就是整个自然哲学的基本原理。”爱因斯坦也说过：“真理的唯一可靠的源泉存在于数学的简单性中。”

相信决定论和还原论的经典科学，必定遵循把研究对象简单化的方法论原则。经典科学中最重要的科学工具永远都是分析方法。如果某种事物过分复杂，难以作为一个整体来把握，就把它分为若干份可以分别分析的可操控单元，然后再把它们合在一起。不过，对于复杂动力学系统的研究，已经揭示了此种分析方法的一个根本缺陷。复杂系统并非仅仅是由其组分之和构成，而且也包括了这些组分之间的内在的错综复杂的关系。在分割一个系统时，分析的方法破坏了复杂的关系。

最早对简单性提出挑战的是来自宇宙演化和生物领域。根据热力学第二定律，整个宇宙将越来越走向无序，这就是著名的热寂说。然而，这显然与宇宙的生成或演化的实际情况不一致，也与我们生机勃勃的现实世界相矛盾。达尔文的生物进化论更是揭示出我们的物理世界是从简单生物逐渐演化，通过竞争和选择，走向了一个更加有序、更加高级、更加多样的生物世界。这样，物理世界的定律与生物世界的规律与现实世界显然是相矛盾的。从微观层次来看，用还原论的方法所构建的分子生物学等虽然将生命现象深入到了分子、原子甚至更加微观的层次，但依然无法真理理解生命现象。

复杂与简单并不是完全分离的，复杂是由简单生成的。许多自然现象的过程是非常简单的，但结果却异常复杂。人们由来已久的观点"复杂的过程产生复杂的结构"太片面。在以复杂思维想问题时，仍然需要简化和抽象。简单是抽象，复杂是对简单抽象的还原。

清华大学人文社会科学学院科技与社会研究所吴彤教授在他的《复杂性的科学哲学探究》一书中写道："过去简单性被认为是世界自身的基本属性，复杂性从没有被认为是世界的属性，至多被认为是简单性复合产物的现象。复杂性甚至被认为是认识主体运用简单性原则处理问题能力不足所导致的结果。"吴彤教授进一步评论到："作为简单性的基础的线性是科学家为处理问题简化而在思维中存在的某种范畴，它类似于理想模型、理想概念，不存在于真实的自然物理过程和生命世界中"；"简单性与复杂性相互区别的基础的差别只在表象中存在，而在现实世界中根本不存在"；"复杂性比简单性更基本，在某种意义上，简单性更是科学家思维经济的思维创造物。"[5]

20世纪初，系统科学界开始萌发这样一种新思想：放弃把复杂性还原为简单性的方法论原则，转变为把复杂性当做复杂性来处理，建立描述和处理复杂性的系统理论。这种理论的建立实质上是科学思维范式的革新，预示着科学革命将要发生。诺贝尔化学奖得主、比利时科学家普里高津说"简单性思想正在瓦解，你所能去的任何方向都存在复杂性"。

今天在混沌研究的启发下，用简单的非线性动力学模型给出很好的解释，给人们以深刻的方法论启示。混沌学把简单性与复杂性的辩证关系直截了当地展示在我们的面前。混沌分形专家郝柏林先生说："简单性一向是现代自然科学、特别是物理学的一条指导原则。许多科学家相信自然界的基本规律是简单的。”“虽然复杂现象比比皆是，人们还是努力要把它们还原成更简单的组分或过程。事实上不少复杂的事物或现象，其背后确实存在简单的规律和过程。”“复杂和简单并非事物内部所固有，而是体现在事物之间以及我们和它们之间的互动之中。”

复杂理论极大地丰富了哲学思想，在可逆与不可逆、对称与非对称、平衡与非平衡、有序与无序、稳定与不稳定、简单与复杂、局部与整体、决定论和非决定论等诸多哲学范畴都有其独特的贡献。复杂性的研究带来了一场思维方式的范式转移运动，在这场运动中，一切传统学科都可以进行复杂性再审视，在这场复杂性运动中，整体论的思维方式开始全面碾压还原论。复杂性是一种世界观、认识论和方法论，是一种范式。复杂性科学是一场针对还原论局限的科学思维和方法的变革。现代电子计算机之父冯·诺依曼曾说：“阐明复杂性和复杂化概念应当是20世纪的科学任务，就像19世纪的熵和能量概念一样。”20世纪没有完成这个任务！这成为21世纪的任务。

五、整体论与还原论

从17世纪以来，还原论就一直在科学中占据着主导地位。还原论最早的倡议者之一笛卡尔创造了分析方法，他主张将复杂现象分解为部分，通过部分的性质来理解整体的行为。笛卡尔明确表达了身心二分的二元论思想，认为存在物质和意识两种实体，它们是最终的、不可还原的实体，在此基础上，笛卡尔把宇宙（包括生物体）视为一部机器，原则上可以通过分析其最小组分而完全得到理解。从笛卡儿、牛顿等现代科学奠基者的时代，直到20世纪初，科学界的主要目标都是用基础物理学来对一切现象进行还原论式的解释。过去人们总是试图将复杂现象分解或分离成许多简单系统的问题，期望通过简单系统结果的组合能够解释复杂现象的本质。为了研究物质的各种运动规律，我们将物质分解成分子，分子分解成原子，原子分解成原子核和电子，原子核又分解成质子和中子等等，这种分解过程还没有进行完毕，但通过这种方法理解的复杂现象相当有限。

还原论的思想一直占据着统治地位。还原论坚信世界上只有最基本的东西才是实在。《大不列颠百科全书》对还原论下的定义是："哲学的一种观点，它认为每种东西都是一种更为简单的或更为基本的东西的集合体或组合物。凡表示某类东西的词句都可以用表示更为简单的东西的词句来解释或下定义。因此，凡是认为物体是原子的集合体，或认为思想是感官印象的组合体，这统称为还原论。"

在古希腊哲学那里，还原论主要表现为原子论；在中世纪，还原论主要表现为唯名论；在近代，还原论主要表现为机械唯物主义。还原论认为世界真实存在的只有最简单和最基本的东西，借助分析，还原论从复杂到简单，从整体到部分，最终找以那个基本的实在。还原论的基本思想是，1、世界真实存在的不是多而是一，复杂的东西就是简单的或基本的东西，2、通过基本的东西解释所有复杂的东西，这种解释才是真正的解释。

机械的还原论是以当时占支配地位的牛顿力学和化学原子论的世界图景为依据的，认为生命也是一部机器。从牛顿到爱因斯坦，他们都相信，世界本质上是有序的，有序等于有规律，无序等于无规律，科学的任务是透过无序的现象去发现有序的本质。对于这种单纯由于有序性构成的世界图景的科学性和完美性，人们在很长的历史时期均坚信不疑。

还原论的背后隐藏着一种信念，相信世界在某个导次（例如微观层次）

是简单的，那里的事物只受一些简单而确定的规律支配，只要把研究还原到那个层次，就可以把一切问题归结为这些简单规律。但现代科学证明，微观世界同样充满随机性、不可逆性、不稳定性和复杂性。并且，不管微观成分是否简单，一旦组织起来成为宏观巨系统，就会产生微观所没有的复杂性。只要用整体系统的观点看世界，复杂性便随处可见。把复杂性完全约化为简单性，实质上是人为地消除了复杂性。生物学家F·克里克说："还原论的思想是，只要有可能，至少在原则上就是用较少复杂的构成来解释现象。"

19世纪末，20世纪初孕育起来的量子论和相对论，是现代科学的旗帜。量子论和相对论把我们的认识引向微观和宇观层次，在这些领域结束了牛顿理论的支配地位。以精确的观察、实验和逻辑论证为基本方法的传统科学研究，在进入人的感觉远远无法达到的现象领域之后，遇到了前所未有的困难。1927年，海森堡提出了量子力学中的"测不准原理"，证明不可能在准确测量粒子位置的同时，又准确测量其动量。这个重要发现表明，拉普拉斯的精确预测的梦想，即使在原则上也是不可能的。因为在这些现象领域中，仅仅靠实验、抽象、逻辑推理来探索自然奥秘的做法行不通了，需要将理性与直觉结合，对于认识尺度过小或过大的对象，直觉的顿悟、整体的把握十分重要。

在生物学中，19世纪后半叶，还原论的局限性已开始被察觉。帕斯卡曾说："所有的事物都既是结果又是原因，既是受到作用者又是施加作用者，既是通过中介而存在的又是直接存在的。我认为不认识整体就不可能认识部分，同样地，不特别地认识各个部分也不可能认识整体。"许多生物学家认为，整体性思维对于全面理解一些生物现象是根本性的。20世纪初，还原论在一些学科中，尤其是在心理学和生物学中，遇到了巨大的困难，于是整体论重新出现。整体论在古希腊和东方思维体系中早已存在。整体论的基本论点是，生命机体和那些惰性的非生命性质有本质的区别，与机械装置不同，它本质上是完整的、不可分割的系统。这个生命整体产生了它的部分所不具有的生长、自我调节、自我繁殖、自我维持等性质，并且它的部分不能离开整体来运作并加以理解，所以生命现象是不可还原为物理化学现象来理解的。

在科学发展的历史中，整体论与还原论总是作为一种对立的思想而出现的。作为两种不同的思维方式，最初的确是完全对立的。而现代系统思维已远远超越了还原论或整体论的单一思维模式。正是它们的互补，产生了现代系统思想的基础和系统科学的方法论基础。

复杂理论、耗散结构理论、混沌分形理论则在把整体思维与还原思维两者重新统一起来的过程中起着重要的作用。其思维方法必须是整体性的思维。线性科学传统根深蒂固的思维方法是分析和还原的。而处理复杂事务除了分析和还原方法之外，还必须要有整体思维方式。法国哲学家帕斯卡曾说过："我认为不认识整体就不可能认识各个部分，同样地不特别地认识各个部分也不可能认识整体。"复杂理论极大地丰富了哲学思想，在可逆与不可逆、对称与非对称、平衡与非平衡、有序与无序、稳定与不稳定、简单与复杂、局部与整体、决定论和非决定论等诸多哲学范畴都有其独特的贡献。

美国网络科学家巴拉巴西说："还原论作为一种范式已是寿终正寝，而复杂性作为一个领域已疲惫不堪。基于数据的复杂系统的数学模型正以一种全新的视角快速发展成为一个新学科：网络科学。"网络科学所要研究的是各种看上去互不相同的复杂网络之间的共性和处理它们的普适方法。

一种崭新的自然哲学观点，即还原论与整体论是自然规则律的整体结构的两个方面，《稳秩序——适应性造就复杂性》一书作者霍兰说：“真正综合两种传统——欧美科学逻辑－数学方法与中国传统的隐喻类比相结合——可能会有效地打破现存的两种传统截然分离的种种限制。在人类历史上，我们正面临着复杂问题的研究，综合两种传统或许能够使我们做理更好。”

六、决定论与随机论

在世界科学发展史中，有两种认识世界的思想体系，决定论和随机论。在近代科学 200 年的发展中，决定论方法被视为客观世界唯一的科学描述体系。法国天文学家、数学家拉普拉斯提出，如果宇宙的未来是由它过去和现在的状态所决定的，那么倘若某个存在掌握了足够多的信息，便可使用物理定律来确定宇宙的全部历史。这就是著名的决定论。决定论认为，结果是由某些原因造成的，而我们可以通过多种方法来准确预测，所以未来必然是由过去决定的。决定论相信，自然法则是有规律、有序且是可预测的。统计物理和量子力学产生后，概率论方法开始获得独立的学科地位，发展成为与确定论方法并驾齐驱的另一套描述体系，这是 20 世纪科学方法论的一大特点。

经典科学的解释原则是排除随机性，认为随机性是由于我们的无知而产生的表面现象，我们生活在一个严格的和彻底的决定论的宇宙。但是从 19 世纪起，热量的概念把无序和耗散引入了物理学的核心，而统计学使得有可能把微观层面的偶然性和宏观层面的必然性结合起来。19 世纪热力学中发现的不可逆过程、熵增原理等，已经动摇了拉普拉斯的决定论。之后量子力学的不确定原理及后来混沌理论所展示的确定性系统出现内在随机过程的不确定性，更是给了决定论的致命一击。

决定论（确定论）和随机论（概率论）是在认识论和方法论上相互对立的两套不同的描述体系。在一定意义上讲，这是两套基本精神相反的描述体系。确定性联系着有序性、可逆性、可预言性，随机性联系着无序性、不可逆性、不可预言性。确定论方法描述有序的、可逆的、可预见的过程，概率论方法描述无序的、不可逆的、不可预见的过程，两者各有自己的适用范围，其分界线是明确的。秩序，古典科学的主宰，曾统治着从原子到银河的万事万物。随着地球复变为一个小行星，太阳回到它的中心地位，秩序的地位越来越崇高，从开普勒到牛顿再到拉普拉斯，建立起一条铁的法则，亿万颗星星都按这一法则运行。直到热力学第二定律的出现之前，物理学的法则一直不知离散、消耗、衰退为何物。自足的宇宙永无止境地自我维持着。自然规律的主宰——秩序是绝对的和不移的。黑格尔曾说："荒谬的偶然性只能控制表面。而热力学第二定律的"熵"的出现，从能量耗散到秩序耗散，出现无序的组织解体。任何熵的增长都是系统内无序的增长，最高量的熵就是系统内分子的全然无序，它在系统整体层面上表现为均质和平衡。一个世纪以来，热力学的无序状态，微观物理学的不确定性和遗传突变的随机特征使无序渐渐渗进了万物。它始于热力学，经过统计力学，最后落脚在微观物理学的探索上。无序性有两个方面，一方面它代表着破坏性，另一方面它意味着自由、创造性。

中国科学院院士郝柏林教授在其著作《从抛物线谈起：混沌动力学引论》中指出，自然界只有一个，自然现象遵循着不依赖于人类意志的客观规律。然而，数理科学中却有着两套反映这些规律的体系：确定性描述和概率论描述。这两套描述体系的发展历程中，各有一个典型的问题对于新的概念和方法，起着试金石的作用。确定论的试金石是天体力学，特别是可以严格求解的二体问题，从开普勒的行星运动三定律，到牛顿力学的三定律，到狭义和广义相对论关于水星近日点进动和光线在太阳附近偏转的解释，到氢原子光谱乃至两条谱线间距因辐射而导致的细微移动，贯穿了经典力学、相对论、量子力学和量子场论的发展史，这一发展过程的各个阶段，构成现代数理科学的坚实知识基础。

对机遇的科学解释，是概率。概率有某种更为实质性的东西，因而它取代了不明确的“机遇”。它起源于帕斯卡、费马、惠更斯和伯努利对机遇游戏的分析。在这些分析的基础上诞生了概率运算，其长期被认为是数学的一个小分支，概率运算的一个中心事实是，如果大量重复抛掷一枚硬币，那么正面向上（或反面向上）的比例将接近 50%。在这个例子中，虽然每次抛硬币的结果是完全不确定的，但是大量抛掷却会产生一个大致确定的结果这种当我们观测大量事件或大系统时从不确定到大致确定的转变，是机遇研究的一个基本主题。[6]

在什么时刻，硬币决定了落下时会是下面或是反面？假设你接受经典决定论的原理，那么宇宙在一个时刻的状态就决定了它在以后任何时刻的状态。也就是说，硬币落下来时将会是哪一面在宇宙创立之初就已被决定了！这是否意味着我们不得不放弃概率，或是说我们只有在用量子理论取代经典理论的时候才可以提到它？当然不是！合理的态度是在非常不受限制的框架内引进概率！

概率论的试金石是布朗运动。在相当长一段时间内，科学界认为概率论的出现正是由于人类智力的缺陷而产生的。这种观点认为概率论只是数学技巧，并不承认自然内在随机性的客观性，1827 年植物学家布朗在显微镜下观察到悬浮在液体中的花粉颗粒的无规则运动，曾经以为是看到了生命运动的基本形态。1905年爱因斯坦引用随机过程概念，成功预言布朗运动的基本性质，随后被皮兰的实验观测证实，这就引出了朗之万方程、福克—普朗克方程，维纳的连续积分表示，昂萨格泛函乃至涨落场论等一系列发展。它们同样是深入研究大自然，特别是复杂系统行为的必要知识基础。

这两套描述体系的发展，有着许多并行之外。同时，在认识论基础上有着深刻的对立。世界究竟是偶然的还是必然的？围绕这个哲学命题的争论，同样牵动着自然科学家的思绪。以牛顿力学为代表的经典科学教导我们，确定性系统的行为是确定性的，随机系统才会出现随机运动。与之相适应的哲学教导我们，确定性与随机性水火不相容，确定性的就不是随机性的，随机性的就不是确定性的。但混沌学推翻了这种说教，证明确定性与随机性的关系是辩证的，确定性可以产生不确定性，确定性系统能够产生随机运动。

混沌动力学的发展，正在缩小这两个对立描述体系之间的鸿沟。某些完全确定论的系统，不外加任何随机因素就可能出现与布朗运动不能区分的行为："失之毫厘，差之千里"对初值细微变化的敏感依赖性，使得确定论系统的长时间行为必须借助概率论方法描述，这就是混沌。

凡随机性都表现出某种统计确定性，混沌运动也表现出统计确定性。所以，混沌被定义为"确定性的随机性"、"确定性系统的内秉随机性"，美国混沌学家福特说"混沌最一般的定义应该写作：混沌意味着决定论的随机性"。这样看来，混沌是局部不稳定而全局稳定，是稳定性与不稳定性相统一的一种运动体制。

混沌现象告诉我们，确定性可以产生不确定性，确定系统能够产生随机运动。混沌具有一种内在随机性，凡随机性都表现出某种统计确定性，需用概率方法描述。混沌运动也表现出统计确定性，可以用概率方法描述。而且混沌的系统还具有初始条件敏感性和长期行为的不可预测性，因而也就产生了复杂性。对复杂行为如何从简单个体的大规模组合中出现进行解释时，混沌、系统生物学、进化经济学和网络理论等新学科胜过了还原论，反还原论的口号“整体大于部分之和”也随之变得越来越有影响力。

从概率论方法取得平等地位之日起，科学界就有人试图寻找一种能够消除两种描述体系对立的途径，并取得一些进展。像耗散结构理论、协同学等现代系统理论，都同时使用确定论和概率论两套描述体系。他们认为，自组织过程有两种形态，即相变临界点上的质变和两个临界点之间的量变。自组织理论认为，对于系统在两个临界点之间的演化，确定性因素起决定性作用，需用确定论描述体系；在临界点上随机性因素起决定作用，需用概率论描述体系。自组织理论并未真正使两套描述体系沟通起来。

混沌研究进一步启示我们，确定论描述与概率论描述原来有一个共同的前提。完美的确定论描述不仅要求支配系统行为的规律是完全确定的，而且要求初始条件是绝对精确的。这就要求使用无限精确的测量手段，或者用无限测量过程的统计平均值去接近精确值。为了保证计算结果唯一确定，计算过程必须保留无限位小数，只有无限字长的计算机在无限长的过程中才能完成这一工作。类似地，完善的概率论描述一个完全的随机过程，可以通过无限长的随机检验。因为概率论的基础是大数定律，只有n-f 无穷大时才严格成立。真正的随机数必须由无穷多个不同的数组成。可见，两种描述体系都必须借助于某种无穷过程，承认这种无穷过程总是可以实现的。

然而，两种情形都是一种理想化的极限，无限精确的测量和无限字长的计算都是不可能的，实际的测量和计算都是有限过程（数学中的级数收敛，极限存在不算）。只要存在有限的误差，就可能构成一个随机过程，使它同确定论的轨道在原则上不可区分。

因此，两套描述体系的对立是由于经典科学以某种无穷过程可实现为前提而造成的，只要回到实际的有限过程，确定性与随机性之间便不存在绝对的界限，彼此可以相互转化了。

基于以上分析，郝伯林提出，如果把有限性作为认识自然的基本出发点，承认自然界的有限性，我们就可以从确定论和概率论根深蒂固的人为对立中解脱出来。混沌研究对方法论的最大贡献也许就在于此。

决定论和随机论是科学领域中两种不同的认识论。决定论和随机论是在认识论和方法论上相互对立的两套不同的描述体系。这两大体系虽然在发展过程中，在各自的领域里"成功地"描述过世界，但客观世界只有一个，世界到底是确定的还是随机的？是必然的还是偶然的？是有序的还是无序的？是否将世界分成两半？这是一个长期争论而未得到解决的问题。1921 年诺贝尔文学奖获得者、法国作家 Anatole France 说："随机性是上帝在不想签名时的假名。"正所谓："机遇其巧高人明，玄机皆妙天注定。"

第二章

混沌的起源和发展

一、混沌的定义

二、混沌的起源和发展

三、洛伦兹：蝴蝶效应

四、斯梅尔：面包师变换与马蹄映射

五、罗伯特·梅：逻辑斯蒂模型

六、三生乱象：周期 3 导致混沌

一、混沌的定义

美国好莱坞明星朱莉亚·罗伯茨在一次脱口秀节目访谈中，专门谈到中国麻将的意义，她说每周会和朋友们打一次中国麻将，主持人问她中国麻将这个游戏的意义到底是什么，朱莉亚罗伯茨回答说麻将的内涵是："to create order out of chaos based on random drawing of tiles""通过随机抓牌在混沌中创造秩序"。这个回答是非常有智慧的。混沌作为一个科学观念与概念，是指一个系统对它的初始状态具有敏感的依赖性，从而在系统中出现一种内在的随机性。混沌是从有序开始，经历无序再通过有序结束的过程。有序是指事物内部的要素或事物之间有规则的联系和运动转化；无序是指事物内部各种要素或事物之间混乱而无规则的组合和运动变化。有序与无序在一定的条件下，统一形成事物的秩序。秩序是一种约束力，对系统的创新能力难免产生某种压抑作用，混沌过程是"破坏"秩序的过程，是"创造"的过程，但会产生"新"的宏观有序，即涌现。日常生活中混沌的含义已有了常识性的共识，混沌并非简单的混乱意义，混沌不是混乱与无序，混沌是在混乱表观下蕴藏着多样、复杂、精致的结构和规律，是一种看似无序的复杂而高级的有序，一种与平衡运动和周期运动本质不同的有序运动，一种非平衡的有序。

混沌是复杂环境下的某种有规律的现象。在数学上，混沌是指在确定性系统中出现的随机性态。确定性态受精确的、坚不可摧的定律支配。随机性态则相反：无定律，不规则，由偶然性支配。因此指的是貌似随机的事件背后存在着的内在联系。

美国气象学家洛伦兹对混沌的定义强调了初始条件的敏感性，他认为

美国好莱坞明星朱莉亚 · 罗伯茨一句话道出中国麻将的精髓

混沌系统是指敏感地依赖于初始条件的内在变化的系统。英国生物学家R· 梅则认为混沌是确定性非线性系统的内在随机性，强调了混沌系统的确定性成分。中国的混沌分形专家郝柏林教授的描述更为清晰，他认为混沌是确定性系统的内在随机性，是对初值细微变化的敏感依赖性在确定性系统中的长时间行为，混沌是没有周期的有序。而大科学家钱学森则认为混沌是宏观无序，微观有序的现象。

郝柏林教授在他的《混沌与分形》一书中写道："混沌绝不是简单的无序，而更像是不具备周期性和其他明显对称特征的有序态。在理想情况下，混沌状态具有无穷的内部结构，只要有足够精密的观察手段，就可以在混沌态之间发现周期或准周期运动，以及在更小的尺度上重复出现的混沌运动。""混沌更像是没有周期的次序""混沌有它非常确切的、数学上可以描述的内容。"[7]

在混沌现象中，既体现了确定性系统中的随机性，又表明了随机性中的确定性。混沌的确定性，是指它的产生是由其内在因素所导致，而非外界的随机干扰。随机性是指其行为的不可预测与不规则。虽然混沌系统的具体变化无法预测，在大量混沌系统的普适共性中却有一些“混沌中的秩序”，严格说来，混沌现象是不含外加随机因素的完全确定性的系统所表现出的内秉随机行为。对于处于混沌状态的系统，人们无法在任何有限时间内，对系统的行为给予准确的预言。这并不意味着我们对这种系统无能为力，对非线性动力系统的研究正是为了人们可以理解这种行为，阐明其中有序和无序行为之间竞争的规则，以及可以在何种程度上预言竞争的结果。

复杂性中的一个特性就是混沌，混沌展示了高秩序度，虽然这种秩序是特殊的、独特的随机秩序。混沌之父美国气象学家洛伦兹认为，混沌与复杂性的区别是，混沌涉及时间上的不规则性，而复杂性则意味着空间上的不规则性。为了更深刻地理解混沌的含义，有必要对混沌思想产生的历史脉络和科学哲学背景进行详细阐述，才能让我们对混沌动力学过程有着科学的认识。

二、混沌的起源和发展

混沌的思想古已有之，但真正成为一门科学却是20世纪60年代才开始的。混沌虽然难于精确定义，但可以把它看作是确定系统所产生的随机性。“确定的”是因为它由内在的原因而不是外在的干预所产生，即过程是严格确定性，而“随机性”指的是不规则的，不能预测的行为。混沌有吸引力的方面是它提供了把复杂的行为理解为有目的和有结构的某种行为的方法，而不是理解为外来的和偶然的行为。最简单的非线性方程经过反复迭代都会产生意想不到的混沌行为。即使在传统理论看来特别确定的物理、天文系统中，照样存在混沌。因此，在非线性系统中，混沌是一种普遍的行为。

不论在中国，还是在西方，对混沌的认识经历了漫长的时间。在西方文明中有着极其重要地位的古希腊人是这样为我们描述世界的：万物之前，先有混沌，然后才产生了宽广的大地。在古希腊神话中，混沌一词被定义为“有序”的反义词。混沌愿意为某种深不可测的、破裂的东西，空间的虚空。中国人对于混沌的理解广泛存在于思想领域。混沌这一概念虽然广泛存在于中国古代文化的经史典集之中，在其对混沌的描述中承认不确定成分的存在，但更多的是一种来自对客观世界的直觉认识。人们把本来用于描述自然状态的混沌概念引申到认识世界的意识领域，用来形容人类认识过程中的某种状态。例如：混沌常常被理解成“未开化”、“糊涂”、和“无知无识”的思想状态，但同时又认为这一“混沌”状态是一个可以转化的暂态过程。

在数千年人类文明发展的长河中，历代的思想家、哲学家、科学家和文学家以各自的方式不断地谈论与发展着对混沌的认识。他们借助混沌概念阐述各自的自然观、社会观和人生观，其中有很多深刻的见解至今仍会引发我们无穷的思索。

混沌概念的提出是人类对客观世界探索过程中的直觉表现，其中或许包含了更多的迷茫与困惑的成分。在古代人类的探索中，他们既接触到了世界的必然性与确定性的一面，也接触到了随机性与偶然性的一面。这其中必然包含着现代混沌理论中的自相似与非自相似问题、稳定与不稳定问题以及初始条件敏感与不敏感问题，但由于认识的有限性和当时科技技术发展的局限性，他们往往无法科学地正确地解释出其中的任何一面，只能借助于辩证思维和艺术想象来描绘客观世界。

直到 17 世纪以牛顿的经典力学为代表的近代科学的出现，创造了一个完全的确定性的科学世界，所带来的科学文化是用一种分析、定量、对称而又机械的眼光来看待这个世界，并彻底地将偶然性和随机性赶出了科学乐园。

以牛顿力学为代表的经典科学教导我们，确定性系统的行为是确定性的，随机系统才会出现随机运动。与之相适应的哲学教导我们，确定性与随机性水火不相容，确定性的就不是随机性的，随机性的就不是确定性的。这两大体系虽然在发展过程中，在各自的领域里“成功地”描述过世界，但客观世界只有一个，世界到底是确定的还是随机的？是必然的还是偶然的？是有序的还是无序的？是否将世界分成两半？这是一个长期争论而未得到解决的问题。

20 世纪 70 年代，美国和欧洲大陆的少数科学家开始找到了无序的路径。他们是数学家、物理学家、生物学和化学家。不同领域的科学家不约而同地注意到了在一些简单模型中潜伏着令人惊奇的复杂行为。混沌打破了各门学科的界限，由于它是关于系统的整体性质的科学，它把思考者们从相距甚远的各个领域带到了一起。

混沌开始之处，经典科学就终止了。因为自从世界上有物理学家们探索自然规律以来，人们就特别忽略了无序，而它存在于大气中，湍流中，野生动物种群数的涨落中，以及心脏和大脑的振动中。自然界的不规则，不连续和不稳定的方面，一直是科学的难题，是无法理解的。混沌理论还指出，混沌并不是简单的混乱，并不等于没有规律可循，而是被无序遮盖着的更高层次的有序性。混沌理论要做的就是要在混沌中找出不确定性的规律来。

混沌的发现给了精确预测的梦想最后一击。混沌指的是一些系统，混沌系统对于其初始位置和动量的测量如果有极其微小的不精确，也会导致对其的长期预测产生巨大的误差。也就是常说的“对初始条件敏感依赖性”。

混沌强烈主张复杂系统有普适行为。混沌是过程的科学而不是状态的科学，是演化的科学而不是存在的科学。在今天，现代混沌理论所讲述的混沌是一个精确描述的科学概念，是现代科技发展的成果，是人类文明进步的结晶，更重要的是，现代混沌理论代表着一个全新的科学范式，是与还原论、简化思维完全不同的整体论和复杂思维，这与古人所讲述的混沌已经不可同日而语。今天的混沌概念是从古代混沌概念演变而来的，虽然现代混沌概念同过去有着千丝万缕的联系，但当今的混沌思想代表着一个全新的科学革命方向，美国科学哲学家托马斯·库恩把混沌概念放在科学史的时间轴中考察，是带来科学革命的拐点。考察古代混沌概念及其演变，能给我们今天的研究带来更多的启示。

三、洛伦兹：蝴蝶效应

2008年4月16日，一些中国的报纸报道了这样一条不起眼的新闻，一位美国气象学家在家中去世，享年90岁，这位美国的气象科学家就是最初提出“蝴蝶效应”并影响混沌理论建立的爱德华·洛伦兹（1917—2008）。

1960年，世界知名的动力气象学家，美国麻省理工学院的爱德华·洛伦兹计算机来计算与天气预报有关的三个简单非线性微分方程的初值问题的数值解，他为了检查某些细节，他作了一项重复预测，把温度、气压和风向等数据送入机器，无意中改变了约 1/1000 误差的初始值，重新计算，新的计算结果同上次计算结果随着时间的推移迅速偏离，面目全非。他让计算机运行方程，而当他喝了杯咖啡以后回来再看时竟大吃一惊：本来很小的差异，结果却偏离了十万八千里！计算机没有毛病，于是，洛伦兹认定，他发现了新的后来被称为“混沌”的现象：“对初始条件的敏感性”，即著名的蝴蝶效应。

“蝴蝶效应”的本质是说一切事物都是相互关联的。洛伦兹和其他科学家意识到，在确定性的动力学系统中，生成不可预测性的混沌潜在可能性蜷伏在每一个细节当中。我们觉察不到的极其轻微的原因决定着我们看到的显著结果，于是我们却说这个结果是由于偶然性。偶然性是无法预测的现象，它们好像不服从所有的定律，在每一个领域中，精确的定律并非决定一切，它们只是划出了偶然性可能在其间起作用的界限，所以偶然性也具有精确的和客观的意义。或者可以这样说，偶然性仅仅是我们无知的量度。偶然发生的现象就是我们不知道其规律的现象。这就是混沌过程中的“初始条件敏感”和“蝴蝶效应”。“蝴蝶效应”一般可从两个方面来理解，一个是微小的因素引发的巨大结果，第二个由偶然因素引发的传播规模的巨大无比。

在科学界，若一个现象的运动可以用以微分方程表征的因果模式加以解释，则它就是有秩序的。牛顿首次引入了微分思想，在他的著名运动定律中，把变化率与各种力联系起来。科学家们很快变得信赖线性微分方程。无论多么不同的现象，如植物生长、动物繁衍、弹簧开关等等，都可以用这些方程描述，其中小的变化产生小的效应，大的效应可以通过累加许多小的变化来获得。19 世纪的科学家们对线性方程很熟悉，但对另一类方程却知之甚少，就是非线性方程。非线性方程特别适用于不连续事物，如爆炸、突变等。问题在于，处理非线性方程需要数学技巧和直觉。19 世纪的科学家们坚守还原论教条，通过“线性近似”掩盖了非线性方程混沌的一面，这种坚守一直到20世纪70年代。非线性方程中，一个变量的微小变化对其他变量有不成比例的，甚至灾难性的影响。线性方程与非线性方程的一个主要差别是反馈，或者迭代，即非线性方程具有自我重复相乘的性质。反馈体现了秩序和混沌之间的一种本质的张力，反馈互动让我们对世界的认识更深刻。尽管有关微分方程的话题已有300多年的历史且其成果充满了图书馆，从未有人认为微分方程会像洛伦兹在他的实验中发现的那样，具有混沌特征。

洛伦兹迅速认识到，正是非线性与迭代的组合，把两次计算机运行中的三位小数位的差别放大了。结果相差如此之大，意味着像天气这样复杂的非线性动力系统必然是相当敏感的，连细节上最小的差异也能影响它们。洛伦兹和其他科学家突然意识到，在确定性的因果性的动力系统中，生成混沌不可预测性的潜在可能性蜷伏在每一细节当中。洛伦兹所认识到的是，由于非线性方程（表示动力系统相互联系的本性）的迭代特性，附加再多的细节也无助于改善预测。也就是我们常常感叹的“世事难料！”。洛伦兹首次通过偶然性研究清楚了迭代是如何生成混沌的，从此把人类的理性世界正式投向了非线性的混沌世界。我们现在知道了，天气是一个充满了迭代反馈的混沌系统，它是非线性的，所以对细微的影响具有难以置信的敏感度。天气就是气候自组织系统中每时每刻发生的变化。

洛伦兹后来告诉《发现》杂志：“我那时很清楚，如果真实大气的行为正如这个数学模型所描述的，则长期天气预报是不可能的。”他将这一事实写成文章，于1963年在《大气科学》杂志上发表了《确定性的非周期流》一文，提示了确定性非周期性、对初值的敏感依赖性、长期行为的不可预测性等混沌基本特征。洛伦兹发表文章中指出：在气候不能精确重演与无法长期预报天气变化之间必然存在一种联系，这就是非周期性与不可预见性之间的联系。他认为：一串事件可能有一个临界点，在这一点上，小的变化可以放大为大的变化；而混沌的意思就是这些点无处不在。

在1979年12月，洛伦兹在华盛顿的美国科学促进会的一次讲演中提出：一只蝴蝶在巴西扇动翅膀，有可能会在美国的得克萨斯引起一场龙卷风。他的演讲和结论给人们留下了极其深刻的印象。从此以后，所谓"蝴蝶效应"之说就不胫而走。

在很早的微分方程的定性理论里面，庞加莱已经提出了对非线性复杂系统的混沌现象，他已经隐隐约约地感到在自然界当中，在所谓的无序当中，表面上是无序的，实际上有新的规律。但他没有深入地研究，他已感到用微分方程会有困难，所以提出用微分方程整体的、定性的数学拓扑的方法进行研究。但是这仅仅是一个想法。与庞加莱相比，洛伦兹对初始条件的敏感依赖性要精确很多，并发现了第一个奇怪吸引子。洛伦兹对吸引子的发现是源自对一组微分方程的数值分析，这组微分方程是他从测试天气预报的数学模型中提炼出来的，现在称为洛伦兹方程。洛伦兹发现这组方程的解有奇怪吸引子，发现了在微小的干扰下，在一定的空间内轨道变化极其强烈，在原来"并肩"围绕一个中心"盘旋"的轨道中会有一些轨道突然改变"航向"离开其他轨道，加入另外一组轨道之中，围绕另一个中心旋转，甚至在两个中心之间跳来跳去（见图），好像蝴蝶的翅膀，并且这类轨道并非个别，可以密密麻麻到处都有，这种轨道的行为破坏了原有轨道的秩序，并表现了某种不可预测性，这在数学上叫初始条件敏感，在数学的直觉上叫拓扑的不可预测，就是在已经建立的轨道上，在微小的干扰下，运动轨道会发生巨大的偏差。

庞加莱在研究三体相互重力作用下的轨道运动中第一个发现了混沌。

相空间概念也是宠加莱第一个提出来的，这是一个虚构的数学空间，表示给定动力学系统所有可能的运动。相空间是混沌研究的“吸引子”存在的背景。吸引子是跨越秩序与混沌世界的一个强有力的概念。吸引子是相空间的一个区域，它对系统施加了一种“磁铁般的”吸引力，似乎要把系统都拉向它。吸引子告诉我们，混沌不只是稀里糊涂的四处游荡，它是一种精致形式的秩序。当科学家说一个系统有“吸引子”时，他们的意思是如果在数学空间中绘出系统的变化或行为，则图形将显示系统在重复着某种模式，科学家们就说，系统被“吸引”到那种行为模式。一个演化系统各要素之间的相关性可以在很大数值范围内保持相对不变，但在某些临界点处会分裂，刻画系统的方程跳入了一种新的性态。吸引子是涌现的创新。非线性的世界包括了我们大部分的现实世界，精确预测在实际和理论中都是不可能的。非线性打破了还原论者的坚守。奇怪吸引子图显示系统行为不可预测并且不是机械的。因为系统向外部环境开放，所以它能够有许多运动的细微差别。每个吸引子各有其特定的测度。洛伦兹吸引子已经成为混沌学的重要标志。洛伦兹是一位具有很强数学背景的气象学家，此外，更具创举的是他采用了计算机来进行运算，将数值计算方法与庞加莱的几何化图形相结合，从而成功地打开了混沌科学之门。

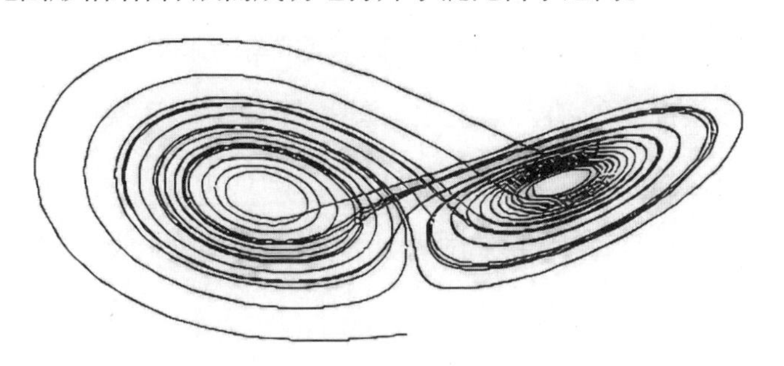

自然科学中最早认定的奇怪吸引子是 1962 年发现的
洛伦兹吸引子（the Image of Lorenz attractor）

从科学的角度来看,"蝴蝶效应"反映了混沌运动的一个重要特征:系统的长期行为对初始条件的敏感依赖性。经典动力学的传统观点认为:系统的长期行为对初始条件是不敏感的,即初始条件的微小变化对未来状态所造成的差别也是很微小的。可混沌理论向传统观点提出了挑战。混沌理论认为在混沌系统中,初始条件的十分微小的变化经过不断放大,对其未来状态会造成极其巨大的差别。

大约十年后的 1972 年,美国马里兰大学一位气象学教授把洛伦兹关于气象预测模型的四篇论文给了同一大学数学系的詹姆斯·约克教授。约克将其中最重要的一篇论文"确定性的非周期流"复印一份寄给了美国加州大学伯克利校区的拓扑学家斯梅尔。斯梅尔惊奇地发现自己一度认为在数学上不可能的一类混沌现象。而约克则与他的学生完成了混沌历史上著名的"李一约克定理"。

四、斯梅尔:面包师变换与马蹄映射

当洛伦兹在美国东海岸的麻省理工学院摆弄他的天气模型时,几乎是同时,美国另一位拓扑学家斯梅尔在巴西的里约热内卢纯粹与应用数学研究所研究"面包",发明了被人称道的"马蹄映射"。平面上带有分形吸引子的最简单的动力系统之一就是"面包师"变换(the baker's transformation)。斯蒂芬·斯梅尔(Stephen Smale,1930—)是有独特个性的数学家,1966 年他因证明了"广义庞加莱猜想"而获得数学菲尔兹奖。

我们经常可以看到电视中有面点师傅的拉面表演,拉面师傅通常会比相同的一块面谁能抻出更多根数的面条。厉害的拉面师傅,一分钟能拉水面团三斤、抻拉十二扣，可达近万根，细著银丝，根根不乱，如果连接起来，可以绵延几公里。其中的奥妙在于拉面在拉伸过程中数量的突然增长，这种增长是一种非确定性的跃迁，它不是简单的指数增长，是非线性的增长，是拉伸过程的倍周期变化带来的混沌效应。像我们中国人熟悉的拉面这种混沌现象在日常生活和自然中非常多。我们都有这样的生活经验，假设我们将食用色素滴在生面团上的某一处，做成圆形的记号，然后我们将面团拉长，我们所做的色素记号会拉长变成一条直线。记号中每两点间距离也会呈指数方式扩大，而且原来离得越远，它们之间的距离增加得越快。下一步我们将面团折叠起来，这样做不会使那条记号变长。如果这之前记号线的伸展恰巧超过了面团的中心，也就是我们的折叠点，那么记号线的一部分会重叠起来。这样，各点之间的距离又拉近了。如果我们把面揉得时间长一点的话，有颜色的记号线会伸展到整个面团的长度。开始时我们所做记号的一部分会出现在面团的每一段中，也就是说，开始时微不足道的差别扩散到了整个系统之中。这是混沌的典型标志。

在20世纪50年代，美国数学家斯梅尔（S. Smale）经常观察面包房做面包的过程，他认识到，可以用拓扑学使动力系统直观化。通过对拓扑形状的弯曲、扭曲、折叠，来表示系统的运动。在斯梅尔的世界观里，混沌在自然现象创立的地位完全等同于那些周期循环的规则行为。他发现了一条自然定律：系统可能有混乱行为，然而这种混乱行为不可能是稳定的。稳定性，或者如数学家们有时说的“斯梅尔稳定性”，是一种关键性质。系统的稳定行为是那些不会因为某些参数作了小小改变就消失的行为。

1888年庞加莱在研究三体问题时，不仅仅揭开了混沌的面纱，而且为现代混沌理论的研究提供了一个重要的研究工具，这就是拓扑学。拓扑学是处理从局部到整体之道路的数学科学。科学界发现，在研究复杂系统时，“部分”这种概念开始瓦解，对这些系统进行量化变得不可能。于是科学家想用另外一种度量手段，定性的数学，来研究动力系统。在古老的定量数学中，对一个系统的度量集中在，描绘系统一个部分的量如何影响其他部分的量。相反，在定性度量中，把系统的运动形式作为一个整体加以描述。在定性方案中，科学家并不问“这部分对那部分有什么影响？”而是问“整体在运动和变化时看起来是什么样子？”这一系统整体上与另一系统相比如何？在过去半个世纪的时间里，对非线性变化的许多秘密的揭示都依赖于拓扑学。

拓扑学处理的是像橡皮一样拉伸和扭曲对象的形状，所以拓扑学也被形容为“橡皮几何学”。拓扑学研究几何形状由于扭曲、拉伸或压缩而变形时仍然保持不变的那些性质。拓扑学主要研究拓扑空间在拓扑变换下的不变性质和不变量。拓扑方法虽然可以描述系统的整体特性，但在不具备可微性的拓扑空间上，描述随时间演化的动力学特性会受到很大的限制。到 20 世纪 60 年代中期，数学家们将拓扑理论与常微分方程相结合，在拓扑空间中引入可微性、微分结构等概念，终于解决了这一问题。现在拓扑动力学已经成为混沌研究的重要工具之一。拓扑学是法国数学家庞加莱留下来的一份重要科学遗产。

混沌来自非线性动力系统，而动力系统描述任意随时间发展变化的过程。动力系统的研究目的是预测“过程”的最终发展结果。就是说：如果完全知道在时间序列中一个过程的过去历史，能否预测它未来怎样？尤其能否预测该系统的长期或渐进的特性？然而，即使是仅有一个变量的最简单的动力系统也会具有难以预测的基本上是随机的特性。

动力系统中的一个点或一个数的连续迭代产生的序列称为轨道，如果初始条件的微小改变使其相应的轨道在一定的迭代次数之内也只有微小改变，则动力系统是稳定的，即点的轨道可以预测。但并非所有的动力系统都是稳定的，此时，任意接近于给定初值的另一个初值的轨道可能与原轨道相差甚远，是不可预测的。因此，弄清给定动力系统中轨道不稳定的点的集合是极其重要的。所有其轨道不稳定的点构成的集合是这个动力系统的混沌集合。

斯梅尔在研究动力系统时，他感兴趣的是结构稳定性的问题，结构稳定性考虑的是系统整体全局性的稳定，而不是局部的稳定。结构的稳定性是指系统参数在有微小的改变时，系统的动力行为是否有根本性的变化。因此，斯梅尔研究的动力系统的稳定性，是整体拓扑结构的稳定性。混沌和不稳定性，这些刚开始获得形式定义的概念根本不是一回事。斯梅尔刚开始研究这个课题的时候，曾错误地认为稳定性只适用于非混沌解的系统，他猜想混沌系统不可能是结构稳定的。其实混沌系统可以是稳定的，只要它所特有的不规则性可以在小扰动下保持不变。洛伦兹的天气系统就是一个例子，它是局部不可预言的，整体稳定的。斯梅尔开始向动力系统复杂性的方向迈进。他通过研究面包师变换发现“马蹄铁映射”既混沌，又结构稳定。

斯梅尔通过面包师制作面包过程中的压缩、拉伸和折叠来模拟动力系统中混沌轨道复杂性的形成过程。他发现面包师制作面包的拉、压、折、叠的过程能使面团中上互靠近的点远离开来，嵌在面团中的一系列弹性线最终被拉伸、折叠成一种非常复杂的、不可预测的混沌模式。后来数学家们就把面包师用手使面拉伸，然后再把它自身折叠起来，一次又一次重复的非线性迭代过程叫做“面包师变换”，也叫斯梅尔的“面包师变换”或称分段函数的马蹄形拓扑模型，即著名的“马蹄映射”。斯梅尔经过长期观察他提炼出一个数学模型。数学上看，由拉伸和折叠过程就形成了奇怪吸引子。斯梅尔认识到，这就是周期倍化通向混沌的系统所经历的过程。斯梅尔证明了，马蹄映射函数既是混沌的，也是结构稳定的。因此，在马蹄映射中，混沌、局部不稳定、结构稳定，三者同时存在。马蹄映射以严格的数学模型解释了混沌的本质，提供了一个对动力系统的直观几何图像，证明了混沌吸引子的确存在，不是计算机的数值计算误差制造出来的，而主要是由于系统固有的非线性本质特征。这里要强调的是，斯梅尔的面包师变换与中国的兰州拉面在本质上是一样的！中国兰州拉面的数学原理就是“面包师变换”，拉面的过程是混沌的！在斯梅尔的世界观里，混沌在自然现象创立的地位完全等同于那些周期循环的规则行为。斯梅尔的“马蹄”结构，在混沌的历史中是一个经久不衰的形象。

五、罗伯特·梅：逻辑斯蒂模型

生态学是有数学观念的生物学家在20世纪建立的一门新学科，它把种群数作为动力学系统，把一些影响因素加以简化来研究生命的盛衰。大自然是生态学家的实验室，其中生活的数百万物种，每时每刻都在进行着弱肉强食、适者生存的残酷竞争。用于种群生态学的数学方程，从形式上来看很简单，而生命和种群现象却又极其复杂，但这些简单方程仍然能给到生物学家所需要的基本信息。

历史上充满了种群失去控制的例子。有的种群快速繁衍，有的却快速衰亡，有的按规则的周期增长和衰落，种群增长问题是生物学家、生态学家、数学家等感兴趣的课题。因为，在直观上非常简单的种群增长公式的背后，潜伏着从最简单的秩序到混沌一整套丰富的、变化多端的行为。

1798年，著名的人口论专家托马斯马尔萨斯发表了著名的《人口学原理》，对人类作出一个悲观预言：人口将以几何级数、超越食物的算术级数增长，因而，最后将必然导致战争、瘟疫、饥荒等人类的各种灾难。马尔萨斯的人口论基于一个很简单的公式：$X_{t+1}=(1+R)X_t=kX_t$；式中的 X_{t+1} 代表第 t+1 代的人口数，X_t 代表第 t 代的人口数，$R=(X_{t+1}-X_t)/X_t$，是人口增长率。k=1+R 通常是一个大于 1 的数。因而，人口数便以 k 的幂级数增长，我们假设迭代次数以年计算，有了这个公式，从某年一个初始的人口数出发，便可以推算出下一年、下两年、下三年的人口数来。

但马尔萨斯犯了一个错误，他把各种灾难作为人口增长之后的结果来处理。实际上，战争、瘟疫和饥荒是伴随着人口繁衍而同时发生的，必须在方程中将这些因素考虑进去。因此，后来几代生态学家已弄清楚了马尔萨斯模型中的线性增长函数不能真实反映种群生长规律，逐步提炼出逻辑斯蒂方程这个良好的非线性模型，在原方程的右方加上了一个负的非线性平方修正项，变为：$X_{t+1}=kX_t-(k/N)\times(X_t)^2$。这个非线性修正项正是反映了战争、瘟疫、饥荒等环境因素对人口的影响，负号表明这种制约导致下一代人口的减少。这就是著名的“逻辑斯蒂模型”（Logistic model）。这个方程适用于对各类生物的繁衍、种群数量的研究。

逻辑斯蒂方程描述的是任何一年的种群数量与上一年不是严格线性的正比关系，而是由于种群自身的迭代和反馈产生非线性的增长关系，其结果是数量巨大。逻辑斯蒂模型方程表达式：$X_{t+1}=RX_t(1-X_t)$，R=（出生率－死亡率），xt 表示“承载率”：当前种群数量与最大可能的种群数量的比率，所以 xt 总是介于 0 和 1 之间。X_{t+1} 是下一代可承载的种群数量。Logistic 方程不是一个理论推导的结果，而是一个根据种种统计资料得来的经验公式。

在 20 世纪 70 年代，美国普林斯顿大学的科学家罗伯特・梅（Robert M. May）用“逻辑斯蒂模型”方程来研究昆虫的繁殖规律，不过，他并不是简单地跟随气象学家洛伦兹的脚步，画出逻辑斯蒂方程的奇怪吸引子，他的研究有独到之处，他感兴趣的是逻辑斯蒂方程中的参数 R 值的变化。他发现参数 R 值的大小决定了混沌出现或者不出现的规律，即“周期倍分岔通向混沌”的现象，梅发现，当 R 值比较小的时候，混沌并不出现，当 R 值大到一定的数值时，混沌就会现身！梅把函数作为变量不断地对方程进行迭代，他发现逻辑斯蒂迭代会随着 R 值的不同范围产生三个状态，由稳定区域收敛到不动点，然后随着 R 值的增大产生倍周期分叉，先是 2 周期振荡，然后是 4 周期振荡，然后是 8 周期，一直下去，直到出现混沌。所以倍周期分岔现象是系统出现混沌的先兆。这种系统状态随着参数的变化从平衡走向混沌的过程，不仅仅出现在生态学中，而是一个普遍现象。

在动力系统理论中，这些突然的周期倍增被称为分叉（bifurcation）。不断分叉直至混沌的过程就是“通往混沌的倍周期之路”，学术上叫做倍周期分岔现象。至此，梅发现了“对初始条件敏感”的现象，发现了经济倍周期的分叉通向混沌的现象，发现在这一过程中经过了三种不同的被称为“吸引子”的最终状态，即不动点、倍周期分叉和混沌。在这个著名的分叉图中，充满相点的黑区，它代表可在此处无限次地发现系统。在扇形的混沌区里，黑线形成了抛物线。这些线代表在其上发现系统的概率较大。这是混沌中又一种形式的秩序。在混沌区域中有空白的垂直条带，物理学家称这些条带为“窗口”。它们实际上是系统又变得稳定的区域。在无规的起伏中间存在一些稳定的、可预测的周期性，这种现象叫做“间歇”也称阵发。

如果将倍周期分岔曲线在不同的甄试下进行放大，仔细观察，就会发现它实际上是一种分形，一种具有无穷嵌套的自相似结构，或所谓的标度不变性。这个与内在随机性密切相关的几何性质揭示了倍周期分岔现象与分形、混沌、奇怪吸引子等之间的内在联系。

逻辑斯蒂方程是动力系统和混沌研究中最著名的方程。它是能抓住混沌本质，对初始条件敏感依赖性的最简单系统之一。这个方程由于其显然的简单性和深厚的历史，它成了介绍动力系统理论和混沌一些主要概念的完美载体。国内著名的网易数学公开课视频，在美国麻省理工学院数学教授亚瑟·马楚克（Arthur Mattuck）讲授的“微分方程”第五集“一阶自治微分方程”中，详细介绍了“逻辑斯蒂方程”的特点和实际应用。

逻辑斯蒂方程极为简单，并且完全是确定性的，即每个 xt 值都有且仅有一个映射值 Xt+1。然而得到的混沌轨道看上去却非常随机（将 X0，X1，X2……的值组成的序列称为 X 的轨道）。因此，表面上的随机可以来自非常简单的确定性系统。梅知道这个现象的含义超过了生物学和物理学的范畴，但他当时没有理解这是为什么。在获悉李一约克的混沌概念之后，R·梅终于明确地意识到需要清算线性科学观，发展非线性科学观。梅的这一思想成果，通过那篇著名的论文《简单数学模型具有复杂动力学行为》，发表在 1976 年的《科学》和《自然》上。

逻辑斯蒂映射的分岔图

横坐标为 R，纵坐标是各 R 值对应的 X 的最终值（吸引子）

逻辑斯蒂模型：$X_{t+1}=RX_{t1}(1-X_t)$

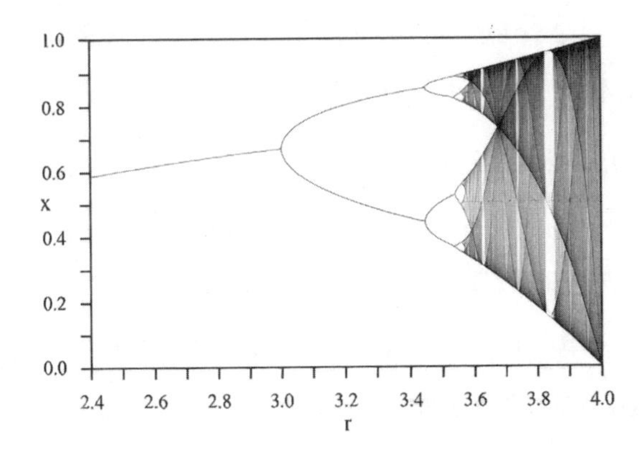

梅开始函数迭代：当 $R<3$，一切正常

若 $R<1$，则无论起先有多少种群数，最迟第二年后数目就逐步减少，最终走向消亡

当 $1<R<3$，最后的种群数会逐渐稳定下来到某一个数，不管开始的种群有多少

这个固定数随参数 R 递增

当 $3<R<3.45$，固定数曲线一分为二，种群数最后在两个数之间不停地来回跳动

让 R 比 3.45 大一点，种群数最后在四个数之间不停地来回跳动

让 R 再大一点，种群数最后在八个数之间不停地来回跳动

当 R 到达 3.57 时，周期现象模糊不清

当 R 继续上升，稳定的周期又飘然而至，再上升后，又冒出一个具有像三或七这样的奇数周期的“周期窗口”，在此窗口内，以周期三或周期七开始的倍周期分叉更快速地行进，然后再次中断而进入新的混沌。

六、三生乱象：周期 3 导致混沌

1974 年，美国马里兰大学数学系请来了“生物数学”领域最杰出的学者之一罗伯特 · 梅来演讲，梅讲述了种群生物学中那个带参数的简单二次模型“逻辑斯蒂模型”的迭代：当参数从小到大变化时，其迭代点序列之性态将变得越来越复杂，他十困惑于这一现象的合理解释，他想可能是误差造成的。马里兰大学的数学教授詹姆斯 · 约克听了这个演讲，他把与其博士生李天岩的文章“周期三意味着混沌”给梅看，梅看到这篇文章后极为吃惊，认为这篇文章解开了他心中的疑惑。这篇文章证明了后

来众所周知的“李一约克定理”，并第一次从数学上严格地引入了“混沌”的定义。其实在早十年前，乌克兰数学家沙可夫斯基(Oleksandr M. Sharkovsky, 1936—)就证明了较李一约克定理第一部分更为一般的结果，并发表在西方人几乎看不到的《乌克兰数学杂志》1964年第16期上，但沙可夫斯基的论文没有“混沌”思想。

1972年，美国数学家詹姆斯·约克在美国马里兰大学的应用数学所工作，他曾偶然了解到了洛伦兹有关天气研究的“蝴蝶效应”的有关论文。约克则从洛伦兹试图求解的三个微分方程的解对长远时间的“不可预测性”，提炼成一个关于函数迭代的最终性态问题，周期、准周期、随机、混沌都是回归行为，即演化过程回归到曾经有过的状态附近。

约克在研究洛伦兹的三个微分方程时，以一个数学家的直觉，他猜测，一个连续函数只要有一个周期为3的点，这个函数的迭代就有某种规律性。什么是周期为3的点？一个过程如果连续使用三次，又回到初始状态，这就是周期三现象。猜想如果一个连续函数有一个周期为3的点，这个函数的长期行为就将会不可预测，约克把这个猜想告诉了他的学生李天岩，李天岩只用初等微积分的中值定理就证明了这个猜想。“混沌 Chaos”一词最初是由李天岩和詹姆斯·约克于1975年首先采用的，他们发表了一篇名为“周期3导致混沌”(Period Three Implies Chaos)的论文，他们选用“混沌”这一词来形容“乱七八糟”出现的周期点。而“周期3导致混沌”被世界数学界称为“李一约克定理”。约克和李天岩在“周期3意味着混沌”一文中，以数学的严格性分析了这种行为。他们证明在任何一维系统中，只要出现规则的周期3，同一个系统也必然会给出其他任何长的规则周期，以及完全混沌的循环。这意味着，混沌无往而不在，它是稳定的，它是有结构的。

李一约克定理：如果一个连续函数有一个周期为三的点，那么对任意一个正整数n，这个函数有一个周期为n的点，即从该点起迭代函数n次后，又第一次返回到这个点，更进一步，对于“不可数”个初始点，函数从这些点出发的迭代点序列既不是周期的，又不趋向于一个周期轨道，它们的最终走向将是杂乱无章的，没有规律可循。李天岩和约克的伟大发现是，只要有“周期三”出现，就有数也数不清的初始点的“混沌轨道”出现，这些轨道的未来走向是“不可预测的”，即“混沌的”。科学家们从此发现“周期倍分岔通向混沌”包含了一整套以前无法想象的秩序。

“三”是非线性和复杂性的重要标志。从庞加莱的“三体”问题研究，到康托尔集的“三分点集”，再到“周期三”导致混沌，“三”不仅是系统走向混沌的第一个关键节点，而且3本身就蕴涵着混沌，圆周率就是从3开始进入小数点不循环的状态，但其结构却稳定在完美的圆中，可以说“三”是自然界混沌的基数。在混沌理论看来，系统的发展有几种情况：一是无论怎样发展，最后都走向一种确定的可能，即所谓的不动点；或最终进入周期运动；二是完全的混乱无序，呈现出随机性；三是做永不重复的非周期运动，但它仍然有一定的规律可循，这种行为就是混沌运动。

混沌作为科学术语，混沌一词特指一种运动形态。混沌是指现实世界中存在的一种貌似无规律的复杂运动形态，是确定性动力学系统因对初值敏感而表现出的不可预测的、类似随机性的运动。混沌可在相当广泛的一些确定性动力学系统中发生。混沌在统计特性上类似于随机过程，被认为是确定性系统中的一种内禀随机性。

第三章

混沌是自然的内在特征

一、混沌是自然的内在特征：费根鲍姆常数

二、混沌与秩序：奇怪吸引子

三、混沌的对称性破缺：不可逆的过程

四、混沌的边缘：创造性

五、预测在原则上是不可能的

六、混沌分形理论

一、混沌是自然的内在特征：费根鲍姆常数

1975年夏，在美国新墨西哥州洛斯阿拉莫斯国立实验室(Los Alamos National Laboratory)的数学物理学家米切尔·费根鲍姆(Feigenbaum,1944—)，在研究不同的周期倍化过程中，为混沌理论作出了一项重大发现。费根鲍姆在研究流体力学中的湍流现象时，使他熟悉了气象学家洛伦兹的“蝴蝶效应”，以及逻辑斯蒂方程迭代时产生的混沌问题，费根鲍姆对逻辑斯蒂方程的研究是独立于罗伯特·梅的。

在一次讲座中，费根鲍姆听到斯梅尔介绍动力学系统，斯梅尔提到逻辑斯蒂映射及其走向混沌的周期倍化分岔口，斯梅尔指出，某些有现实数学意义的现象可能发生在所有的周期倍化累积起来的那些分岔口处。费根鲍姆受到了启发，他把目光转向逻辑斯蒂分岔图中出现得越来越多的那些分岔口，他试图找到分岔口之间的内在机制，即从一个分岔口到下一个分岔口出现的周期规律。他发现“逻辑斯蒂模型”倍周期变换中有一普适标度。费根鲍姆证明，与这些不同系统的精致细节无关，周期倍化是系统

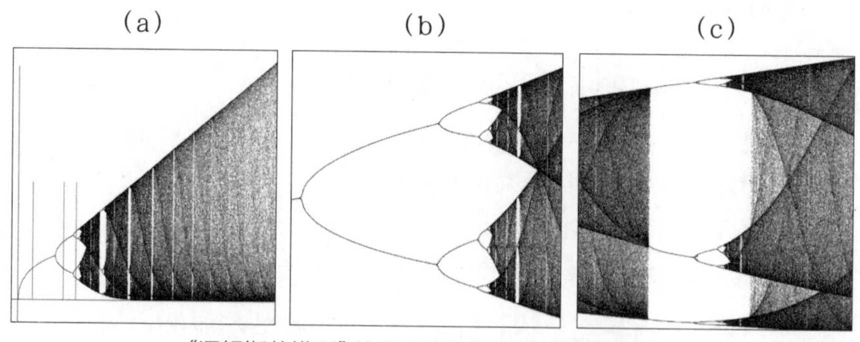

“逻辑斯蒂模型”的分叉图及周期2、周期3窗口

(a)分叉图 (b)周期2窗口 (c)周期3窗口

从秩序通向混沌的一种共同特征。费根鲍姆发现的这个通路的特点是，从简单的周期行为走向复杂的非周期行为，非周期的行为是当周期无限地加倍时发生的，只要该系统具备周期加倍这个性质，通路就具有普适的数字特点。

上图为混沌历史上著名的根据“逻辑斯蒂模型”做出的 Feigenbaum 分叉图。嵌在混沌区中的周期解通常称为周期窗口。从图中可以看到，随着参数的变化，系统的稳定状态发生变化，当参数大于一定数值时，系统开始出现分叉现象，增加到某一阈值后，出现混沌现象。图中给出的三个参数分别对应三个超稳定周期。在混沌区中，又包含着无数个周期轨道和暗线。该模型的演化是一个混沌过程，包含着周期轨道、准周期轨道、随机轨道、混沌轨道和测度为零的激变点。它具有内在随机性，受随机因素扰动的影响，其中又含有一定的确定成分。

在研究逻辑斯蒂方程时，他注意到随着周期增大，R 值之间的距离越来越近。这意味着随着 R 值的增大，分叉之间的间隔越来越短，他用这些 R 值计算周期倍化过程中分叉靠近的速度，即在转变点间尺度的比率，他发现，当系统反复迭代时，它们将按尺度精确地在这些普适点发生变化。这是一个普适常数，其数值是 4.669201609……这意味着随着 R 值增加，新的周期倍增比前面的周期倍增出现的速度快大约 4.6692016 倍，在研究其他类似的映射后，他发现速度是一样的，后来发现这不仅仅是数学现象，在多个物理动力系统的实验中也得到了证实，这是一个描述从有序到混沌转变的普适常数，是一个无理数，就像我们所熟悉的圆周率 π 一样，就是说，如果把它写成小数形式，它既不会达到尽头，不管给出多少位小数，也不会出现循环！大自然的常数将宇宙最深处的秘密编成密码。它们立刻表达出我们对宇宙的最深的认识和最大的无知。它们的存在教给我们这样一个深刻的真理，即大自然蕴藏着丰富的看不见的规律。我们知道 20 世纪初物理学的两大革命是量子力学和相对论。这两门学科起始于对经典力学的修正，但一当宇宙常数 C（光速）和 h（普朗克常数）的作用被发现以后，就变为必不可少的学科了。所有当发现一个新常数时，往往意味着一个新学科的出现。

这样，在研究逻辑斯蒂迭代过程中，费根鲍姆发现了一条定义很好的“路径”，从一种状态“有序”进入另一种状态“混沌”，从有序到混沌的道路具有无穷的细节和复杂性，这个道路是“普适”的，其定性的特点，可以通过分形几何的方法来分析。“路径”意味着有突然的性质变化，称为“分岔”，它像一张进度表一样标记从有序到混沌的这种转变，“普适”意味着这些分岔能在许多自然系统中被定性和定量找到。这是混沌理论的一个重大发现。费根鲍姆的普适性不仅是定性的，也是定量的，不仅是结构上的，也是度量上的。它不仅表现在模式中，也可表达为精确的数字。

混沌是大量组分组成的复杂系统中出现突变现象，这是量变转化为质变的表现。这样，数学家和物理学家们通过对一个适用于生物系统的逻辑斯蒂方程的仔细分析，发现了一个描述整个自然界中骤变的普适常数。一个使人信服的结论是，混沌是自然系统的内在特征，许多平常的现象都包含着惊人的混沌。换言之，世界的基本结构是非线性的。混沌是迄今发现的最复杂的动力学行为，是单纯使用精确的、定量化的、纯逻辑的方法无法发现和描述的。把定性方法一概当作非科学方法，是一种错误观点。特别是数学中的定性理论，同样是十分严格的。费根鲍姆从无处不在的混沌现象中以定量的形式抓住了普适性的东西。费根鲍姆对混沌的主要贡献在定量化描述上，为了表彰费根鲍姆发现的这一放之四海而皆准的真理，这一普适常数被称命名为费根鲍姆常数。混沌理论告诉我们自然界中没有什么是随机的，某个事物显示出来的随机性只是因为我们认识的不完全。

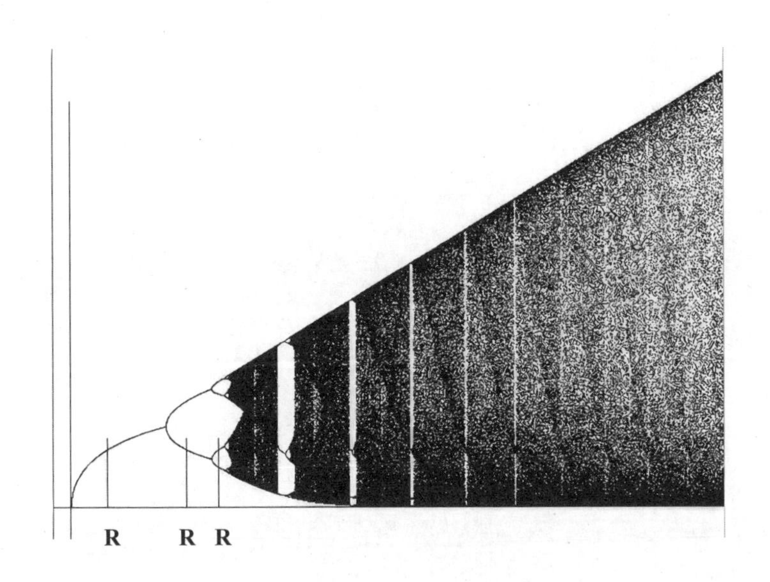

Feigenbaum 图已成为混沌理论最重要的图标。它最有可能继续作为 21 世纪科学进步里程碑的一幅图像。

2010 年 6 月中旬，世界著名的美国华裔数学家李天岩访问了东北大学软件学院的混沌分形研究室，作了“混沌的故事”(The story of Chaos)的学术演讲，他回顾了混沌理论研究的历史，他谈到所有混沌都有周期三现象，同时他也强调混沌到目前为止，仍无法给出最严格的数学定义，数学有时被描绘成一门为科学方法产生永恒概念的科学：导数、连续性、幂、对数就是例子。从这种意义上说，混沌、分形、奇怪吸引子的概念还不是数学概念，因为它们的最终定义还没统一。混沌仍停留在现象的描述研究层面，在治学态度上他强调思想创新比技巧重要，他还提到与费根鲍姆的研究工作，并对中国学术界以论文数量论英雄不以为然，他提到美国科学院院士费根鲍姆一辈子也就写了十几篇论文，李天岩在东大混沌分形研究室的学术交流给人留下深刻印象。

图为世界著名混沌数学家李天岩访问东北大学时（前排右三）合影

二、混沌与秩序：奇怪吸引子

19 世纪末，法国伟大的科学家庞加莱在研究三体问题过程中，还为混沌研究提供了一个新的研究观点：相空间，即几何观点，这一观点在认识领域具有开创性。庞加莱的相空间给我们的启示是，对于任何一个动力系统，都可以用相空间的几何图像表示，系统长期的动力学特性可借助被称为吸引子（Attractor）的几何形状来加以直观化、可视化。

什么是系统呢？简单地说，系统是一种数学模型。是一种用以描述自然界及社会中各类事件的，由一些变量及数个方程构成的一种数学模型。在数学家的眼中，虽然事物千变万化，但在一定的条件下，都是由几个变量和这些变量之间的关系组成的系统。无论何种系统，数学家们感兴趣的是系统对时间的变化，称其为动力系统研究。研究系统对时间变化的一个有效而直观的方法就是利用系统的相空间。一个系统中的所有独立变量构成的空间叫做系统的相空间。相空间中的一个点，确定了系统的一个状态，对应于一组给定的独立变量值。研究状态点随着时间在相空间中的运动情形，则可以看出系统对时间的变化趋势和动力系统的长期行为。状态点在相空间中运动，最后形成的极限图形，就叫做该系统的吸引子。通俗地说，吸引子就是一个系统的最后归宿。

提出"蝴蝶效应"的洛伦兹表面上是一位工作于麻省理工学院的气象学家，其实他更是数学家。他从天气系统中发现的内在奇怪吸引子叫做洛伦兹吸引子。作为气象学家，他对大气对流现象感兴趣。对流现象包括：太阳加热地面，因此低层大气变得比上层的暖而轻，这就导致暖而轻空气向上运动，冷而重的空气向下运动，构成对流。空气像水一样是流体，也可以用无穷维空间中的点来描述。通过粗略的近似，洛伦兹用一个能够在计算机上研究的三维空间中的时间演化代替了正确的无穷维空间中的时间演化。计算机产生的结果就是后来被称为洛伦兹吸引子的图像。它描述了当一个力学系统由于摩擦力或其他形式的能量损失而被另一个吸引中心衰减时所形成的耗散结构。最终，轨道"陷落"到其中一个"引力中心"中去了，然而，这个轨道并不是一个简单的螺线，而是在两个吸引中心之间来回跳跃，这些系统被称为"奇怪吸引子"。这些轨道具有极大的美学感召力。当对系统进行迭代时（即它的"部分"反馈到其他部分中去），复杂性与不确定性自身开始呈现。相空间中初始测量处的点，被拉伸、折叠成一团不确定性的云雾，呈奇怪吸引子的形状。方程迅速提示，系统的真正状态（外部的天气）可以处在吸引子的任何地方。诸如天气这样的混沌系统被认为是局部上不可预测但整体上稳定的系统。整体稳定性意味着，它们总是取其奇怪吸引子的形状。奇怪吸引子不仅体现了不可预测性，还体现了天气系统的动态性质，体现了与整体的相互作用。虽然洛伦兹时间演化并不是大气对流的真实描述，但是它的研究仍然给大气运动的不可预测性以非常强有力的论据。我们现在所称的混沌是具初始条件敏感依赖性的时间演化。因此，在奇怪吸引子上的运动是混沌的。[8]

当科学家说一个系统有“吸引子”时，他们的意思是如果在数学空间中给出系统的变化或行为，则图形将显示系统在重复着某种模式。科学家们就说，系统被“吸引”到那种行为模式。奇怪吸引子图显示系统行为不可预测并且不是机械的。因为系统向外部环境开放，所以它能够有许多运动的细微差别。之所以叫奇怪吸引子，是因为洛伦兹吸引子在数学上并不等价，首先，奇怪吸引子看起来奇怪，它们不是光滑的曲线或曲面，而是具有“非整数维”，或按照曼德勃罗特所提出的，它们是分形的客体，其次，更重要的是，在奇怪吸引子上的运动具有初始条件敏感依赖性。

混沌的具体路径是什么形状呢？答案是：分形。对分形的理解可以先从混沌的“吸引子”开始。奇怪吸引子本身是轨道的不稳定性和整体性的稳定因素（如耗散）折中的产物，具有复杂的拉伸、扭曲、折叠的结构，是一种具有非整数维数的特殊的几何对象——分形。表现为混沌现象的系统的奇怪吸引子就是一种分形。

分形是混沌的几何表述。奇怪吸引子是混沌和分形以一种最自然和不可避免的方式会合的：作为几何图形，奇怪吸引子是分形的；作为动态对象，奇怪吸引子是混沌的。奇怪吸引子提供了对微博碎片化传播路径的某种新的理解。另外，从审美的角度看，奇怪吸引子人有令人玄目的美学感召力，即混沌分形图，最有名的是“上帝的指纹”。

三、混沌的对称性破缺：不可逆的过程

我们常常深深地赞美自然界那深不可测的美，一片山川、一朵云彩、一片树叶、一颗果实……，许多自然之美是对称破缺的。自然界这种信手拈来的美的创作，也启发了人类的艺术假想。如果西方古典艺术是整形之美的话，抽象艺术就是分形之美。如果以分形的眼光来看，抽象艺术有着大量的非对称的、对称破缺的艺术形式，无论是康定斯基的热抽象还是蒙得里安的冷抽象，毕加索的立体派到野兽派，抽象画艺术构图都是非对称、不均衡、超现实，分形独特的对称破缺在抽象艺术作品中俯首皆是，甚至古希腊的维纳斯也是由于双臂的破缺而成为美的经典，无论是抽象艺术大师康定斯基的色彩抽象画，还是波洛克杂乱无章的滴画，都体现了混沌的边缘呈现出的最为真切和引人入胜的创造之美。

一个物理系统的对称性质的突然降低，称为“对称的破缺”，物理系统只能具有或不具有某种对称性质，“有”和“无”之间只有突变，没有渐变，但突变可由某个参数的渐变引起。物理参数的无穷小变化引起对称的破缺，这是连续相变的本质。对称性破缺导致丰富多彩的自然现象。这是现代自然科学中比“对称”更为深刻的概念。在理论物理学中，有序性的精确定义是基于对称性破缺概念给出的：未破缺的对称性代表无序，对称性破缺意味着有序。

对称性由逻辑上不同的两个部分构成：不变性和变换。中国物理学家郝柏林说：“什么是对称？对称乃是一定变换下的不变性。那在一切变化下都不变的状态该是最对称的了。最对称的世界没有结构、组织和秩序。”，“对称是一种性质，它只能有无，而无所谓多少，这是发生‘突变’的

根本原因。引起对称破缺的基本原因在系统内部导致破缺的具体的细小事件在远离发生破缺的条件时是无足轻重、可以忽略的，但在破缺点上却起着决定作用。”郝伯林先生关于对称的论述向我们提示出信息在网络传播中被引爆的现象原理，对称破缺对初始条件极其敏感，这些敏感点是对称破缺的分叉“缺口”。网络信息传播是对信息状态的对称性破缺，微博微信的每一次转发，信息传递路径每经过的门户、社区、圈子、群等等自组织，都是对称性破缺点，也是信息传播路径的分叉节点。

原则上，孤立系统时间可以可逆，在真实系统中，时间对称性总是破缺的。时间是过程发生进程的量度。对称破缺是指时间的方向不可逆！事物只能向某个方向自发进行而不能向相反方向自发进行的过程，叫做不可逆过程。复杂系统演化或发展的特点是不可逆性：一个复杂系统永远不会准确地回到它曾经处过的状态，否则它就是一个简单的周期系统。

人为的过程可以是决定论的和可逆的。自然的过程包含着随机性和不可逆性的基本要素，不可逆性可能是有序的源泉，相干的源泉，自组织的源泉。诺贝尔物理学奖获得者盖尔曼在《夸克与美洲豹》一书中对不可逆的解释是：“机遇在起作用，具有某种秩序的封闭系统将很可能向提供了如此之多概率的无序转变”。网络传播的神奇性就在于信息传播过程充满了机遇，结果往往出人意料。我们更多地讨论信息的发布和结果，对过程我们毫不关心，或者说是无能为力，只能听天由命。

就像一棵树的无数分岔一样，一棵树按照某个遗传方案伸展它的枝条，这同样是一个具有分支点的系统：物质在（生命的）高能级下传送，能量是耗散的，其间作出了不可逆的抉择。原则上，一棵树可被视为一个移动极为缓慢的闪电。它的时间尺度慢了 10-12 倍。任何信息在网络上的传播路径很难预测，网络传播结构的系统有无数节点构成的分支点，网络传播系统就在这些分支点上对这些可替换的、概率相同的信息传播路径进行选择。哪条网络路径将被选择是不可预言的。即使给定严格确定的初始条件，甚至所有的参数都被指明，也不允许我们对分支点作出预言，结果就是非决定论。

落叶后的鸡蛋花树在生长过程中不断分叉呈现出的对称破缺的形态（朱海松 摄）

对一个具有分岔的系统进行任何描述，都将同时蕴含着确定性因素和概然性因素。系统在两个分岔点之间遵守确定性定律，诸如化学动力学定律，然而在分岔点的附近，涨落起着基本的作用，并决定着系统将要遵循的分支。没有作出选择之前，走不同道路的可能性一般不相上下，亦即具有对称性，选择就是要打破对称性，发生对称破缺，故称为对称破缺选择。偶然性对称破缺选择是更基本的方式。在非分叉点上，偶然性对系统行为只有扰动作用，在分叉点上，偶然性对系统的选择具有决定性作用；而一旦作出选择，偶然性就转化为必然性。一棵树的不断分叉，树干相当于不动点，然后是清晰可见的周期性和倍周期性分叉，越往左边随机性分叉随处可见，最终形成混沌。树的每一分叉，都有一个对称破缺点，形象地表现产生混沌的"涌现"性。

在线性系统中，每一个过程都是可重复的和可逆的。相反，在一个具有分岔点的树结构中，我们不可能先验地反推回去。在分岔点上系统已作出了不可逆的抉择。树系统中的时间轴是不可逆的；在这样的系统中，时间具有全新的意义。具有树结构的系统有许多个分支点，系统就在这些分支点上对这些可替换的、概率相同的道路进行选择。哪条道路将被选择是不可预言的。即使给定严格确定的初始条件，甚至所有的参数都被指明，也不允许我们对分支点作出预言。结果就是非决定论。这些分支点被称为分岔点，它们与树杈类似。

分岔点对于事件的可预言性具有重要作用。不可逆的积极意义在于，只有它能够使过去与未来发生对称性破缺，给时间以方向。不可逆过程在物质世界中起着基本的建设性的作用。不可逆既导致有序也导致无序。

四、混沌的边缘：创造性

“混沌的边缘”是一个系统的临界状态。系统不得不朝向临界性的趋势，导致了复杂性的增长。这种趋势是复杂系统的一种内在特征。一旦系统具有了自组织的能力，便会有某种“自然的”推动促使其组织优化。自组织临界性是一种整体论理论。全局特征，如大小事件的相对数量，并不取决于微观机制。因此，系统的全局特征不可能通过分别地分析部分而得到理解。自组织临界性是导向动力学系统的整体理论的唯一模型或数学描述。

美国人工智能专家朗顿认为，混沌的边缘是指既有足够的稳定性来存储信息，又有足够的流动性来传递信息。当一个信息在网络上处于混沌的边缘，就是处于引爆流行的瞬间点。

混沌的边缘是创造和创新。许多纯粹的艺术家创作的过程就是典型的处于混沌的边缘状态，许多艺术形式的创造“灵感”都是在创作的混沌边缘爆发的例证。艺术创作本身是混沌的，而许多杰出艺术的创作过程本身就是艺术，这在美国抽象艺术大师波洛克的抽象艺术作品中得到了淋漓尽致的体现。创造的灵感一定是来自某种混沌的边缘状态。

混沌的边缘就是破坏以往的秩序和建立新的有序的临界点，混沌和有序不仅是一对概念，它们彼此间具有辩证的或功能的关系。混沌不只是稀里糊涂的四处游荡，它是一种精致形式的秩序。研究一个系统从有序到混沌的运动，在某种意义上说，就是研究这种简单的、受限制的运动如何被破坏，以至于大自然开始探测由它支配的较大相空间的所有潜在性态。[9]

抽象艺术让我们看到科学与艺术在“混沌的边缘”找到了完美的结合点。最具有混沌分形特点的抽象艺术大师要数美国的抽象派画家波洛克（J. Jackson Pollock）。波洛克是抽象表现主义的先驱，他著名的“滴画”具有“混沌分形之美”。他的作品“直观”地展现了他“无意识”创作的“混沌”过程，他的作品乍一看就是乱七八糟的线条相互缠绕在一起，仿佛刚好在有序和混沌之间的转化区域，其美学范畴通过分形精细地表达出来，所以波洛克的作品所呈现出来的具有震撼人心的效应，他认为每个人都可以通过自己的观察和注视感知到自己的内心体验，只可意会不可言传。他的创作本身就像处于“混沌的边缘”，波洛克与以往的画家不一样，他要做的是将自己腕下的真实动作反映在画布上。因此，他创造出了一种不专注于表现图像，而集中反映创作过程的看不见的时刻。波洛克的作画过程一般是：把画布钉在地板上，若有所思地围着画布来回走动，用棍棒蘸上颜料，颜料直接滴洒在画布上，一团乱麻的线条互相交织在一起，任其在画布上滴流，充满了随机性和无意识性，画面初看起来杂乱无章，毫无秩序，充满混沌，画面没有任何可辨识的形象，随着滴画的完成，画面整体呈现出一种全新的和谐美，整体上看，而整体上看，线条仿佛充满激情地跳舞，到处飞扬，扑面而来，具有一种崭新的秩序美。波洛克是边创作边绘画，边绘画边创作，处于一种混沌的边缘状态，也是创造性最发达的状态。他用挥、甩、泼、滴、抖等方式将油彩告癫狂的身体滴落到画布，他的创作是潜意识的冲动，他声称，预先不知道画什么，而是经过一个认知的阶段后，才看到了自己到底画了什么。

1999年，美国俄勒冈大学的物理学家理查德·泰勒开始研究波洛克的画作，他利用数学研究波罗克的画，最后得出结论说波罗克的画就是分形几何，画面的细节里面充满着分数维。波洛克的“混沌”技法和“分形”

创作更像是一个行为艺术，波洛克这种独特的“滴画”曾引起公众的不解，随着时间的推移，他的作品也成了抽象艺术绘画史上的瑰宝。人们理解了这种反叛的创作手法，波洛克在成名之后陷入极端的矛盾和苦闷之中。他对自己的行动绘画似乎失去信心，几乎停止创作。在失望之余，他的精神状态变得异常，常常酩酊大醉。最后遇车祸而死。

混沌分形理论的审美理想既不崇尚简单，也不崇尚混乱，而是崇尚混乱中的秩序，崇尚统一中的丰富。正如英国艺术史家贡布里希在他著的《艺术的故事》中所说的“审美快感来自对某种介于乏味和杂乱之间的图案的观

混乱中的有序，看似乱七八糟的字母，合在一起形成古希腊大卫像（朱弘毅 画）

赏，单调的图案难于吸引人们的注意力，过于复杂的图案则会使我们的知觉系统负荷过重而停止对它进行观赏。”从分形结构的角度看波洛克的画，分形图形的结构是复杂的，它总是有无穷的缠绕在里面，每一个局部都有更多的变化在进行，然而，它却杂而不乱，它里面有内在的秩序，有自相似结构，即局部与整体的对称。这种对称摒弃了欧几里得几何形式的对称给人带来呆板的感觉，整个画面从平衡中寻找着动势，使人处于跃跃欲试的激动之中，同时在深层次上它又有着普遍的对应与制约，使这种狂放的自由不至于失之交臂。

五、预测在原则上是不可能的

混沌学研究的是无序中的有序，许多现象即使遵循严格的确定性规则，但大体上仍是无法预测的，比如大气中的湍流，人的心脏的跳动等等。我们现在知道，由于影响复杂系统的“混沌效应”的存在，计算将永远无法给出精确的结果。混沌理论说的是，测量精度的提高并不意味着预测精确度的提高。混沌理论表明，对于复杂的动力系统，不论如何精确地测量“过去”，都无法增加预测“未来”的准确度。

预测是面向未来反观过去。国内知名的新税杂志《新周刊》在一篇“人类为什么喜欢预言？”文章中写道：“我们活在末日预言、技术预言、政治预言破产或实现的过程中。为什么人类喜欢预言？因为我们的未来很难预测。”预测是一种宏观事件，预测是非确定性微观事件的宏观投射，预测是面向未来反观过去，是站在未来看现在。美国学者亨利·N·波拉克在《不确定的科学与不确定的世界》一书中写道：“预测长期的未来是一件危险的事情，人们很少能做出与现实非常接近的预言。”“由于不确定性的存在，我们对过去的理解和对未来的预测总是模模糊糊的。”“未来是一个移动的目标，预测它的特征总是困难的，而且试图向前看得越远，预测未来就越加困难。”“当事物不是按期望或预料的发生时，通常会出现某种程度的惊奇和不满。绝大多数人都不喜欢意外，而且对不可预测性和不确定性感到某种程度的不适。”

庞加莱是现代动力系统理论的奠基者，动力系统研究目的是预测“过程”发展的最终结果。也就是说：如果完全知道在时间序列中一个过程的过去历史，能否预测它未来怎样？尤其能否预测该系统的长期或渐进的特性？然而，即使是仅有一个变量的最简单的动力系统，也会具有难以预测的基本上是随机的特性。

在混沌发现之前，科学已认识到，随机性可以起源于大数现象和群体效应。但人们长期认为，随机性只是某些复杂系统的属性。经典科学不论在宏观世界还是微观世界，都追求精确和清晰地描述物质运动的确定性规律。一旦发现了复杂的非线性的不确定的现象，就加以忽略或无力解释，或者当作“例外”“小项”“误差”“噪声”予以舍弃。然而混沌研究表明：一些完全确定性的系统，即使在不外加任何随机因素的条件下，系统自身也会内在地产生随机行为。而且，既便是非常简单的确定性系统，同样具有内在随机性。内在随机性的根源出自系统本身，是系统的固有性质。自然界和人类社会绝大部分的系统都具有这种非线性特性。因此，随机性是客观世界的普遍属性。从柏拉图、笛卡尔、牛顿到爱因斯坦，他们都认为世界在本质上是有序的和确定的，并一直为人们所赞同和追求。但是，混沌的出现彻底地改变了人们的这一看法，经典理论所描述的有序实际上只是一个数学的抽象。

线性模型作为预测方式是十分不可靠的。线性模型下的预测必然遭到混沌。线性预测模型因无法整体把握敏感动力学系统中的要素如何相互作用而失败。若想提升预测的效率，就必须抓住模型中的非线性实质，变预测为抓关键环节。非线性模型在许多方面不同于线性模型。非线性建模者寻找反馈环切入的节点，试图尽可能抓住系统“图像”中的许多重要环节，而不是试图描述整个因果链《湍鉴》P326。

建模者的意图不再是通过把复杂系统定量化和掌握其因果联系而控制它，而在增加对系统运作机制的“直觉”，故能更加和谐地与之相处。因此，建立系统模型表明，非线性科学正在作出从定量的还原论向定性的动力学整体观转变。面对预测的不可能性，我们将沿着秩序与混沌的边界，沿着已知和未知之间的边界，在非线性和不确定的世界中寻找自己的确定性。

混沌学研究揭示：世界是确定的、必然的、有序的，但同时又是随机的、偶然的、无序的。有序的运动会产生无序，无序的运动又包含着更高层次的有序。现实世界就是确定性和随机性、必然性和偶然性，有序和无序的辩证统一。罗伯特·梅对这些惊人特性进行了总结：“简单的确定性方程（即逻辑斯蒂方程）能产生类似于随机噪声的确定性轨道，这个事实有着让人困扰的实际含义。在混沌中，不管初始条件有多接近，在足够长的时间之后，它们的轨道还是会相互分开。这意味着，即使我们的模型很简单，所有的参数也都完全确定，长期预测也仍然是不可能的。”

简而言之，系统存在混沌也就意味着，拉普拉斯式的完美预测不仅在实践中无法做到，在原则上也是不可能的，因为混沌现象是自然内在属性，这是一个非常深刻的负面结论，它与量子力学一起，彻底摧毁了 19 世纪以来的确定性思维。美国物理学家福特在 1977 年第一届混沌大会上说：“相对论除去了对绝对空间和绝对时间的幻想，量子力学清除了可控测量过程的牛顿梦想，而混沌学则宣告了拉普拉斯决定论式可预测性的幻灭”。

然而，虽然混沌理论认为，对混沌系统，我们虽然不能进行长期预测，并不是完全不能预测。由于混沌也有规律可循，因此也可以作出某些适度的预测，找到某些确定性。混沌的确定性可表现在以下几个方面：混沌区在空间的位置是确定的；每个吸引域的范围是确定的；混沌运动遵循统计规律；奇怪吸引子在相空间的位置是确定的；从初值开始的运动必定走向吸引子，奇怪吸引子的分数维是确定的。因此，混沌理论的发展否定了历史决定论的机械还原论式的预测观，但同时它又提出了一套新的预测观。混沌不能用传统的决定论式的方法做出预测，但并不等于彻底不能预测。

六、混沌分形理论

混沌不只是稀里糊涂的四处游荡，它是一种精致形式的秩序，混沌创造了特殊的计算机使用技术和各种特殊的图像，从而抓住了复杂性背后的古怪而精致的结构。这门新科学产生了自己的语言，即分形几何的语言。随机性与秩序性交叠着，简单性内蕴着复杂性，复杂性聚集着简单性，秩序和混沌在越来越小的尺度上不断重复着——混沌科学家称此现象为“分形”。

美国气象科学家洛伦兹时曾说：“当我仰望浮云时，感到看见了某种结构”。浮云的结构一定是不规整的。大自然中的许多形状都很不规则，甚至是支离破碎的，但仍然服从某种尺度伸缩幂率。例如天空中的云彩不是球体，地面上的海岸线不是圆弧，山脉不是锥体，树皮不是光滑的曲面，动物体内血管的分布更是错综复杂。这些不规则的几何形状也经常出现在自然科学的各个领域中。雪花、闪电、冲积扇、泥裂、冻豆腐、水系、晶簇、蜂窝石、小麦须根系、树冠、支气管、星系、材料断口、小肠绒毛、大脑皮层……它们的形状、结构都不是“整形”！基于传统欧几里得几何学的各门自然科学总是把研究对象想象成一个个规则的形体，并以此为基础进行研究和探索。而事实是我们生活的世界并不是规则的，而是不规则和破碎的。自然界中的江河、湖海、森林、雪花、山脉、湍流的形状极其不规则，但它们的存在和演变并不是没有规律，对它们的描述如果不能用“整形”，就得采用“分形”的几何来描述。

动力系统中参数的微小改变可以引起混沌集合结构的急剧变化，这种研究是极其复杂的。但是引入了计算机就可以形象地看到这种混沌集合的结构，看清它是一个简单集合还是一个复杂集合，以及随着动力系统本身的变化它是如何变化的。分形正是从此处进入混沌动力系统研究的。

中国道家的代表人物庄子极力推崇一种称之为“至道”的思维方式，这是一种深远暗昧、混沌茫然的思维状态，被今天的哲学家称为混沌思维，是人类思维发展过程中的重要环节，也是思维中存在的普遍现象。此外，中国人还从另一方面领悟到了客观世界的微观结构，在中国佛家经文中就有“一沙一世界，一叶一如来”之句。它表明了这个我们所生活的世界，是由一个一个无序的“小世界”所组成的，是一个有着精细结构的世界。18 世纪英国诗人布莱克（William Blake）也曾用“一沙一世界，一花一天国。”这样的诗句来描述我们的世界。我们就是生活在这样一个由无数的“沙”与“花”组成的世界中。面对浩瀚无垠的宇宙，面对纷繁多彩的自然，几千年来，人类坚持不懈地探求客观世界的秩序与本原。而在这些简单的“沙”与“花”中所隐藏的令人惊讶的复杂行为会告诉我们什么？

云彩代表了自然界的一方面，既模糊又细致，既有结构而又不可预言。
洛伦兹曾说：“当我仰望天空时，看到了某种结构”（朱弘毅 摄）

是有序还是无序、是确定性还是随机性，是自相似还是非自相似？随着人类认识的进步和科学的进展，一种正在蓬勃发展的理论正在给全世界带来巨大的冲击。它为我们描述了一个有序与无序统一的、确定性与随机性统一的、即自相似又非自相似的、既完全又不完全的、既稳定又不稳定的世界。这是一个遵循辩证法规律的和谐统一的世界。这一理论就是混沌分形理论。

第四章

大自然的分形

一、英国的海岸线有多长

二、分形的数学渊源：空间填充曲线

三、经典的分形：康托尔尘（Cantor dust）

四、上帝的指纹：简单的迭代产生复杂！

五、混沌猜想：斐波那契序列是通向混沌的道路

六、新的范式：对经典的挑战

一、英国的海岸线有多长

1967 年，美国科学家 B。B。曼德布罗特（Benoit. B. Mandelbrot）在著名的《科学》杂志上首次发表题为“英国的海岸线有多长：自相似与分形”（*How long is the coast of Britain,statistical selfsimilarity and fractionaldimension*）的论文，提出了一个有趣的问题：英国的海岸线到底有多长？如果在卫星测量和激光精密测量技术的帮助下，我们能否获得可靠的结果？答案是：不能，而且事实上是永远也不能！这使整个学术界大为震惊。曼德布罗特认为，大自然展现出来的不仅仅是一个更高级别的而且是完全不同层次的复杂性，对所有实际应用而言，自然界中图案的长度的不同尺度数都是无穷的。典型的海岸线没有有意义的长度！这个描述看起来很荒谬或者至少是有违直觉的，因为一个有确定面积的物体，应该有某个确定的长度与其边界相对应。事实上，任何海岸线在一定意义上都是无限长的，它依赖于所用测量工具的尺度精度。如果我们用谷歌地图俯视海岸线，可以发现海岸线并不光滑，而由很多半岛和港湾组成。随着不断地放大（高度的降低），可以发现原来的半岛和港湾是由更小的半岛和港湾组成的。如果谷歌地图软件的精度足够大，你会发现更为精细的结构，具有自相似特性的更小的半岛和港湾组成了海岸线。那么一条海岸线到底有多长、可不可以精确测量呢？回答是否定的。说明海岸线是一种无标度对象，用不同刻度的“尺子”去测量此类现象，可以得到完全不同的长度结果。曼德布罗特通过海岸线到底有多长这个问题，引出了海岸线可以无穷精细化的分形结构。曼德勃罗特论证说，事实上，任何海岸线在一定意义上都是无限长的。在另一种意义上，答案依赖于所用的直尺的长度。

任何几何形状都具有一定尺度，即特征尺度，但是海岸线是无标度的，用我们熟悉的标准尺度无法把弯曲的路径精确测量出来。对于复杂事物的形状和结构进行描述不能用常规的尺度进行度量，需要新的测量，曼德勃罗特提出用维数来衡量复杂几何对象的复杂程度，分数维。过去人们认为一般的曲线是一维的，但是在他的分析基础上，算出的海岸线不是一维的，而是 1.22 维，是分数维。曼德勃罗特认为："大自然展现出来的不仅仅是一个更高级别的而且是完全不同层次的复杂性，对所有实际应用而言，自然界中图案的长度的不同尺度数都是无穷的"。分形几何理论使人们认识到：海岸线的长度是不确定的，并且是无限长的！

曼德勃罗特创立独特的分形几何理论来研究自然的复杂度。1982 年，曼德勃罗特发表了名著《大自然的分形》(《The Fractal Geometry of Nature》)一书，是分形理论研究的一部重要著作。曼德勃罗特进一步提出空间是破碎的，过去我们认为空间是整数维的空间，他提出分数维的空间概念。从此，分形受到各国学者的进一步重视和公认，不仅仅为世人带来一个神奇绝妙的美丽世界，而且分形几何在数学、物理学、生物学等许多科学领域中都得到了广泛的应用，使人们的非线性视界从此打开。分形在 20 世纪 60 年代、70 年代和 80 年代成为自然科学研究的热点，从此诞生了一门新的分支——分形几何学。曼德布罗特被公认为分形理论的创始人。分形作为一门几何学，被喻为 20 世纪数学科学的最重要的发现之一。

"分形" 是指由混沌动力学系统形成的轨迹、路径、标志和形态。分形的形状是支离破碎、参差不齐和凹凸不平的不规则形状。这些不规则的形状构成了我们多彩的世界，我们身在其中，熟视无睹。我们生活在一个分形的世界里。在自然界中，到处可以找到分形的例子。例如：云、雪花、水晶、山脉、闪电、河流、花椰菜和西兰花等。对这些复杂事物的探索使人们的认识更接近自己的研究对象——自然本身。

曼德勃罗特在他的著作《大自然的分形》一书中开篇就写道:"为什么几何学常常被说成是'冷酷无情'和'枯燥乏味'"的? 原因之一是它不能描述云雾、高山、海岸线或者树木的形状。云雾不是球体,海岸线不是圆圈,树皮不是光滑的,闪电也不是直线传播的……更为一般的,自然界的许多图形是如此的不规则和支离破碎,以致与欧几里得几何相比,自然界不只具有较高程度的复杂性,这些客观存在的图形挑战被欧几里得忽略了的"无形"的东西,使我们不得不去研究"无形"中的"有形"。曼德勃罗特曾指出:"分形语言和'老的'欧几里得语言分别为完全不同的目标服务。"[10]

欧氏几何、三角学、微积分学使我们能够用直线、圆、抛物线等其他简单曲线来建立现实世界中的形状模型。但是,它们所描述的几何对象是规则和光滑的。在自然界中存在着大量的复杂事物:变幻莫测的云彩、雄浑壮阔的地貌、回转曲折的海岸线、动物的各种神经网络、不断分叉的树枝等等,面对这些事物与现象,传统科学显得束手无策。然而,分形理论却大显身手,"分形"一词成为描述、计算和思考那些复杂事物不规则的、破碎的、参差不齐的和断裂的形状的方法的代表。

曼德勃罗特开创的分形几何学提供了一种描述不规则复杂现象中的秩序和结构的新方法,是大自然本身的几何学,成为当代最具有吸引力的科学研究领域之一。曼德布罗特年轻时参加过法国著名的数学家团体布尔巴基学派。但由于布尔巴基学派摒弃一切图形,过分强调逻辑分析和形式主义,并认为几何学不值得信任,而曼德勃罗特却对图形情有独钟,这使他长期被边缘化。于是曼德勃罗特充分发挥他擅长于空间形象的思维,探索一些把复杂问题化为简单的、可视化图像的非正统方法。

曼德布罗特1947年毕业于巴黎理工学校，师从著名的现代动力学系统理论的先驱之一、法国数学家朱利亚（1893—1978），尽管朱利亚是20世纪20年代世界闻名的数学家，但是他的工作却逐渐被人们所遗忘，直到70年代末，曼德勃罗特将他的工作重新带回到人们的视野中。曼德布罗特不仅精通数学，同时也精通几何学与计算机科学，他利用计算机技巧根据Julia开创的“复平面上有理映射迭代理论”的研究思想，矢志不移地潜心探索，纪过30多年，把朱利亚的研究成果利用计算机可视化，积累了大量有关Julia集的漂亮图形，终于从直观上理解了Julia集的意义，并创造了著名的Mandelbrot集——M集或称M分形图，人称“上帝的指纹”。2010年10月14日，著名数学家、“分形几何之父”伯努瓦—曼德布罗特在美国因病逝世，享受85岁。

二、分形的数学渊源：空间填充曲线

牛顿和莱布尼兹发明微积分后的200年间，直到19世纪末还是安全的，19世纪的数学界的流行观念是“连续函数必定可微”，相应的函数一般都应该有导数，可微性是指可以逐点计算曲线的斜率，它是微积分的核心特征。自从微积分发明之日起，就有人认为，由于该学科与运动和量的增长紧密联系，因此一个函数的连续性就足以保证导数的存在了。极限是微积分的基本概念，但在微积分严密化的进化过程，极限概念一直都缺少精确的表达形式，因为它是建立在几何直觉基础之上的。对微积分严密化做出最伟大贡献的法国数学家柯西把极限定义成了清楚而确定的算术概念而非几何概念，柯西的极限定义运用了数、变量以及函数的概念，而不是运用几何与动力学直觉，之后柯西又定义了令数学家纠结了近两千年的无穷小概念。

确立了极限、无穷小和无穷大的概念之后，柯西就能够定义微积分的核心概念导数了。柯西使导数成为微分的核心概念，然后“微分”就可根据导数来定义。这样，柯西给予了导数和微分概念一种形式上的精确性，使微积分的基本概念得到了严密的阐述。由于这个原因，柯西被看作是近代意义上的严格微积分的奠基者。通过极限概念精确的定义，柯西建立了连续性和无穷级数的理论以及导数、微分和积分的理论。但是柯西的描述里还是有某些细微的逻辑缺陷，一个是无穷集合的概念，一个是数的概念，这由后来的康托尔的努力才进一步完善，此外，在柯西的概念中，变量趋近于一个极限的概念唤起了运动和量的生成的模糊直觉。所以，尽管柯西赋予微积分目前的一般形式，以极限概念为基础，但是微积分严密性的真正权威论述还没有给出。19 世纪数学家“现代分析之父”魏尔斯特拉斯(Karl Weierstrass)登场了。

魏尔斯特拉斯认为柯西的一个变量趋近于一个极限的说法，隐含着连续运动的直觉，魏尔斯特拉斯非常清楚直觉是不可信的，他尝试以严密和精确的形式作为分析学基础，并且完全独立于所有几何直觉。1872 年魏尔斯特拉斯向柏林科学院报告了数学分析史上著名的一个反例——一个处处连续、但处处不可微的三角函数级数，即著名的魏尔斯特拉斯函数，魏尔斯特拉斯函数是一种无法用笔画出任何一部分的函数，因为每一点的导数都不存在，画的人无法知道每一点该朝哪个方向画。魏尔斯特拉斯函数的每一点的斜率也是不存在的。魏尔斯特拉斯用这个“反常”函数来说明用直觉为指导、通过运动来定义的连续曲线，不一定就会有切线。为了保证逻辑正确性，魏尔斯特拉斯希望把微积分只建立在数的观念上，由此将它完全与几何分开。将魏尔斯特拉斯函数在任一点放大，所得到的局部图都和整体图形相似。因此，无论如何放大，函数图像都不会显得更加光滑，也不存在单调的区间。魏尔斯特拉斯与柯西对导数和积分的定义结合在一起，为微积分的基本概念提供了一种精确性，这种精确定构成了对微积分的严密阐述。但就是这个“去几何化”的反例和特例，在近一个世纪后，开启了一个全新的几何时代。魏尔斯特拉斯函数可以被视为第一个分形函数，尽管这个名词当时还不存在。

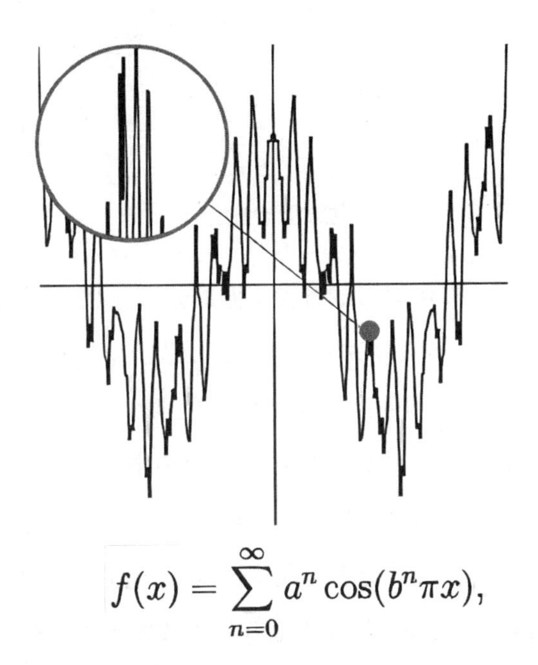

德国数学家魏尔斯特拉斯（K.Weierestrass）构造了处处连续
但处处不可导的函数，任意截取一点放大，仍是处处连续但不可导的分形特征

1890年左右，意大利数学家皮亚诺构造了一种曲线，它以简单的方式弯折，这一操作用数学的语言来表述就是“迭代”，通过反复迭代，如果把这画在正方形的平面上，它可以充满整个正方形，平面上没有哪一点是皮亚诺曲线所无法到达的。皮亚诺曲线可以定义为图中折线的极限，它也

是处处不能微分。人们知道平面的两个维度包括长度和宽度，而线是一维的，有长度但没宽度。皮亚诺曲线展示出，如何在一个平面中，放入一条弯弯曲曲的线，使它能经过每一点而永不重复。一维直线完全塞满二维平面！这昧着一个物体既可以是一维的又是二维的！皮亚诺曲线是“试图”成为平面的一条比线更强的线。

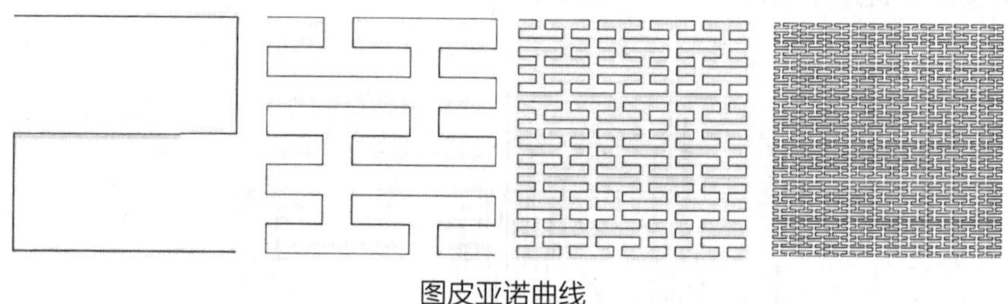

图皮亚诺曲线

不同的迭代方法，可以形成各种不同的分形。1904 年，瑞士数学家科赫 Koch 设计了一条被称为 Koch 曲线的图形，也满足处处连续处处不可微的条件。柯赫曲线的生成过程很简单，以雪花曲线为例，先给出一个正三角形（作为原始形状），然后使每一个边中间 1/3 向外折起，于是生成了一个有 6 个角 12 个边的对象。第二步在此基础上，将每个小边中间 1/3 去掉并向外折起，以后重复此操作，经过无穷次迭代就得到极限图形——柯赫曲线。一条简单的一维欧几里得线根本不占有空间。但科赫曲线的轮廓，以它的无限长度挤在有限的面积之中，确实占有空间。它比线要多，但比平面少。它比一维大，但仍不及二维图形。用柯赫曲线来模拟自然界中的海岸线是相当理想的。Koch 曲线中没有一段直线或线段，它是如此的流畅以至于我们可以将它看作是一条经过仔细弯曲后的曲线。我们可以观察到 Koch 曲线与自然海岸线具有类似的复杂性，好像都是将一条线折叠再折叠，如此不断反复下去。

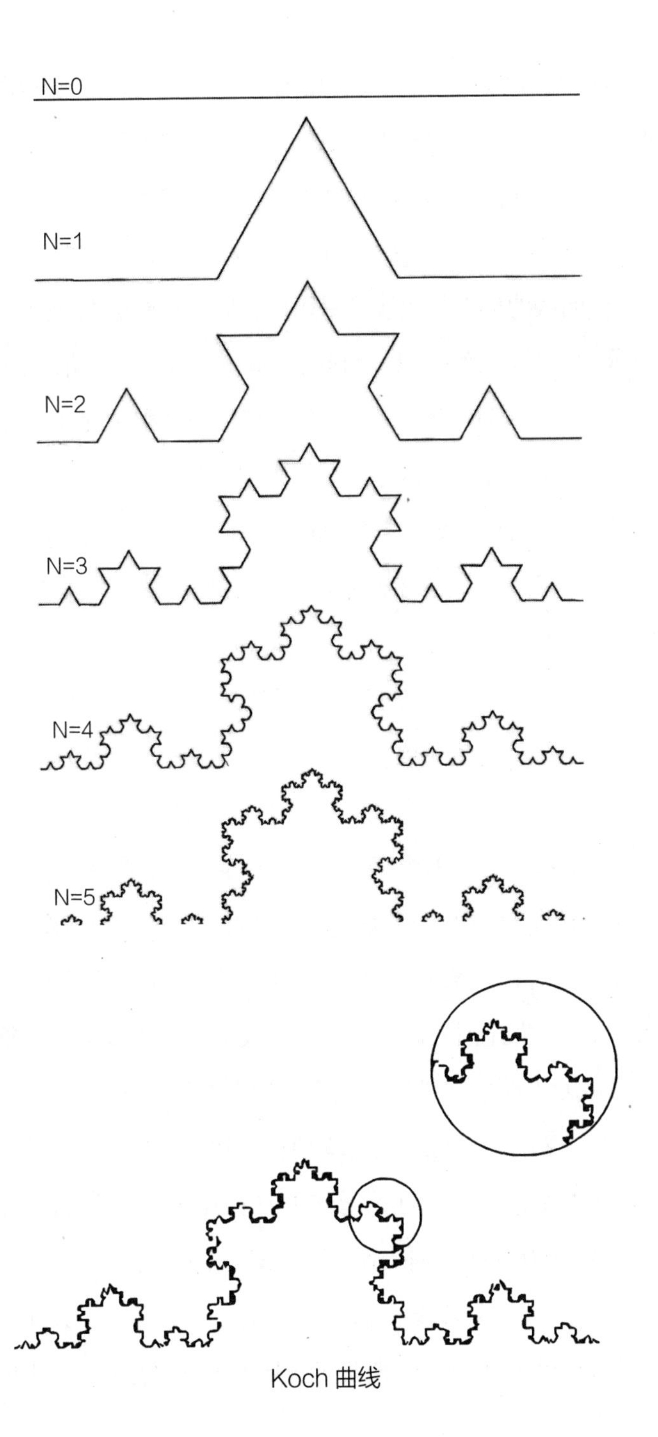

Koch 曲线

科赫当年提出Koch曲线主要是为了进一步证明德国数学家魏尔斯特拉斯的那个发现，即处处不可微也处处不可导的曲线的存在。魏尔斯特拉斯描述的一个不可微的曲线，曲线上的任意一点都不存在切线。可微性是微积分的核心性质。微积分中核心概念导数与曲线的斜率相关，这是非常直观的，而曲线的斜率与切线是密切相关的。科赫曲线就是一条处处由转角所组成的曲线，也就是说，在科赫曲线上的任意一点都没有切线。科赫曲线处处连续而又处处不可微，并具有严格的自相似性。科赫曲线在有限的空间里有无限的长度，这是一个自相矛盾的结果，它违反了人们关于形状的正常直觉，使许多数学家感到困惑，但却给曼德勃罗特以无穷的灵感。德国的数学家豪斯道夫仔细地研究了科赫曲线的维度，发现科赫曲线的维数是分数的！

在谈到维数的时候，我们总是直观地认为直线是一个典型的一维对象而平面是一个典型的二维对象。皮亚诺、科赫的研究证明了我们对曲线的认识是如此的有限，他们认为线段也可以是二维的，可以填满整个平面。也就是说，对于给定的一小块平面，存在一条曲线，使得这条曲线可覆盖住这块平面上的所有的点。空间填充曲线的发现对维数概念的发展是一件大事。我们直觉上一直认为曲线是一维的对象，但空间填充曲线对这个传统认识提出了质疑，因为这种一维的曲线可以填充满一个二维的平面，而我们通常认为平面是二维的。这个问题在20世纪初就被数学家们争论了几十年。最初被当成怪物的空间填充曲线其实是学术界的一个奇迹。它为曼德勃罗特后来对分形理论所作出的发展打下了坚实基础。并且在100年之后的图像技术应用中起到了举足轻重的作用。

1916年，波兰数学家谢尔宾斯基（Wacław Sierpiński，1882—1969）给出了一个名为谢尔宾斯基三角形的图形，取一个大的正三角形，即等边三角形。连接各边的中点，得到 4 个完全相同的小正三角形，挖掉中间的一个，这是第一步。然后将剩下的三个小正三角形按照上述办法各自取中点、各自分出 4 个小正三角形，去掉中间的一个小正三角形，这是第二步。依此类推，不断划分出小的正三角形，同时去掉中间的一个小正三角形，人们称这样的集合为谢尔宾斯基地毯。该集合的面积趋于房源完成，而线的欧氏长度趋于无穷大。立体的谢尔宾斯基三角形则被称为谢尔宾斯基海绵。

谢尔宾斯基三角形

1916 年，谢尔宾斯基在他的一篇文中指出“谢尔宾斯基地毯”是这样的一种超级对象。任何一种一维对象都可以被隐藏在这个地毯之中。也就是说，无论这个一维对象的结构有多么复杂，它都肯定会以它的一个等价物的形式出现在这个地毯之中。也就是说，任何你想到的复杂曲线都只能算复杂的“谢尔宾斯基地毯”中的一个子集。虽然谢尔宾斯基地毯看起来井然有序，但它的本质特性却远远超出我们的想象。很多情况下，我们用眼睛对一个物体的认识和这个物体的真实属性都有很大的差别。

无论是皮亚诺构造的填充空间的曲线，还是科赫设计出类似雪花和岛屿边缘的一类曲线，以及谢尔宾斯基设计得像地毯和海绵一样的三角形等几何图形。这些数学家的发明确实在分形几何理论中起着非常重要的作用。他们构造这些分形结构的主要目的是提供一定的反例，证明确实存在一种曲线可以覆盖一个平面上所有的点，它是处处连续但处处不可微的函数。虽然这些数学家构造出来的分形结构当时被人们称为"病态函数"图形，但它们正是分形几何思想的源泉。这些所谓的"病态函数"图形主要是产生了无穷的嵌套，一个接一个，大的接小的，小的再接小的，产生不可数无穷的拓扑嵌套现象，

然而遗憾的是这些伟大的数学家们却没有把它们的发现用来从理论上阐述自然界中存在的复杂几何形状，没有意识到这些"病态"的特例实际上是自然的"常态"。直到半个多世纪后，这些被认为是冷门的、病态的函数开启了一个全新的主流科学。分析学的成果表明，魏尔斯特拉斯函数并不是连续函数中的少数几个特例之一。尽管它是"病态"函数的一种，但可以证明，这种病态的函数事实上不在"少数"，甚至比那些"规则"的函数"多得多"。1975 年美国科学院院士、哈佛大学数学系教授曼德勃罗特(B. B. Mandelbrot)提出分形几何的思维才打开了人们看待世界的一个全新视角。1982 年，曼德勃罗特出版了《大自然中的分形几何》(The Fractal Geometry of Nature)一书，促使了一门崭新的分形几何学的诞生。目前由于曼德勃罗特在分形方面前所未有的成就，人们对这些分形结构有了一种新的认识，他们认为这些看起来非常奇怪的分形结构并不是什么反例，而是在自然界中十分普遍的典型结构!

三、经典的分形：康托尔尘（Cantor dust）

欧几里得《几何原本》第五卷中描述了为计算面积和体积而设计的穷竭法。这个方法是说在计算曲形边界物体的面积或体积时不需要假定无穷多个无穷小量的真实存在，只需假定，在不断细分任意给定总量的过程中存着“小到我们所希望小”的量，产生了数学发展史中游荡了2500多年的一个重要概念：潜无穷。自古希腊以来，许多伟大的数学家中没有人能敢于从“潜无穷”进入到“实无穷”的世界，直到19世纪德国伟大的数学家乔治·康托尔出现。康托尔是世界数学史上伟大的悲剧性人物之一，也是人类文明史中仅靠自己单独研究就建立了最惊人理论的天才之一。19世纪支持康托尔在无穷上的创新研究仅有的数学家就是他的老师“数学分析之父”魏尔斯特拉斯。众所周知的是，康托尔另一位教师，也同是德国著名数学家的克罗内克则严厉抨击康托尔的集合论，并导致康托尔最终精神失常。历史证明，康托尔是对的。康托尔关于无穷的不朽的工作是以对集合性质的研究开始的。他提出的“实无穷”概念，不是来自直接考虑数而来自直接考虑集合。康托尔从考察数直线上收敛于极限点的那些点和数开始。一个集合的极限点是该集合的成员可任意趋于的一个点。他关于对无穷自身性质的研究终其坎坷的一生。我们今天称为数学基础的是包括集合论和逻辑的一个完整体系。由于康托尔是历史上系统研究实无穷的第一人，他被举世公认为集合论之父。值得一提的是，康托尔曾称赞发现“中国剩余定理”的中国南宋数学家秦九韶是“最幸运的天才”，在西方数学史著作中，一直公正地称求解一次同余组的剩余定理为“中国剩余定理”。“中国剩余定理”是中国数学对世界数学最重要的贡献之一。

在康托尔留下的丰硕数学遗产中，有一个非常不起眼的简单集合，现在称为康托尔集。1883 年，康托尔在研究集合论的时候，构造了一个奇异的集合，构造方法是依次去掉一条线段中的中间的三分之一，一直无穷下去，可以得到一个离散的点集，点数趋于无穷多，而欧氏长度趋于零！经过无限次操作，达到极限时所得到的离散点集称之为康托尔集（Cantor set）。显然，康托尔集就像是散布在直线段上的一些“灰尘”，它们的数目无穷多，但总长度是零。这种三分点集，比原来的一维线段的维数少，而比零维的点的维数又多，介于线与点之间，经计算，它的维数是分数的。

康托尔三分集的生成过程，它们的数目无穷多，但总长度是零。

混沌分形的代表人物曼德勃罗特把一个平面中的康托尔集称为康托尔尘埃（Cantor dust）。自然中的许多现象可用康托尔尘埃来描述。曼德勃罗特曾认为，康托尔集有助于描述夜空的特性。在夜空里星星成团分布，并有相应的间隙。它们在许多尺度上展现着，直到超星团（星系聚团的聚团）。对宇宙结构的现代分析表明，分形维数在 1 与 2 之间。费根鲍姆指出，通过考察当前宇宙状态的分形维数，科学家某一天或许能够推导出宇宙创生时是什么样子。

康托尔集合虽然看起来好像很简单，却是分形理论中最重要的分形模型。首先，康托尔集合是由迭代（反馈）产生的，像前所述，迭代是混沌的关键。其次，康托尔集是自相似的。从迭代的第二个步骤开始，每一步骤中的康托尔集都是由前两步的部分构成，尺度是原来的三分之一。实际上在讨论混沌的通往混沌的倍周期分叉图中，就在混沌发生时的费根鲍姆点上，在混沌发生前的最后一步，分叉图上的所有对称破缺点形成康托尔集，也预示混沌与分形是密不可分的。中国拉面具有三维广义康托尔集的特性，从康托尔集一维，发展到二维的马蹄形变换，或者叫中国拉面的动力学过程，实际上是康托尔集的推广和延伸到平面上，再推广到立体上，中国拉面的本质是非线性的混沌结构。康托尔集合在分形发展史上占有重要地位，也是这个集合引导了曼德勃罗特的惊天发现！

四、上帝的指纹：简单的迭代产生复杂！

英国科学家图灵曾猜想所有复杂事物的本质可以用简单的数学来描述，自然万物的自组织形态发生看似多姿多彩，实际上遵循着简单的自然法则。简单的规则涌现出如此的复杂性。图灵是第二次世界大战中最杰出的密码专家，他是举世罕见的天才数学家和计算机科学家。图灵发现向日葵螺旋数目满足斐波那契（Fibonacci）数，动物皮肤的图纹也可被偏微分方程的反应扩散模型描述。图灵是在没数据没计算能力时天才地建立了模型。2012 年是图灵诞辰一百周年，2012 年初，一条新闻在各大网站出现，英国伦敦大学国王学院的研究人员证实，阿兰 · 图灵 60 年前提出的有关生物图案是如何形成的理论是正确的。阿兰 · 图灵在 1952 年发表了一篇题为《形态发生的化学基础》（The Chemical Basis of Morphogenesis）的文章提出，动物身上有规律出现的重复图案，例如老虎身上的条纹和豹子身上的斑点，是细胞自组织作用产生的。他用数学方法研究了决定生物的颜色或形态的化学物质在形态形成中分布的规律性，提出了细胞在发育过程中自组织形态是受定量定律支配的观点。图灵划时代地提出所有复杂的形态和结构，究其本质是万变不离其宗，都是简单的数学过程。

英国BBC推出的纪录片《神秘的混沌理论》中，对图灵曾提出的自组织形态发生理论评论道："形态发生是自组织一个令人惊叹的实例。在图灵之前，人们对其机理几乎一无所知，直到1952年，图灵发表了这篇论文，首次给出了形态发生的数学解释。这篇论文语出惊人。图灵在论文中用一些天文或原子物理中常用的数学方程，来描述生命过程。这种做法前无古人。"关键的是，图灵确实首次用方程描述出了生命系统是如何自组织的，说明无特征事物会形成特征事物。

曼德勃罗特的分形几何回应了图灵的猜想，揭开了复杂形态内在机制的面纱。自然界中的分形结构通常都是一些生长过程的最终结果，然而，我们却将分形结构看成是静态的。什么是生长？它绝不仅仅是增加。生长和形态是互相联系的。我们通常都只会关注该动态过程所生成的最终结构，仅仅当生成这个最终结构的动态过程在揭示其吸引子的特性时才会显得非常重要。

曼德勃罗特研究中最精彩的部分是1980年他发现的并以他的名字命名的集合—曼德勃罗集（Mandelbrot集，简称M集）。至今发现的最著名的数学图形之一，被誉为"上帝的指纹"。"上帝的指纹"曼德勃罗集看起来美妙复杂，其实是由一个非常简单的非线性迭代公式：$Zn+1=Zn^2+C$生成的。曼德勃罗特利用在美国IBM公司的条件，应用计算机数值计算的技巧，用二阶映射$Z=Z^2+C$做研究对象，研究使映射动态地收敛到稳定的大小不同的极限环的参数区域的集合M集。其操作方法是通过迭代的方式，公式中的 Z 和 C 都是复数，开始时，平面上有两个固定点：C 和 Z，Z0 是 Z 的初始值。为简单起见，我们取 Z0=0，于是，Z1=C，再代入原公式，$Z2=C^2+C$，反复操作，无限迭代下去，形成了漂亮的曼德勃罗集。因为这个迭代进行的是复数计算，且用到平方计算，不是线性的，所以叫非线性迭代。

我们知道，每个复数都可以用平面上的一个点来表示。M 集是二维复数平面上大量点的堆积，它的形状不是由一次求解一个方程来定义，只不过这个迭代方程要进行复数计算，而且用到平方运算，所以不是线性的，而是非线性的迭代。此时迭代的方程就变成了过程而不是描述，是动态而不是静态。M 集的产生就是无穷次迭代和精细化的结果，迭代产生大量的点并不满足一定的方程，而是产生一种行为，它可以有三种结果：一种是定态，一种是收敛到某一状态的周期重复，还有一种是趋向无穷大。应该指出的是，在这里迭代的规则极其简单，而规则的迭代又与尺度无关地反复重复某种整体信息，这就表明这个迭代的规则确切地全面地反映了该形状（即 M 集）的整体信息。

M 集跨越的尺度极其浩瀚，具有无穷复杂的界。如果将 M 集边界放大，便会显示出该集无穷数量的微型缩影，即边界每个微小细节的放大，其微小的局部形状都与整体的形状相似。M 集既神秘莫测又非常美丽，然而，它的美丽图案只是其深刻内涵的外在表现，这些图案体现了各种类型的混沌和有序，M 集被数学家称为是数学领域中最复杂的现象。曼德勃罗集是一个异乎寻常的复杂对象，但却能用简短的程序在计算机屏幕上显示出来。这充分地体现了“复杂性寓于简单性”这一哲学思想，展现了计算机绘制分形图的无比魅力。

M 集精彩地描述了分形的性质，描述了自然界的本质，曼德勃罗特发现整个宇宙以一种出人意料的方式构成自相似的结构。可以说分形几何是真正描述大自然的几何学。分形具有任意尺度意义下无法测量的“自相似性”和“标度不变性”。这种局部和整体的特殊的、不可微的、无穷嵌套的“自相似性”,为人类认识自然和控制自然提供了新的工具。从局部看整体乃至控制整体,是人类认识史上的又一次飞跃。在M集的所谓“边界”处,具有无限复杂和精细的结构。这正如前面提到的”蜿蜒曲折的一段海岸线”,无论您怎样放大它的局部,它总是曲折而不光滑,即连续不可微。取其局部进行放大,可以看到它的精细结构及其自相似性质,放大可以无限地进行下去。用数学方法对放大区域进行着色处理,这些区域就变成一幅幅精美的艺术图案。这些艺术图案人们称之为“分形艺术”。“分形艺术”以一种全新的艺术风格展示给人们,使人们认识到该艺术和传统艺术一样具有和谐、对称等特征的美学标准。(见图)

最早被称为“上帝的指纹”的Mandelbrot集,如果将M集边界放大,便会显示出该集无穷数量的微型缩影,即边界每个微小细节的放大,其局部形状都与整体的形状相似,并且每个微小的局部都具有丰富的复杂性,看上去很美。[11]

分形几何的主要价值在于它在极端有序和真正混沌之间提供了一种可能性。混沌分形讨论的就是复杂事物生成的内在简单机制。分形最显著的性质是:看来十分复杂的事物,事实上大多数均可用仅含很少参数的简单公式来描述。其实简单并不简单,它蕴涵着复杂。分形几何中的迭代法为我们提供了认识简单与复杂的辩证关系的生动例子。分形高度复杂,又特别简单。无穷精致的细节和独特的数学特征(没有两个分形是一样的)是分形的复杂性的一面。连续不断的,从大尺度到小尺度的自我复制及迭代操作生成,又是分形简单的一面。

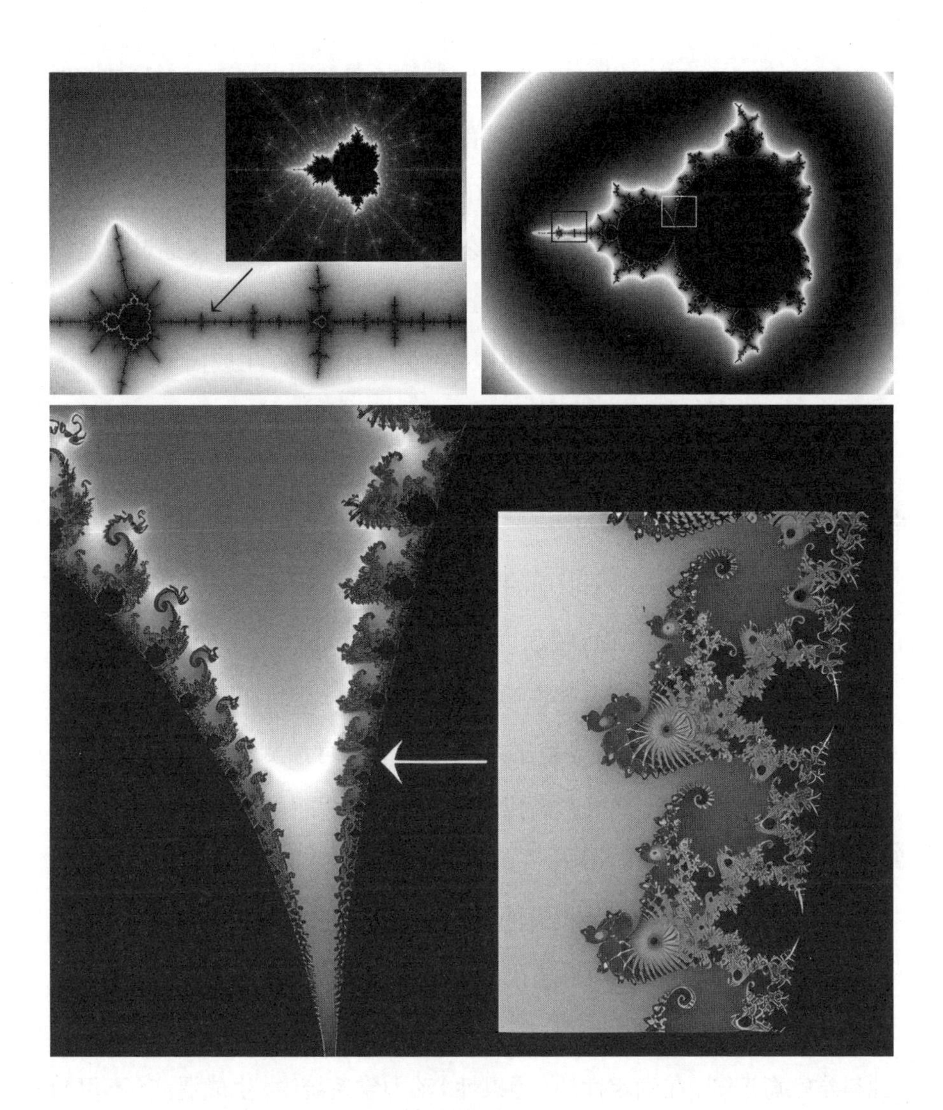

人们通常认为，复杂形式必然是由复杂过程生成的。但是，分形一方面高度复杂，同时又特别简单。它们之所以复杂，是因为它们有无穷精致的细节和独特的数学特征（没有两个分形是一样的）；然而它们又是简单的，因为可以通过连续不断地应用同样一种简单的迭代操作来生成它们。如果如此丰富、复杂，甚至有创造性的世界可以由迭代简单的数学方程

（它本质上是人类逻辑的符号命题）生成，那么迭代是否是通往自然界创造性潜能的一把钥匙呢？在自然界里有更多有趣的东西可以迭代吗？曼德勃罗特说："真正的创造性在于迭代和分形。"

曼德勃罗特指出："具有巨大复杂性的分形图形可以仅仅通过重复简单的几何变换而得到，并且变换中参数的小变化就将引起全局性的变化。这意味着，很少量的生成信息就可以导致复杂的形体，生成信息小的改变就会导致形体根本性的变化。"他补充说，"科学的目的总是把世界的复杂性还原为简单的规则。"我们已经知道复杂网络就是由简单的节点生成的。

迭代即反馈，意味着把以前的状态重新吸收或折叠起来。一种反馈是调节，另一种是放大。迭代暗示，稳定与变化不是相反的，而是彼此互为镜像的。在迭代过程中，整体性通过细线被引入，直到它使方程爆破。通过迭代，正是"信息损失"导致了系统行为的不可预测性。同样，我们大多数个人思想和情感，来自影响我们的其他人的思想与情感的恒常反馈和交流。我们的个性显然是集体运动的一部分。集体运动本质上存在反馈。迭代暗示，稳定与变化不是相反的，而是彼此互为镜像的。中国的阴阳思想，太极思想，易经思想均是迭代的绝佳例证。洛伦兹所发现的"蝴蝶效应"正是非线性与迭代的组合，使微小的偏差被无尽地放大。洛伦兹和其他科学家意识到，在确定性的（因果性）动力学系统中，生成混沌（不可预测性）的潜在可能性蜷伏在每一个细节当中。

虽然曼德勃罗特被称为分形之父，但早在曼德勃罗特之前，法国数学家朱利亚（1893－1978）就已经详细研究了一般有理函数朱利亚集合的性迭代质。朱利亚集与曼德勃罗集密切相关。朱利亚的工作在 20 世纪 20 年代曾名噪一时，但随即被人们遗忘，直到七十年代曼德勃罗特的分形几何工作受到人们的关注，朱利亚的工作才重新被重视。朱利亚集是用与曼德勃罗集同样的非线性迭代公式生成的，即 $Z=Z^2+C$。不同的是，产生曼德勃罗集时，Z 的初始值固定在原点，用 C 的不同值来标识轨迹。而产生朱利亚集时，则将 C 值固定，用 Z 的初始值 Z0 来标识迭代过程的轨迹。从某种意义上讲，M 集概括了所有可能的朱利亚集，它是无穷数量的朱利亚集的直观的图解目录表，或者说，M 集是一本很大的书，而一个朱利亚集只是其中一页。现在人们经常称美丽的混沌分形图为“M-J 混沌分形图”。

分形理论与计算机科学理论的结合，一方面，分形理论推动了计算机可视化图像方法的迅速发展，使计算机在信息压缩、贮存及模仿自然现象中的各种奇妙图形发挥了重要作用；另一方面，计算机的应用也大大地推动了分形理论的发展。由于模拟分形图展现出一批优美的图像，促使分形理论与计算机科学理论的进一步融合发展，不仅为新型的“电脑艺术家”提供艺术创新的灵感，而且最重要的是促使分形理论与计算机科学理论的迅速发展，进一步提高了这门新兴科学的声望。

分形图像可以十分逼真地模拟自然景物，甚至构造出难以想象的梦幻般的美丽图像。这些图像可以用于电影、动画、纺织印染、建筑装饰等需要艺术图案的场景，创造出艺术家见了也会流连忘返的新奇图像，给人以科学与艺术完美结合的超凡感受。

五、混沌猜想：斐波那契序列是通向混沌的道路

物理学家居里曾说：“非对称创造了自然”。自然向我们呈现出一派非对称、不规则的美的形态，并且往往看似“自然”，实则是“无理”的，我们

也知道许多美的数学表现是无理数的，事实上，以现代的观点来看自然界中具有深刻意义的数学，是无理数。有理数，不管它们多么复杂，总是有限的。但是，一个无理数是无限的，它没有指明下一个数字会出现什么样的内在秩序。而没有任何内在秩序的数字被定义为随机的。因此就任何实际目的而言，产生于无限复杂的数字等同于一个没有内在秩序的随机数。在这一悖论的限度上，完全的偶然和随机变得与无限复杂等同。复杂的极致就是纯偶然，简单尽，复杂生。以现代的观点来看自然界中具有深刻意义的数字，是无理数。无理数具有规则数字的直线的间歇性的一种形式。无理数是规则系统中无限复杂性和彻底随机性的爆发。因此，无理性处于逻辑空间和宇宙空间中的双重核心地带。无理性还揭示出复杂性的某些非常奇妙的特性。无理数是规则系统中无限复杂性和彻底随机性的爆发。许多数学家甚至怀疑美的存在是否有数学真理隐藏在背后，就像无理数中“最无理”的圆周率派代表的是完美的圆一样。

1202年，中世纪的意大利数学家斐波那契出版了一本著作《算盘全书》，书中提到了一个“斐波那契数列”式的密码，如1,1,2,3,5,8,13,21……等等，这个数列从第三项开始，每一项都等于前两项之和，是一种递归数列。呈“斐波那契数列”的规律现象大量存在于我们所熟悉的动植物当中，如向日葵、松果、海螺，我们知道等差级数是一步一步变化的，等比级数是飞跃式变化的，而“斐波那契数列”是跨越式变化的。在非线性系统中，“有理”和“无理”的程度是十分重要的。“最有理的”轨道对非线性扰动的反应最敏感，而“最无理的”轨道最持久，令人惊奇的是“斐波那契这个自然数列”的通项公式居然也是用无理数来表达的。黄金分割是所有无理数中“最无理的”一个，因而与混沌有关。最无理的数是神圣的比率，斐波那契数列相邻两项的比值趋近于我们熟悉的0.618，即黄金分割数 d=(^4-1)/2=0.618……黄金分割在建筑和美术中扮演着重要的角色，黄金分割强烈暗示着有序与混沌之间的对称破缺关系，总能产生神秘莫测的、令人震撼的美。混沌是自然的内在特征，是无处不在的。许多自然的分形可以通过斐波那契数列方式体现的，自然界的“斐波那契数列”呈现可以说表达的是自然分形的一个片段，一个瞬间。

混沌理论产生之后，如何通向混沌成了一个研究热点。早在 20 世纪上半叶，数学家们就曾发现一些含有周期强迫项的非线性振动方程，在参数变化时解的性质可以发生多次突变，而且有一些解的行为相当难以预言。直到洛伦兹等人的数值实验之后，随着计算机的发展，人们才发现这类现象的普遍性。20 世纪 70 年代以后，这类现象被统称为混沌。对各种数学模型的研究，揭示了走向混沌的许多典型道路。在大量的科学研究的基础上，在 20 世纪 70、80 年代形成了公认的通向混沌的三个途径。

第一条道路：倍周期分叉道路，或者叫任意周期分叉道路，即从周期不断加倍而产生的混沌，系统中相继出现二、四、八……倍周期、即二分之一、四分之一、八分之一，……分频成分，最终进入混沌状态。

这一系列分岔，在参数空间和相空间中都表现出自相似性和尺度变换下的不变性。

第二条途径阵发混沌道路，又称为间歇道路。阵发混沌的产生机制与切分岔密切相关。阵发混沌发生在切分岔起点之前，表现在时间行为的周期与混沌的不确定性，忽而周期，忽而混沌，随机地在二者之间跳跃。随着突发现象出现得越来越频繁，近似的周期运动几乎完全消失，最后系统进入到混沌状态。

第三条途径是准周期道路，这一途径的基本思想是认为混沌可以看作具有无穷多个频率耦合而成的震动现象，只有经过四次或三次分岔即可进入混沌。

斐波那契序列是通向混沌的道路之一。东北大学在研究混沌的过程中，对 M 一丁混沌分形芽苞的周期规律进行猜想，认为与斐波那契序列有关，因为斐波那契序列的和包含有无理数，所以斐波那契序列是通向混沌的一条道路。

东北大学的计算机理论与软件博士点培养了第一批混沌分形博士生，使东北大学的混沌分形研究曾经处于全国的学术前沿。我们在从事混沌分形理论的计算机证明与构造过程中，利用逃逸时间算法绘制 M-J 混沌分形图谱，通过计算机数学实验找到 Mandelbrot 集的普适常数和相应充满 Julia 集的近似标度不变因子，定性说明了 M-J 混沌分形图谱标度不变的特性。同时，通过实验与数据分析发现 Mandelbrot 集周期芽苞的 Fibonacci 序列的拓扑不变性，找到 M- 集内的黄金分割点。最后给出由 Mandelbrot 集参数平面上某个吸引周期芽苞中的参数与动力平面上相应 Julia 集图像结构之间的对应关系，并给出 M-J 周期轨道的递归公式和多重结构特征图的猜想。提出了通向混沌的第四条途径，即 Fibonacci 序列的出现是混沌产生与发展过程中的必由之路。Fibonacci 序是通向混沌的新途径。通向混沌的 Fibonacci 序列过程可以表示为：有理数→无理数→周期芽苞 Fibonacci 序列极限→奇怪吸引子(混沌运动)。斐波那契序列组成了一个典型的通路，从简单的周期行为走向复杂的非周期行为，非周期的行为是当周期无限地加倍时发生的。只要系统具备周期加倍这个性质，通路就具有普适的数学特点。这一猜想的论文标题是《周期芽苞 Fibonacci 序列构造 M-J 混沌分形图谱的一族猜想》，发表在 2003 年第 2 期的《计算机学报》上。这只是猜想，并没有证明。对此有兴趣的读者可以尝试证明。

1997 年，东北大学计算机理论博导、时任辽宁省科协副主席的朱伟勇教授向时任中国科协主席、著名科学家、中国两院院士朱光亚详细介绍和汇报世界混沌分形理论的发展阶段和中国的研究概况。

1997 年，曼德勃罗特在中国举行混沌分形的研讨会，引起高度重视。当时中国科协主席、著名科学家、中国两院院士朱光亚负责接待曼氏访问中国，他对东北大学的研究很感兴趣，他要求我专程到北京他的办公室内介绍我们的研究进展及展望！同时也向中国科学院院长周光召详细介绍和汇报世界混沌分形理论的发展阶段和中国的研究概况。我在东大博士生研究生班主讲《混沌分形的发生发展理念》，主要内容是介绍分形创始人、美国科学院院士曼德勃罗特研究的复平面上的曼氏原创分形图“芽苞分形序列与斐波那契序列映射的机器证明”。（注：上述汇报内容发表在中国计算机学报 2003. 第 26 卷第 2 期 No. 2 及 2004 第 27 卷第 1 期 No. 1）

六、新的范式：对经典的挑战

近代科学和现代科学的伟大成功，很大程度上得力于引入数学方法，给对象以严格的、精确的和定量化的描述。系统地使用数学公式描述物理运动始于牛顿时代。但牛顿同时也使用数值方法，《原理》中包含很多几何思想和方法。牛顿之后，定量化方法、解析方法受到越来越多的青睐。定性方法、非解析方法一度不受重视了。拉格朗日使解析方法达到登峰造极的地步，他的一本力学专著由于没有一幅插图而大受赞扬，被视为使用解析方法的典范。拉普拉斯更从方法论上抬高了解析方法的地位。19 世纪的两位伟大学者、自然科学家开尔文和社会科学家马克思，各自提出了一个十分相近的方法论命题，前者认为，一门科学如果不是定量的，就不能算是科学。后者认为，一门科学只有在应用了数学工具时，才算是充分发展了的。精确科学的辉煌业绩，再加上两位学者的权威和影响，使这一方法论观点获得极为广泛的认同。20 世纪的主流数学家，特别是布尔巴基学派，进一步强化了这一趋势。布尔巴基过分强调逻辑的严格性和数学的自身结构化发展，由此形成了一种系统的方法论思想：尊崇定量方法，否定定性方法；尊崇排除直观因素的纯逻辑方法，贬低借助几何形象进行思考的方法；尊崇方程的解析解法，蔑视数值解法等非解析方法。

曼德勃罗特与布尔巴基崇尚分析方法的数学精神格格不入，特别擅长于借助几何形象来推理，不论什么数学问题，他几乎都能变成几何问题，用形状来思考。凭借这种独一无二的才能和长达数十年的探索，他建立了对研究混沌等复杂性有独特奇效的语言和技术，即分形几何学。可以毫不夸张地说，混沌学的创立者们大都是率先破除对定量化、精确化方法盲目崇拜的人，他们对经典的线性科学进行挑战，发展定性方法、几何方法的形象思维有很大贡献。

20世纪40年代，曼德勃罗特在法国参加了著名的青年数学家学术团体布尔巴基学派。布尔巴基学派作为一个集体在20世纪的数学界可谓影响甚大。此学派的先驱人物主要有三位：康托尔、希尔伯特(DavidHilbert，1862—1943)和诺特(EmmyNoether，1882—1935)。第一位为他们提供了集合论，第二位提供了公理化方法，第三位则提供了抽象代数。此学派为数学的严格化、体系化、结构化发展作出了重要贡献，这个学派过分强调逻辑而贬低几何直觉，曼德勃罗特在参加这个学术团体的时候，经常和其他的数学家展开论战，其他的成员深受牛顿时空观的影响，他们认为，在研究自然科学的时候，只有概括出重要的数学定理，或者数学公式，或者重大的数学模型出来，得到形式逻辑的推导和证明以后，才是真正的科学。他们认为数学能够而且应当作为一门完全抽象的学科，它所使用的标准与应用应完全脱离。布尔巴基学派拒绝使用图形，他们认为几何学不值是相信。数学应当纯粹、形式和严肃。曼德勃罗特的观点正好相反，他曾自豪地说他的理论没有数学公式，图形是他的至爱，曼德勃罗特明确提出，我们直觉看到的一些复杂现象，即使没有数学公式表达的，像图形和图像，一些奇怪的曲线，例如谢尔宾斯基垫片、皮亚诺曲线、魏尔斯特拉斯和柯赫曲线等等，表面上是无序的，其实里面也隐匿着反映自然界重大规律的内容。

在20世纪60年代，曼德勃罗特进入美国IBM公司担任研究员，当时IBM公司电脑中的信息靠电话线传输，而那些可能毁掉极重要资料的偶发噪声干扰，总是让工程师们感到困扰。通常工程师的第一反应是增加信号强度以盖过噪声，但偶尔还是会出现一阵猛烈的噪声，随机毁掉部分资料。曼德勃罗特发现，这些噪扰虽然是随机且无法预测的，但它似乎一阵阵地发生，是以群聚出现的，确定的周期会在不同的时间范围内出现。他仔细检视这个问题时发现，与直觉相反，根本不可能找到一段时间，其中误差是连续散布的。噪声出现的模式是自相似的，在安静的时段没有任何噪扰，但是在有噪扰的时段中，总存在一些较短的安静时段以及爆发噪声的更短促时段。在较短的有噪扰时段中，曼德勃罗特观察到整个模式无止境地重复！他不是在特定的一个或另一个尺度上寻找模式，而是跨越每一个尺度，他进一步发现，不论以何种尺度检视，安静时段与噪声时段长度的比例无论是在小时或在秒的尺度上，总是固定的。他明白这里面存在某种对称，不是左右或上下对称，而是大小尺度之间的对称。事实上，曼德勃罗特把信息传输系统中出现的间断分布，想象成按时间排列的康托尔集！这个发现价值重大。曼德勃罗特说不必浪费时间寻找造成噪扰的物理成因，因为它不是随机产生的，应该反过来利用康托尔集模式消除噪扰！曼德勃罗特成功地解决了这个问题，在发现它的一开始就与分形结合在一起，虽然当时混沌和分形这两个名词还没的出现。2012 年巴拉巴西《爆发》一书则把这类现象总结为符合“幂律”的“爆发”：短时间的活跃和长时间的静默相互交替出现，形成一个时间上精确的规律：幂律。

曼德勃罗最早关注经济学问题是从关于收入分配的帕累托定律(Pareto’s law)开始的，这个定律的形式颇像他在语言学词频分布中注意到的齐普夫定律(GeorgeKingsleyZipf’s law)。曼德勃罗特将分形的许多思想引进经济学的研究之中。他研究 19 世纪棉花价格变化幅度，以往经济学家们认为，像棉花这样的商品价格按着两种方式涨落，一种是有序，一种是随机。但真实的数据统计发现价格变化的大小呈幂率的长尾方式分布，而不是常用的正态分布，而是幂律分布。曼德勃罗的经济模型中具有尺度变换下的“不变性”，他认为这十分关键，仅仅凭这一点就值得认真研究。他认为幂律分布是除了高斯正态稳定分布外最简单、最值得考虑的一种稳定分布。价格的每一次特定的变化是随机的和不能预言的。但成串的变化又是与尺度无关节的，价格的日变化和月变化曲线完全一致，是自相似的。曼德勃罗特发现，从正态分布角度产生的价格偏差数字，从尺度变换的角度却给出了对称。在大量无序的数据里存在着一种出乎意料的有序。这些实践经历加上他的几何思维让他认真思考百多年前那些著名的病态函数。

自然科学及数学的难点在于数学的哲学思维，时空的范式转移。人们的思想往往被旧的时空范式所束缚，从旧时空标准衡量新时空（或称相空间）很难理解，有创新思维的人善于跳出旧时空的度量尺度，如欧氏空间范式中的四则运算只会求线段的量、体积面积等，而进入新时空需要用新的尺度量度，如为了区别旧时空的测度、正交、线性无关、从点数到串数、片数、体数、张量等等。新的时空标准就会产生新的维数、新的度量和新的测度来计算新的目标，我们讨论的经典分形康托尔集就是典型例子，在旧空间欧氏空间闭区间[0,1]上三等分，去掉了一个（1/3 及 2/3…）类似于这种无限过程出现从无穷三进制小数转到无穷二进制小数，旧空间中，点集是康托尔集三进制无穷点集，尺度是零，维数是整数 1；而在新空间，点集转化成了无穷二进制，尺度不是零而是 1，维数则变成了分数 0.6…，即从旧的欧氏空间转移到新的豪斯道夫空间。

过去人们认为空间是整数维的空间。曼德勃罗特提出空间是破碎的。曼德勃罗特在解释皮亚诺曲线时，认为这类曲线可以被描述为具有中间维度，在这个例子中，维数介于 1 和 2 之间，直线还是一维物体，平面还是二维物体，但正如两个有理数之间存在超越数的数学观念一样，直线和平面之间应该也存在中间的、非整数维度的实体。如果这种实体的维度不是整数，必然是分数！曼德勃罗特提出分数维的空间概念。当时很多人难以理解。人们利用传统的教育来理解他的新时空，感到非常不习惯，甚至反感。所以常遇到这样的情形，新事物出现时，人们用旧的观念去套，就会不接受，但是从目前的研究来看，人们越来越感到曼德勃罗特提出的分数维思想是极其有价值的，是人类的最原始创造力的重要体现，甚至可以把分数维推广到多分维。

《科学革命的结构》一书作者、美国科学哲学史家托马斯·库恩在研究世界科学发展史时，列了一份宣布自己的工作能带来“革命”的科学家名单，其中有达尔文、爱因斯坦、康托尔等，曼德勃罗特也被列在这个名单之中。曼德勃罗特的思想让我们对世界的看法从原来的整形思维到分形思维，从以简单的眼光看世界到以“复杂”的视角转变，从还原的思维向整体的思维转变。让我们以全新的眼光看世界，对那些震撼我们的自然之美有了一种全新的认识。

第五章

分形的时空

一、分形的定义

二、分形的维数:“量化了物体细节的瀑流”

三、分形的伸缩对称性: 自相似性

四、分形的尺度无关性: 标度不变性

五、计算之美: 混沌分形图

六、混沌是时间的分形,分形是空间的混沌

一、分形的定义

分形几何学是对复杂的一种量度。“分形(fractal)”一词，就是由曼德勃罗特提出的。它来源于拉丁语“fractus”，含有“不规则”和“破碎”的意义。传说曼德勃罗特在翻阅他儿子的拉丁文字典时，碰巧看到了“fractus”这个形容词。它的意思有“破碎”“不规则”“零碎”“断裂”等含义。曼德勃罗特认为这个词能很好地描述他的研究对象的特征。所以他就从中引出了“Fractal”这个词，意为“分形”或“分数维”。

分形通常被定义为“一个粗糙或零碎的几何形状，可以分成数个部分，且每一部分都(至少近似地)是整体缩小后的形状”，即具有自相似的性质。1986年，曼德勃罗特给出了分形的一个定义：即分形具有在某种方式上部分与总体相似的形状特征(A fractal is a shape made of parts similar to the whole in some way)。这个定义强调了分形集具有某种自相似性特征，通常将具有某种方式的自相似性的图像或集合称为分形。所谓自相似性，就是指局部与整体相似。这里的某种形式的自相似性，不只限于严格的几何自相似性，也可能是通过大量的统计而呈现出的不很严格的自相似性。由于局部中又有其局部，而它们都是相似的，这样整体与局部都具有无穷尽的相似的内部结构，且在每一小局部中所包含的细节并不比整体所包含的少。因此，分形是有无穷自相似性的图形或集合。“分形”至今没有一个令人满意的定义，因为每种定义都不能涵盖所有的分形。

分形体现了自然界无限细分的思想，曼德勃罗特认为那些表面上看起来杂乱无章、高度无序的现象蕴涵着深刻的规律性。曼德勃罗特认为空间不是传统认为的那样是光滑、平直或弯曲的，而是破碎的。用分数维代替欧氏空间的整数维，在新的度量和运算规则下，产生了今天的“分形空间”。曼德勃罗特当时在 1982 年出版的《大自然的分形》里面，认为空间和时间是一种混沌动力学的结构，混沌就是研究物体运动的动力学过程，混沌动力学过程通过迭代所产生的时空结构，这个科学发现带来了新的时空观。

众所周知，三角函数、指数函数、多项式函数等基本函数广泛地用于科学计算、计算机辅助设计及数据分析之中，为科学工作提供了共同语言。但这些基本函数所对应的图形是欧氏几何中的光滑图形，其维数是整数维的。它们不能令人满意地描述现实世界中许多复杂的图形，然而，分形理论的提出，可以用简明的公式表示，可以进行快速计算，可以具有非整数的维数，是一种全新的科学语言。

一般来说，分形以无穷细节、无穷长度、分数维数、自相似性等为特征，并且如同产生科赫海岸线一样，它们可以通过迭代来生成。分形可以通过简单的迭代规则生成，一旦认清这一点，曼德勃罗要在纯数学的世界里探索他的分形几何学。几何学的发展史就是空间观念的发展史，非欧几何的产生说明欧几里得的平行公设不是空间本身所固有的特性，而是加在空间上的先验性假定，这样，空间的观念有了革命性的突破。“空间”的重要性在于它是数学演出的舞台；随着一种新的空间观念的出现和成熟，新的数学就会在这个空间中展开和发展。

分形几何是一门以不规则几何形态为研究对象的几何学。由于不规则现象在自然界普遍存在，因此分形几何学又被称为描述大自然的几何学。分形几何学建立以后，很快就引起了各个学科领域的关注。不仅在理论上，而且在实用上分形几何都具有重要价值。分形是一个数学术语，也是一套以分形特征为研究主题的数学理论。分形理论既是非线性科学的前沿和重要分支，又是一门新兴的横断学科，是研究一类现象特征的新的数学分科，相对于其几何形态，它与微分方程与动力系统理论的联系更为显著。

曼德勃罗特在《大自然的分形几何学》中写道："云不是球体，山不是圆锥体，海岸线不是圆，树皮不是光滑的，闪电传播的路径也不是直线。"大自然中的许多形状是支离破碎的、参差不齐和凹凸不平的不规则形状。这些现象不能用传统的欧几里得经典空间来描述，需要用新的时空观来重新发现。曼德勃罗特认为空间不像我们传统认为的那样是光滑、平直或弯曲的，而是破碎的！为了解释分形维数的直观意义，有过很多尝试。如，认为分形维表示了物体的"粗糙度""凹凸度""不平整度"或"繁杂度"；物体的"破碎"度，还有物体的"结构致密"程度。这种破碎的程度既不能说是连续的也不是间断的，从数学上说是一种"稠"的，因为用整数无法表达。他认为是空间不存在整数维，而是分数维。

二、分形的维数："量化了物体细节的瀑流"

英国 BBC 的纪录片《寻找隐藏的维度》中，美国混沌分形大家曼德勃罗特专门谈到以分形的眼光解读日本世界名画《神奈川冲浪里》的画面分形特点，他的这个解读在学术界和艺术界影响都非常大。这是日本十九世纪浮世绘写实派画师葛饰北斋创作的杰出作品，《神奈川冲浪里》画中被定格的惊涛骇浪给我们描绘了一个自然的分形画面。画面中的主巨浪在其边缘形成了众多的小浪花，这些小浪花与主巨浪是自相似和无标度的，主巨浪与浪花间形成了部分与整体的关系，海浪的运动过程本身是巨大的湍流，是混沌的。混沌是过程，分形是形式。分形是关于状态和存在的科学。这幅世界名画向我们描绘了大自然分形的一个瞬间状态。

世界名画《神奈川冲浪里》是 19 世纪日本浮世绘大师葛饰北斋创作的

在大海的巨浪图形中蕴涵着无穷的浪花嵌套结构，这种结构的嵌套性带来了画面的极大丰富性，仿佛里面蕴藏着无穷的创造力，使欣赏者不能轻而易举地看出里面的所有内含。正如法国印象派大师雷诺阿所说的“一览无余则不成艺术”，从分形的视角看，海浪也是没有特定尺度的，因为海浪具有不同规模的不同尺度。赏析者从任何距离望去都能看到某种赏心悦目的细节，当你走近时，它的构造就在变化，展现出新的结构元素。这幅《神奈川冲浪里》在欧洲赫赫有名。据说印象派作曲家德彪西的交响诗《海》，就是受到了这幅浮世绘作品的启发。以此画为代表的日本浮世绘艺术风格曾影响了许多印象派画家，其中最为人所乐道的，恐怕就是凡・高了，凡・高那幅具有显著分形特色的名作《星夜》中，天空卷起的螺旋正是从此获取的灵感。

曼德勃罗特指出，形成分形具有三个要素：形状(form)、机遇(chance)和维数(dimension)。众所周知，欧几里得几何学研究的图形都是规则的形状。例如圆、正方形、球和圆锥体等等。构成这些图形的边缘(线或者面)，都是连续而光滑的。但自然的形状更多是支离破碎非整形的，是碎形的，虽然这些自然形状非常不规则，但仍有规律可遵循，这就是"分形"几何。自然形状的不规则性，是由于内在的随机性造成的混沌现象，描述这些支离破碎的形态，不能用常规则的标度，而是需要描述对象的维数。

现在人们已清楚地知道，像康托尔集、科赫曲线、皮亚诺曲线等简单而且数学上严格自相似的分形体，在自然界中几乎不存在，广泛存在的是不能仅用一个分形维数描述的既复杂又不均匀的分形体。

维数是几何对象的一个重要特征量，维数包含相应集合的几何性质的许多信息。其概念来源于经典的欧几里得空间，通常的"维数"概念，指的是为了确定空间几何对象中一个点的位置所需要的独立坐标的数目。因此，点是0维的，直线所构成的空间是一维的，平面是二维的，而立体空间是三维的。将这一概念加以推广：要确定物体或几何图形中任意一点的位置，所需要的独立坐标的数目，就是该物体或几何图形的维数，由于这种定义具有对几何对象在同胚变换下的不变性，因此称为"拓扑维"，人们称这种维数为经典维数或欧氏维数。欧氏空间的维数与拓扑维数相等。直线或曲线的欧氏维数为1，平面图形的欧氏维数为2，空间图形的欧氏维数是3。

可是，经典维数有很大的局限性，即它必须是整数。然而，自然界中更多的是一些极不规则、极不光滑的研究对象，例如若问江河、森林、雪花、山脉、湍流的维数是多少，那么经典维数是难以回答的。如前文提到的科赫曲线的度量问题，其一维长度是无穷大，而二维度量（面积）又是零，为了突破这种局限性，就需要对物体和几何图形的维数进行拓展，即可用分维（又叫分形维数、分数维）加以说明和解释，在一般情况下分维是一个分数。

比如把一个正方形的每个边长增加为原来的3倍，得到一个大正方形，它正好等于$3^2=9$个原来的正方形。类似地，把一个正方体的每个边增加为原来的3倍，就得到$3^3=27$个原来的大小的立方体。推而广之，一个d维几何对象的每个独立方向，都增加为原来的L倍，结果得到N个原来的对象。这三个数的关系是$L^d=N$。不难看出，对于一切普通的几何对象，这个简单关系都是成立的。然而，自然界中更多的是一些极不规则、极不光滑的研究对象，例如若问江河、森林、雪花、山脉、湍流的维数是多少，那么经典维数是难以回答的。这就需要对物体和几何图形的维数进行拓展，把$L^d=N$两边取对数，$d=\ln N/\ln L$，可以看到维数d不一定是整数了！维数可以是分数，这是一种新的维数，称为分维。

一张被团揉的纸，其维度不是整数的，是分数的。（朱海松 摄）

分形集的不规则性使它区别于一般的光滑点集。度量两个分形集“不规则”程度和“复杂”程度的客观工具是分形维数。分形维数的重要性在于它们能够用数据定义，并且能通过实验手段近似地计算，分形维数已突破一般拓扑集的整数维的界限，引进了分数维，就可以给出了一个分形集充满空间的复杂程度的描述。在分形几何中，维数概念的扩展，要归功于德国数学家费利克斯·豪斯道夫（F·Hausdorff,1868—1942）。分形维数源自豪斯道夫从1918年开始的科赫曲线研究，他给出的定义后来被称为豪斯道夫维数。这为维数的非整数化提供了理论基础，至今有十多种不同的维数定义。豪斯道夫是拓扑学的创始人，因为是犹太人，1942年在二战时受到德国纳粹的迫害而致死。在20世纪初，如何确定维数的含义以及它有什么特性还是数学中较重要的难题之一，数学家们提出了十来种不同的维数概念：拓扑维数、豪斯道夫维数、分形维数、自相似维数、合维数、容量维数、信息维数、欧基里得维数，等等。每个分形集都对应一个以某种方式定义的分形维数，这个维数值一般是分数的，但也有整数维的分形集。在被使用的各种“分形维数”中，豪斯道夫维数定义是最古老的最重要的一种。豪斯道夫维数具有对任何集都有定义的优点，由于它是建立在相对比较容易处理的测度概念的基础上，因此在数学上比较方便。它的主要缺点是在很多情形下用计算的方法很难计算或估计它的值。因此，还有许多其他维数定义常常被应用。

扩展了的分形维数定义当然也包括了整数维在内，经典整数维的几何图形，如一条线段、一个长方形、一个立方体，也具有自相似性，只是太平常而被人忽视。分数维是刻画一个对象不规整度或破碎度的主要测度手段。分维是一个集合充满空间程度的描述，它是在用很小比例下观察一个集合不规则性的极好量度，一种诗意的说法，分形维数“量化了物体细节的瀑流”。也就是说，当你沿着自相似的瀑流越走越深时，它决定了你能看到多少细节。如果结构不是分形的，如平滑的大理石，你将它的结构不断放大，将不会出现有意思的细节。而分形则在所有层面上都有有趣的细节，分形维数一定程度上量化了细节的有趣程度与你观察的放大率之间的关系。分维将成为测度用其他方法不能明确定义的一些性质的手段——一个对象粗糙、破碎或不规则的程度。我们讨论过的皮亚诺曲线、科赫曲线、谢尔宾斯基三角形等图形的维数都是分数的。

拓扑维数是比分形维数更基本的量，它取整数值，在不作位相变换的基础上是不变的，即通过把空间适当地放大或缩小，甚至扭转，可转换成孤立点那样的集合的拓扑维数是 0，可转换成直线那样的集合的拓扑维数是 1。所以拓扑维数就是几何对象的经典维数，在一般情况下，点是 0 维，线是 1 维，面是 2 维，体是 3 维；拓扑维数是不随几何对象形状变化而变化的整数维数。在 1982 年，曼德勃罗特提出如果一个集合在欧氏空间中的豪斯道夫维数总是大于其拓扑维数，则该集合就是分形集，简称分形。

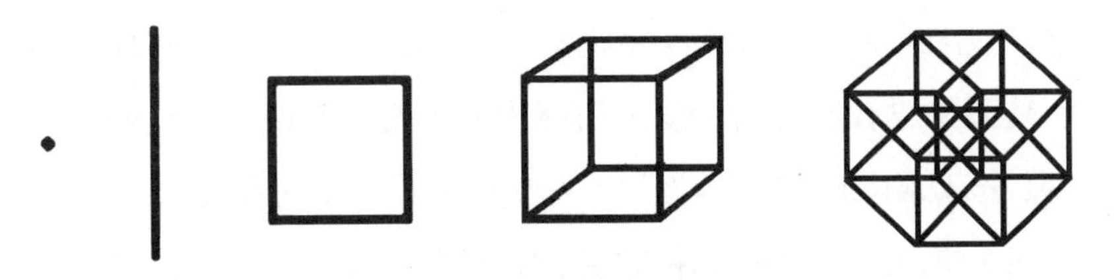

零维到四维空间图形

在欧氏几何学中，维数表示为确定空间中一个点所需独立坐标的数目。如图中分别显示了 0 维的点，1 维的线，2 维的正方形，3 维的立方体和 4 维空间中的超立方体。

分形和分维同其他数学概念一样，都是从客观存在的数和形的关系中抽象出来的。分形几何学为研究一类非规则几何对象提供了思想、方法和技巧等方面的总框架，它是一种新的数学语言。分形几何可以用来描绘自然物体的复杂性，通过分形的维数来测定自然物体的不规整性、复杂性，人们已经可以利用分形的维数来测量如河流、海岸线、树林、闪电、云彩、血管、神经网络等等对象的复杂度。简而言之，分形维数对自然作了更精细的描述。分形维数的概念激发了众多科学家的创新工作并进行令人着迷的思索，实际上这似乎让人觉得可以用分形维数从世界上的复杂现象和结构中发现新的秩序。除了豪斯道夫维大于拓扑维数的集合是分形之外，曼德勃罗特也提出了组成部分以某种方式与整体相似的形体也叫分形，这就是分形的自相似性。

三、分形的伸缩对称性：自相似性

从分形本身的性质来看。大自然的外貌、结构是非线性动力过程所造成的结果，我们也只能在非线性现象中，才能找到分形的踪迹，于是分形几何与非线性动力学有着密不可分的关系。曼德勃罗特为什么会产生分形维这个想法呢？因为在迭代过程中，他发现了自相似性和无标度性。分形具有任意尺度意义下无法测量的"自相似性"和"标度不变性"。这种局部和整体的特殊的、不可微的、无穷嵌套的"自相似性"，为人类认识自然和控制自然提供了新的工具。从局部看整体乃至控制整体，是人类认识史上的又一次飞跃。

一个系统的自相似性是指某种结构或过程的特征从不同的空间尺度或时间尺度来看都是相似的，或者某系统或结构的局域性质或局域结构与整体类似。一般情况下自相似性有比较复杂的表现形式，表征自相似系统或结构的定量性质如分形维数，并不会因为放大或缩小等操作而变化，这被称为伸缩对称性。

植物“落地生根”的叶子边缘长出与整体植物相似的部分，
这是典型的大自然分形的体现！（朱海松 摄）

对称性是科学中美的一个集中体现，用数学的语言就是对称是在某种变换（群）下保持不变的属性。比如我们熟悉的镜像对称、旋转对称、平移对称等都是这样的，这些都是精确的对称变换。但当我们研究复杂的非线性系统的时候，一种奇妙的自相似现象使我们不得不把对称性的意义延伸过去。一个对象的任意的局部都有与整体很强的相似并且是无限地重复下去，科学家自然要把这样的现象纳入到他们的简单性原则里，于是有了标度对称。它把相似性用一个简单的常数表示出来。

分形的对称性即表现了传统几何的上下、左右及中心对称。同时它的自相似性又揭示了一种新的对称性，即系统的局部与更大范围的局部对称，或说局部与整体的对称。这种对称不同于欧几里得几何的对称，而是大小比例的对称，具有仿射性，即系统中的每一元素都反映和含有整个系统的性质和信息。

自相似是一种特殊的对称性。所谓自相似性，就是指局部与整体相似，是指某种结构或过程的特征从不同的空间或时间尺度看都是相似的。另外，在整体与整体或局部与局部之间，也会存在自相似性。由于局部中又有其局部，而它们都是相似的，这样整体与局部都具有无穷尽的相似的内部结构，且在每一小局部中所包含的细节并不比整体所包含的少。因此，分形是有无穷自相似性的图形或集合。一般情况下，自相似有比较复杂的表现形式，而不是局部放大一定倍数以后简单地与整体重合。

之所以说中国拉面是分形的，在于拉面的自相似性显而易见，这是因为拉面的整体形态依赖于哪怕最细小的面条部分。以这种眼光来看，拉面的部分也就是整体，分形体系内任何一个相对独立的部分，在一定程度上都是整体的再现和缩影。拉面过程中，被拉出的每根细面是更多将被拉出细节的整体，因为通过任何面条部分的作用，拉面的整体过程以混沌和对称破缺的形式展现出来。所以这种可变的“部分”，是萌芽状态的整体。曼德勃罗特说自相似是指细节在递降尺度上能够复现，拉面的过程生动地展现了这种复现。

在网易著名的公开课TED(technology,entertianment,design)中，曼德勃罗特曾有一个关于复杂性的演讲，分析那些不规则与粗糙的复杂事物表面其背后形成的规律性和简单性，其中提到我们日常生活中经常食用的菜花(cauliflower)，曼德勃罗特说如果我们要尝试测量菜花的表面，用刀切下一小块菜花，会发现这一小块菜花与整个菜花很相似，不断的切，越来越小，每个小菜花都与大菜花有相似性。自相似性似乎是大自然中几何构造原理的基础。自相似是跨越不同尺度的对称性。它意味着递归，图案之中套图案。也可称为伸缩对称性。花菜不是一个经典的数学分形结构，但是通过个例子我们可以简单地让任何毫无数学基础的人明白自相似的意义。

菜花（cauliflower）表面的粗糙程度呈现自相似的分形结构（朱海松 摄）

自相似性这一概念延伸了初等几何的一个重要概念，即相似，如果两个物体形状相同就称为相似。从表面上看，自相似性的概念似乎不需要解释，大家可以顾名思义。不过从数学的角度对它进行精确的定义并不是一件容易的事。例如，对于任何实际存在的事物，如花菜，自相似只在少数几级成立。在某种尺度下，物质可以分解为分子、原子甚至基本粒子的集合，此时若把此类粒子作为该物质的微型复制品是很荒谬的，并且每个人结构上看，像花菜一类结构中的部分与整体绝不会严格相似，必须考虑到有一些变化，因此现在已经很清楚了，数学上有几种关于自相似的定义，无论在哪种情况下，我们把数学上的分形图形看成是在任意小尺度下都与整体相似的图形，而不像真实的物理对象那样。对于那些部分与整体相像但有些变化的分形图形，我们称为统计自相似性。曼德勃罗特抽象出了一整套描述分形几何的特征语言。自相似这个概念贯穿于整个分形理论中。

严格意义上来说，自相似概念与极限的概念是紧密联系在一起的。分形为极限问题的解决提供了新的途径，一方面分形可以利用反馈过程让极限可视化；另一方面，一些分形图形以其最完美的形式来展示自相似性。在数学理想情况下，一个分形结构的自相似可以延续至无限阶段。

事实上，无论是自然界中存在的分形图像，还是人为创造的分形图像，都具有自相似性。通常将其具有某种方式的自相似性的图像或集合称为分形。所谓自相似性，就是指局部与整体相似。这里的某种形式的自相似性，不只限于严格的几何自相似性，也可能是通过大量的统计而呈现出的不很严格的自相似性。分形是有无穷自相似性的图形或集合。

在真实世界中，自然界中的自相似并不是严格的，只是具有统计意义下的自相似性。分形既是秩序又是混沌，分形有着不同尺度上有自相似性，像太阳系的构造与原子的结构在某些方面具有惊人的相似性；在著名的网易视频公开课中，中国科学技术大学向守平教授的《认识宇宙》中，提到宇宙的尺度，我们人类生活的地球，在人类自身的尺度感觉中已经是超大的了，但地球只是太阳系的一个行星，而太阳系只是银河系千万亿颗星系中的一个小不点儿，而银河系只是更大尺度的本星系群中的普通一员，本星系群也只是本超星系团中的一点儿，本超星系团在宇宙背景下只是一粒尘埃！宇宙也是自相似、无标度的分形结构！在人体中的大脑、神经系统、血管、呼吸系统、消化系统等在结构上都具有高度的自相似性。自相似性具有无穷嵌套的特性，嵌套有层次或级别上的差别。自相似性是重要的分形原理，表征分形在通常的几何变换下具有不变性。

四、分形的尺度无关性：标度不变性

常言道“夫尺有所短，寸有所长。”用现代科学术语，就是说事物有它自己的特征长度，要用恰当的尺去测量。在建立和求解数学模型、试图定量地描述自然现象时，特征尺度是非常重要的。大自然中的所有形状和人们考虑的一切图形，可以分为两大类。一类是具有特征尺度的，例如人的身高，球的半径，建筑物的长、宽、高，等等。具有特征尺度的几何体有一个重要性质，即构成几何体的线或面都是光滑的。另一类是没有特征尺度的，如果没有特征尺度，就必须同时考虑从小到大的许许多多尺度（或者叫“标度”），这是非常困难的。比如湍流问题，所以没有特征尺度就是“无标度”性。例如夏季天空中翻滚的积雨云，北方冬季玻璃上的冰霜，以及极为普遍的湍流现象，小至静室中缭绕的青烟，大到木星大气中的涡流。这些所谓“无标度”的几何体，其实是分形的一个重要特征。标度不变性指在分形上任选一局部区域，对它进行放大后，得到的放大图形又会显示出原图的形态特性。因此，对于分形，无论将其放大或缩小，它的形态、复杂程度、不规则性均不会变化，所以标度不变性又称为伸缩对称性。

所谓标度是以大家公认的假设为基础，根据某套标准进行测量。人们熟悉两点间的距离，在欧几里得空间可轻易地测量长度，因为人们已经有了距离的标准假设，但是在混沌分形空间，在任意小的两点范围里，都隐藏着不可数的无穷集合在里面。换句话说也隐藏着不可数的图形和曲线在里面，无标度性指的是现有两点距离推广出来的所有尺度都无法精确测量，分形的特征是属于无标度的，我们熟悉的两点距离尺度是无法测量分形结构的。存在无标度性，就可以在不同的时空中进行尺度变换。

海洋生物万宝螺(Cypraecassis rufa)剖面,其内部结构呈现出局部和整体的无穷嵌套和伸缩对称的“自相似性”,体现了大自然的分形结构(朱海松摄于广东省博物馆)

由于不能用两点距离来测量不同的分形结构，这样度量两个分形集的“不规则”程度和“复杂”程度的客观工具是分形维数，分维就是新的测度。分形维数的重要性在于它们能够用数据定义，并且能通过实验手段近似地计算。分形维数已突破一般拓扑集的整数维的界限，引进了分数维，给出了一个分形集充满空间的复杂程度的描述。每个分形集都对应一个以某种方式定义的分形维数，这个维数值一般是分数的，但也有整数维的分形集。标度不变性是系统自组织的基础。

一般来说分形指的是“在任何尺度上都有微细结构”的几何形状。在与互相接触的表面的性质有关的一系列问题中，分形描述找到了直接应用。表面的分形几何学的一个简单而有力的推论是，相接触的表面并不处处接触。各种尺度的隆起阻止它们接触。甚至于在处于巨大压力下的岩石中，在足够小的尺度上也清楚地留有空隙，使得液体得以流过。一块破碎的镜子是永远也不可能再接到一起的，虽然从某种较粗糙的尺度上看它们彼此很好地吻合。在较细小的尺度上，不规则的隆起是不可能重合的，分形是观察无穷的方法，这就是“破镜不能重园”原理。

一块面到底能拉出多少细面条，能有多长，用现有的度量方式是测不出来的，需要新的测度，因为每根拉面都包含着无数的细拉面，以我们熟悉的欧几里得几何空间的度量方法是不可测的，因为拉面的过程是一个全新的时空动力行为，从理论上，任意缩小的细面条仍可拉出无数更细的面条，这是拉面的无标度性。自相似性和标度不变性是分形的两个重要特性。

分形是观察手段的相对结果。人们往往把云彩、海岸线、湍流等变化无常、无规则的自然形体都看成分形来描述，实际上，上述例子没有一个是真正意义上的分形，在真实世界中，自相似在无穷小的尺度上并不成立。当用充分小的比例观测时，它们的分形特性就消失了，然而，在一定的比例内，它们又表现出许多分形的性质。分形一般分成两大类，确定性分形和随机性分形。如果算法的多次重复仍然产生同一个分形图，这种分形称之为确定性分形。确定性分形具有可重复性，即使在生成过程中可能引入了一些随机性，但最终的图形是确定的。随机分形指的是尽管产生分形的规则是确定的，但受随机因素的影响，虽然可以使每次生成过程产生的分形具有一定的复杂度，但是形态却会有所不同。随机分形虽然也有一套规则，但是在生成过程中对随机性的引入，将使得最终的图形是不可预知的。即不同时间的两次操作产生的图形，可以具有相同的分维数，但形状可能不同，随机分形不具有可重复性。

到目前为止，分形的数学理论还没有形成公理化结构的理论体系，是不完备的。但是“分形理论与思想”所赋予人们新鲜的、创造性的理论思维，是丰富多彩的，是无限的创新源泉。分形理论的出现再一次说明“物理、几何的直观对于数学问题和方法是富有生命力的根源”这一哲理的深刻性；分形的概念再一次唤起人们对欧氏空间测度概念的转变，促使人们进一步寻找和认识反映客观自然的新的时空观。

五、计算之美：混沌分形图

前文介绍的曼德勃罗集是在复数平面上对数学公式“$Z=Z^2+C$”进行反复迭代而得到的。人们自然而然地会想如果对其他形式的公式进行迭代，又会得到什么结果呢？实际上早就有数学家尝试对一系列数学公式进行反复运算，获得令人惊叹不已的一幅幅生物形态图。复杂生物形态的模拟成为分形几何学的一个重要应用研究方向。分形几何学能为自然界中存在的各种景物提供逼真的描述。这些景观或植物形态复杂、不规则，采用传统的几何工具进行描述非常困难，而分形模型却能很好地描述自然景物，因为自然界中的许多实际景物本身就是分形的，反过来，按照分形几何方法构造的图形非常像许多自然景物，在计算机上进行的绘制自相似集的计算，已经能够高仿真自然界中真实存在的图案。无论是山脉、树叶、河流等都可以通过分形的数学手段生成。我们的美感是由有序和无序的和谐配置诱发的，正像云彩、山脉、雪花等这些天然对象一样。所有这些物体的形状都是凝成物理形式的动力过程，它们的典型之处就是有序与无序的特定组合。任何几何形状都具有一定尺度，即特征尺度。在曼德勃罗特看来，令人满足的艺术没有特定尺度，就是说它含有一切尺度的要素。

混沌学与分形很大程度上依赖于计算机科学的进步，这对纯数学的传统观念提出了挑战，计算机技术不仅使两个领域中的一些最新发现成为可能，同时因其图形直观的表现形式也极大地激发了科学家与公众的兴趣与认识，起到了推广作用。计算机实验数值方法在探索混沌分形图中隐含的无限的多层次的复杂性的过程中起到了关键作用。对于绝大多数的非线性、不规则几何等复杂问题的处理，数学的解析方法几乎无能为力，例如，解决流行病过程，工业控制，非线性微分方程的求解和研究由它所描述的复杂现象及过程的时间演化与动态行为，只能依靠计算机实验数值方法。数值方法开创了复杂性科学研究的重要方法。所谓数值方法就是对系统模型进行数值求解，从而把握系统的运行规律。在以前的观念中，认为计算并不能发现什么新东西，因而数值方法只是一种辅助性的方法。但复杂性研究发现，许多复杂性的新现象和新规律都是通过数值计算发现的。混沌现象的发现本就是计算机数值计算的一个经典案例。1961 年，美国气象数学家洛伦兹通过计算机数值计算发现了著名的“蝴蝶效应”。美国数学家约克和李天岩用数值迭代的方法发现了“周期三导致混沌”，从而用数值的方法找到一条通向混沌的道路。美国数学家费根鲍姆则通过多年的函数迭代等数值计算，发现了混沌的倍周期分岔现象，找到了通向混沌的普适道路，发现了著名的费根鲍姆常数，体现了混沌是自然系统的内在固有的机制。分形理论的创始人曼德勃罗特也是通过迭代的数值方法，利用计算机对康托尔集、科赫曲线等原来认为是病态的图形进行重新构造，从而开创了分形几何的时代。它能对理论分析上难以处理的复杂问题给出丰富的、系统性的、感性而生动直观的启示。特别是四维的动态图像显示技术，为非线性系统的深化过程、细微构造提供了无与伦比的逼真图像，直接模拟客观世界的现象与规律，让人们真切地看到了"计算之美"。计算机实验数学开创了非线性科学复杂系统研究的新途径，是我们研究混沌分形图的最重要方法。

分形与混沌的一致性并非偶然，在混沌集合的计算机图像中，常常是轨道不稳定的点集形成了分形。所以这些分形由一个确切的规则（对应一个动力系统）给出：它们是一个动力系统的混沌集，是各种各样的奇异吸引子。因此，分形图像的美丽就是混沌集合的美丽，对分形图像的研究就是对混沌动力学研究的一部分。混沌分形图提供了对其深入研究的新现象、新图形、新规律和新猜想，显示出"图中嵌图、形中镶形，拉压与折叠、统计自相似，无限周期有稿性、混沌分形有新序"的特点。把复杂抽象的混沌分形集合用计算机构造出直观生动的可视化图像，便于发现难以在头脑中形成鲜明直观的图像的新规律、新原理和新现象。我们认为计算机在新的研究领域中应用基础研究的目标首先以研究计算机算法为核心和突破口，构造与证明一批复杂的混沌分形现象，直观形象地显示它们的混沌分形特点，为发现未知的新规律、新猜想创造有利条件。

混沌分形图具有极其复杂、千奇百怪和宏观稳定微观无穷无尽杂乱无章现象，它向人们表明了混沌分形理论的惊人信息：简单的确定数学模型可以产生看似随机的行为。混沌分形图的和谐是一种数学上的和谐，每一个形状的变化，每一块颜色的过渡都是一种自然的流动，毫无生硬之感，绝妙的是，这些美丽的图形都是通过计算机“计算”出来的；一个具有丰富结构、层次、色彩、物化意向的分形图像几乎不可以在一个随意的迭代中产生。一个具有很好的艺术效果的分形图像是创作者经过许多的实验，在一些结构上产生联想，进而通过技巧和更多的实验得到的。在分形的创作中随机因素起到很重要的作用。因有了随机性就有了丰富的结构造型资源和色彩组合模式，人的想象力可以在随机出现的东西里被激发出来。分形图可以体现出许多传统美学的标准，如平衡、和谐、对称等等，但更多的是超越这些标准的新的表现。

可以说，“分形艺术”是纯数学产物，是计算机通过一个或几个简单数学公式“计算”出来的，从事分形艺术创作的人要研究产生这些图形的数学算法，这些算法产生的图形是无限的。它们没有结束，你永远不能看见它的全部。你不断放大它们的局部，也许你可能正在发现前人未曾见到过的图案。这些图案可能是非常精彩的。它们与现实世界相符合，从浩瀚广阔的宇宙空间到极精致的细节，是完全可以用数学结构来描述的。分形图像的美丽使人陶醉，绘制分形图像的方法各种各样。逃逸时间算法是利用动力系统产生奇妙分形图的常用算法。在分形图的构造过程中迭代函数系概念是“确定性算法”及“随机迭代算法”的基础。迭代函数系与动力系统是不可分割的一个问题的两个方面，在一定条件下，迭代函数系中的变换是相应动力系统中变换的逆变换。实际上，动力系统是一个拉伸变换，而迭代函数系是一个压缩变换。在混沌分形图中更多的是分岔、缠绕、不规整的边缘和丰富的变换，它给我们一种纯真的追求野性的美感，一种未开化的、未驯养过的天然情趣。分形艺术正在形成一种新的审美思想和一种新的审美情趣。

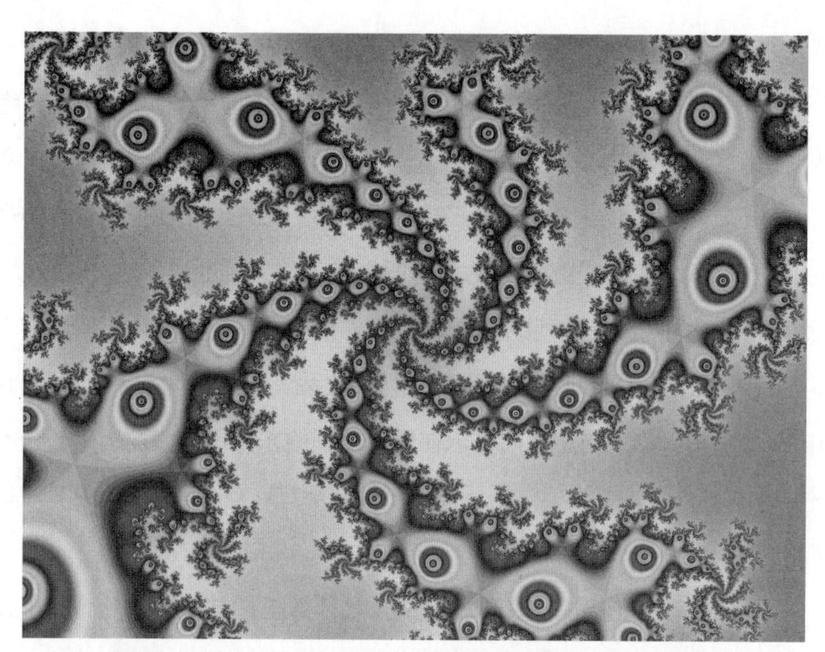

混沌分形图:《八爪鱼》东北大学软件学院混沌分形研究室提供

混沌分形图:《凤凰涅槃》东北大学软件学院混沌分形研究室提供

混沌分形图:《混沌球》东北大学软件学院混沌分形研究室提供

在艺术领域公认有两次最大的创新,一次是文艺复兴,另一次是21世纪初兴起的现代艺术。两次大的变革都与几何学的变革有关。前者与三维透视几何有关,后者与N维几何和非欧几何有关。分形几何作为一门新几何学正在注入我们的文化,分形之美是一种几何学之美,分形美是通俗易懂的。从柏拉图式的经典几何到分形几何的范式转换,人们感受到了从规则到不规则、从有序到无序、从简单性到复杂性等思想走向。分形图具有强烈视觉效果和丰富的内在结构,分形图像可以十分逼真地模拟自然景物,甚至构造出难以想象的梦幻般的美丽图像。分形的确贴近人们的生活,因而由分形而来的分形艺术也并不遥远,普通人也能体验分形之美。经典的分形图有三类,一类是曼德勃罗集,一类是洛伦兹发现的"奇怪吸引子",第三个是蕨叶(Barnsley)。蕨叶在于它的图像看起来非常像一个自然界中的蕨叶，但它的构造的数学范畴和皮亚诺曲线、谢尔宾斯基三角形、科赫曲线以及康托尔集是一样的。

许多混沌分形图美得令人窒息，它的美让人思索它们在超大和超小尺度上的无限性。观者往往对分形图产生的审美愉悦赞叹不已。这些独特而奇妙的“混沌分形图”是分形几何学与计算机图形学相结合的一个新的研究领域，已经从理论研究进入了应用研究，同时也是产生新思想和原始创造力的源泉。混沌分形在保密通信、信息压缩等领域有重要应用。分形图可以用于电影、动画、纺织印染、建筑装饰等需要艺术图案的场合，创造出艺术家见了也会流连忘返的新奇图像，给人以科学与艺术完美结合的超凡享受。这些独特而奇妙的，富有大自然魅力的“混沌分形图”不仅特别令人赏心悦目、惊叹不已，而且“被认为是至今所看到的最为复杂的科学研究对象之一”，是现代科学与艺术的结晶。

六、混沌是时间的分形，分形是空间的混沌

1976 年，美国生物学家罗伯特梅在《自然》杂志上发现了《具有极复杂的动力学的简单数学模型》；不久，又同样在国际著名的杂志《自然》上发表了曼德勃罗特的《英国的海岸线有多长？》；1978 年，美国物理学家费根鲍姆在《统计物理学杂志》上发表了关于普适性的文章《一类非线性变换的定理的普适性》，这三篇具有代表性的文章轰动世界。正是普适性和混沌分形图的研究使混沌分形学确定了自己的坚固学术地位。分形几何学不仅是更接近自然现象的几何学，而且也正是混沌现象的几何学。

大物理学家约翰 · 惠勒（黑洞的命名者）说过，在过去，一个人如果不懂得熵是怎么回事，就不能说是科学上有教养的人。惠勒坚信，将来“一

个人如果不能同样熟悉混沌与分形，他就不能被认为是科学上的文化人。”到目前为止，混沌和分形虽然还没有形成精确的理论体系，但是却揭示了事物的内在本质。混沌是研究自然界非线性系统内部随机性所具有规律的科学，而分形理论是与混沌紧密联系的一门新兴学科，它研究非线性系统内部的确定性与随机性之间的关系，它们是自然界中普遍存在的现象。

混沌和分形的关系，分形是一个有关状态和存在的科学。混沌是一个有关动力学过程和演化的研究（描述）。混沌空间的投影和静止状态就是分形，或者说运动过程的结构本身就是分形。混沌是在时间方向上的分形，分形是在空间形式中的混沌。分形与混沌学有着分不开渊源。它们虽然有不同的起源和不同的发展过程，但是这两门学科的本质与内涵决定了它们必须会紧密地联系在一起，混沌和分形是一个问题的两面，是一个有机结合的整体。混沌作为一个科学观念与概念，是指一个系统对它的初始状态具有敏感的依赖性，从而在系统中出现一种内在的随机性；它是一种关于过程和演化的科学。在混沌运动的过程中，不同的运动就有不同的结构。物体运动过程当中会产生形形色色不同的物质分布结构，这个结构就是空间。混沌空间的投影和静止状态就是分形，混沌动力系统的吸引子即奇怪吸引子是一种稳定定态，可以用分形来描述。分形是关于状态和存在的科学。混沌运动过程的结构本身就是分形。混沌是时间的分形，分形是空间的混沌。混沌理论在系统尺度上对系统的演化过程进行研究，以发现影响其变化的内在因素以及在不同时间标度下的变化，并做出描述。而分形，则是以不规则过程和形式作为研究对象，其研究对象刚好与混沌系统中稳定结构相符合。

分形与混沌的一致性并非偶然，而恰恰是它们之间密切关系的一个见证，这在曼德勃罗集中得到了最好的体现。曼德勃罗集是一个数学发现，某些科学家甚至将它描绘成数学中能看到的最复杂、也许是最美丽的东西，然而，它最迷人的地方才刚刚被发现，即：它可以被解释成无穷多种算法的图解百科全书，它是一个组织得非常高效的图像库。同时，它也是混沌中关于有序的一个极好例子。

进入 20 世纪 80 年代中期以后，各个数理学科几乎同时认识到了分形概念的价值，人们惊奇地发现，哪里有混沌、湍流和复杂，分形几何学就在哪里登场。对混沌分形理论研究的重要性由此凸显出来。今天混沌与分形的结合日益紧密。混沌和分形理论的诞生是二十世纪数学和物理学的一次革命，是对传统的数学和物理学及思维方式的突破。在某种意义上，分形几何首先是一种用于描述、分析和为自然界中发现的复杂形式建模的新"语言"。"传统语言"——著名的欧几里得几何的元素是看得见的基本的线、面和体，而"新语言"的基本元素则难于直接观察，它们是一些只有在计算机帮助下才可以转化为形状和结构的算法。此外，这些算法元素的数量是无穷尽的，它们为我们提供了强有力的描述工具。一旦这一"新语言"被掌握，我们就可以像利用传统几何描述房屋一样很容易地精确描述云朵的形式。

由于混沌分形的非线性、随机性、耗散性和无标度性，一些图形在原有欧氏空间度量长度意义下，其长度为零或无穷大，给人们研究非线性复杂系统带来认识论及计算上定量分析的巨大困惑。显然，这是对以欧氏空间为出发点的，在黎曼测度和勒贝格测度基础上建立起来的微积分理论的一个重大挑战。目前，国际上许多著名学者为解决这一重大问题，大致采用三类研究方法和技术路线，第一类是以美国曼德勃罗特和费根鲍姆等为首的物理几何方法研究学派，以发表《大自然的分形几何》和《一类非线性变换的定理的普适性》（费根鲍姆常数 =4.669201609）等著作和文章而闻名，借用物理直觉和物理学中量纲概念转化获得与分形维数有关的长度、面积、体积等一系列新测度公式，通过物理实验和倍分叉计算寻找通向混沌的临界状态的费根鲍姆数和李亚普诺夫（Lvapunov）判据。第二类以德国裴特根（Heinz-Otto Peitgen）等为首的计算机混沌分形可视化影像学派，该学派把复杂的极其抽象的混沌分形现象，即难以在人们头脑中形成生动鲜明的直观图像，通过计算机新算法构图，直观而生动地呈现千变万化的复杂混沌分形状态，便于人们发现新现象新规律，第三类以英国的法尔科内等为首的分形几何的形式逻辑学派，他们用曼德勃罗特和豪斯道夫测度概念定义的分维数，用拓扑空间概念，人为地建立“不动点集合”的测度、分维数等一系列数学概念，使“不变性点集”在新的拓扑空间中进行度量的定量与定性分析。由于他们大量借助集合论、拓扑学中纯数学符号的形式逻辑推导，追求数学概念自身的完美性，使广大读者受纯数学符号的困难和干扰，很难使这些数学结果进一步揭示混沌分形的物理本质。

混沌分形理论应用于许多学科：数学、编程、微生物学、生物学、计算机科学、经济学、工程、财务、哲学、物理、政治、种群动态、心理学、和机器人技术。混乱的行为在本质上包括：天气的变化、太阳系中卫星的动力学、磁场的时间演化的天体、在生态、人口增长、在神经元动作电位的动态、分子的振动。目前混沌理论也被应用于医学研究癫痫。跨越学科界限，是混沌分形研究的重要特点。

混沌与分形正在成为具有严格定义的科学概念，成为一门新科学的名字，它正在促使整个现代知识体系成为新科学。甚至新科学最热情的鼓吹者宣称，20 世纪的科学理论有三件个将被记住：相对论、量子力学和混沌。相对论排除了对绝对空间和时间的牛顿幻觉；量子力学排除了对可控制的测量过程的牛顿迷梦；混沌则排除了拉普拉斯的决定论的可预测的妄想。在这三大革命中，混沌革命适用于我们看得见、摸得着的世界，适用于和人类同一尺度的对象。中科院院士郝伯林教授在《混沌：开创新科学》一书序言中写道："普适性、标度律、自相似性、分形几何学、符号动力学，重整化群等等概念和方法，正在超越原来数理科学的狭窄背景，走进化学、生物、地学，乃至社会科学的广阔天地。越来越多的人认识到，这是相对论和量子力学问世以来，对人类整个知识体系的又一次巨大冲击。"

国际著名科学家李政道教授在《科学》(1997,Vol,49,No.1)上指出："1996年5月底在北京中国高等科技中心，混沌与分形创造人费根鲍姆、曼德勃罗特等与中国学者一起讲座的就是关于'复杂与简单'的科技课题"。他再一次强调了研究混沌分形与混沌分形图的重大意义。在我国的"国家攀登计划"中，有关非线性科学纳米材料科学、生命科学、混沌保密等项目中，列举了有关混沌分形理论及其应用的内容，并指出这是一项具有跨学科前沿交叉性特点的基础性和应用性的研究，具有广阔的应用前景。

混沌分形研究的进展，无疑是非线性科学最重要的成就之一。它正在消除对于统一的自然界的决定论和概率论两大对立描述体系间的鸿沟，使复杂系统的理论开始建立在"有限性"这个更符合客观实际的基础之上。到目前为止，混沌分形的数学及计算机构造理论还没有形成公理化结构的理论体系，是不完备的。但是，"混沌分形理论与思想"所赋予人们新鲜的、创造性的理论思维，成为21世纪基础科学的前沿之一。

第六章

从封闭到开放

一、热力学定律

二、克劳修斯：熵是无序的度量

三、爱丁顿：熵增是不可逆的时间之箭

四、玻尔兹曼：熵增的概率解释！

五、负熵与信息论

六、热寂说：世界的末日

七、达尔文的进化论与热寂说的矛盾

八、对热寂说的反驳：远离平衡的开放系统

一、热力学定律

自然界存在两种最普遍、最简单的运动：宏观物体的位移和热运动。法国科学哲学家孔德认为，自然界存在最普遍的现象：引力与热。引力是吸引，热是排斥。在一定意义上说，热运动比机械运动更普遍和更简单。机械能可以转化为热能，但热能不可以自发转化为机械能。机械运动是有方向的。热则是分子的无序运动。热力学对于认识自然的本质，具有更为基本的意义。热力学向我们展示了物理世界中存在着一个动荡、耗散、衰退、无序和解体的景象。在现实中，不同热运动相联系的机械运动是不存在的。而力学偏要割断这种联系。这是牛顿力学的一个局限。热力学第二定律表明，热力学来自力学，却是力学机械论的"叛逆"。牛顿力学的一个特征是排除热现象。

19世纪中叶，人类已掌握了三套基本物理定律：牛顿力学定律，麦克斯韦的电磁学定律和热力学三定律。唯有热力学第二定律不仅超越了力学机械论，而且向物理学机械论发出了严峻的挑战，是复杂性研究的一个起点。**热力学是复杂系统的科学**，热力学的优越性在于，它建立了不依赖于系统结构细节的普遍定律。热力学与时间性质之间存在深刻的本质联系。热力学并不是一堆经验规律的集合，它具有自己的严谨体系。它从几条源于实践的基本定律如能量守恒、各类永动机不可能实现等等出发，以推理的办法把宏观物体的特性联系起来描述，这种宏观描述既成功又实用，至今仍然是许多技术科学的基础。经典热力学有四个定律，第零定律，第一定律，第二定律和第三定律。

"热力学第零定律"是说如果两个热力学系统中的每一个都与第三个

热力学系统处于热平衡（温度相同），则它们彼此也必定处于热平衡。热力学第零定律的重要性在于它给出了温度的定义和温度的测量方法，保证了时间可以定义。热力学第一定律是能量守恒定律，人们认为能量守恒定律是自然界的一个普遍的基本规律。这是指时间的均匀性；热力学第二定律表达了时间的流逝性，并且有不可逆的方向性。热力学第三定律通常表述为绝对零度时，所有纯物质的完美晶体的熵值为零，或者绝对零度（T=0）永远不可达到，表达了时间无始无终的无限性。从统计力学的观点来看，第三定律是物质微观运动的量子力学本性的结果。

热力学第一定律的实验基础是热功当量的测定，其理论基础与热机效率密切相关。卡诺、迈尔、焦耳等人理论和实验为热力学第一定律作好了准备。热力学第一定律表述为："在一切热做功的过程中，产生的功与消耗的热量成比例，反之，通过消耗同样大小的功，将产生同样数量的热量。"克劳修斯的第一定律表述蕴含了第二定律的萌芽。在热机研究中，科学家面临一个基本事实是，在热功转化过程中，热机所吸收的热量大于做功所需要的热量。如何从理论上解释这些现象，这就导致了热力学第二定律。

克劳修斯在1854年发表的论文中，把热力学第二定律表述为："热不可能从冷体传到热体，如果不因而同时引起其他关系的变化。"1875年，克劳修斯又把热力学第二定律表述以下两个等价的命题："热不可能自发地从一冷体传到热体"或"热从一冷体传到热体不可能无补偿地发生"。这两个表述都是关于"不可能"的命题，指出"自发"就是无补偿的意思。

热力学第二定律用物理学的语言告诉我们，没有什么是永恒的。它指出，可以做功的能量会越来越少，这一过程虽然缓慢，却确实存在。不管是冰箱的运转，还是宇宙黑洞的物理规律，都遵循热力学第二定律。有些宇宙学家甚至在思考，这一定律会不会带来宇宙的终结。

绝对零度不可能达到，这是热力学第三定律。德国的能斯特(1864—1941)在 1905 年提出。热力学第三定律是由绝对温度来表达的。绝对温度是由开尔文于 1848 年首创的。开尔文认为测量温度的问题是物理学的一个重要问题，因为热机做功的关键问题是热量和温差，所以应当有统一的温标。

1802 年，法国化学家盖・吕萨克证明压强不变时，任何气体当升高相同温度时，体积会膨胀相同的比例，即任何气体都具有相同的热膨胀系数。他用实验揭示了定量气体在恒定压强下，气体体积与温度间的关系。研究发现，气体在 0℃也能继续降温变冷，温度每降低 1℃，气体的体积就会减小 0℃时的 1/273。人们意识到，从这个看似寻常的结果中可以得到一个不太寻常的推论：如果恒压下一直给气体降温(假设能一直维持在气体的状态不液化为液体)，那么当温度下降到 −273℃时，气体的体积就会减到 0。这时如果继续降温会发生什么呢？体积变为负值吗？似乎不太可能。于是，人们就大胆猜测，在 −273℃时，气体的体积将变为 0，不能再减小了，此时就达到了理论中的最低温度。这便是人们对“最低温度”最早的认识。

1848 年，英国物理学家威廉・汤姆森(开尔文)发表了一篇题为《关于一种绝对温标》的文章，他将该温标的 0 点规定在了温度的最低值，大约在 −273℃左右(没错就是在刚才的假想情形中，气体体积为 0 时的温度)。后来人们将这个数精确到 −273. 15℃，这就是我们常说的绝对零度。绝对温标就是以绝对零度作为温度的计算起点，即 −273. 15℃ =0K。绝对温标最显而易见的好处是不存在负值。此外，绝对温标不依托于具体的物质，它没有用水或任何物质来标定温度，完全从理论上给出了定义。

K- 开尔文，简称开，是表示热力学温度量的计量单位，因英国物理学家开尔文勋爵而得名。开尔文，原名威廉 · 汤姆逊，1851 年提出热力学第二定律，根据卡诺热循环理论创立了绝对温标，后称开氏温标。

能斯特对热化学进行了长期研究，1912 年他在《热力学和比热》中说："不可能通过任意材质本身的原因从低温降至绝对零度。""若由实验事实得出固体的比热在低温时向零度趋近，则就会形成如下结论，不可能通过无限的范围发生的过程将物体冷却到绝对零度。这两种说法是一个意思：绝对零度不可达。"

热力学第三定律揭示了热运动的特殊性：它在空间上比其他运动形式具有更广泛的普遍性。并在时间上具有永恒性。

热运动不可能完全转化为其他的运动形式。因此，热运动具有一定的独立性。它可以不伴随别的运动形态而独立存在。其实，热力学第二定律已经指出，机械功可以一部转化为热，但任何热机都不可能连续不断地把受到的热量全部转化为功。把热力学第二定律进一步引申，推导就接近了第三定律。这表明热力学第二定律是热力学的核心。

二、克劳修斯：熵是无序的度量

爱因斯坦曾经苦思冥想：哪一条科学定律是当之无愧的最高定律？最后的结论是：一种理论前提越为简练，涉及的内容越为纷杂，适用的领域越为广泛，那这种理论就越为伟大。经典热力学就是因此给我留下了极其深刻的印象。我相信只有内容广泛而又普遍的热力学理论才能通过其基本概念的运用而永远站稳脚跟。

热力学探讨的是宏观层次的演化形式。德国的克劳修斯 1850 年提出的热力学第二定律的表述为：热量不能自动地从低温物体传向高温物体。开尔文在1851年提出的热力学第二定律的表述为：其唯一效果是热全部转变为功的过程是不可能的。那些在这一过程中损失掉的不可测的热被称为“熵”。熵这个名称是克劳修斯根据两个希腊字发明出来的，意思是“转移的量”或者“发生变化的能力”。他引入了一个新的热力学量来表示并计算不做功的能量，并在后来把它命名为“熵”(entropy，希腊语“转化”的意思)在热力系统中，可以把熵想作是无序的程度。低熵的状态有高度的秩序。克劳修斯推断，熵一定会不断增大。两个物体，一个温度很高、个温度很低，把它们并排放在一起，这两个物体就形成了一个低熵的系统。热从温度高的物体传递到温度低的物体，而不是相反，最终两个物体温度相同。这时，两个物体就变成了一个高熵的系统。

热力学第二定律的内涵比开普勒三定律、牛顿力学三定律、电磁学定律都更为丰富和复杂。热力学定律属于演化物理学，涉及自然演化的过程和方向，反映了自然更深层次的本质。克劳修斯：“热并不是一种物质，而是存在于物体的最小粒子的一种运动”。

在19世纪中叶，德国物理学家鲁道夫·克劳修斯，在研究蒸汽机效率的问题，并发明了熵的概念，以帮助测量无法转化为有用工作的无用的能量。几十年后，路德维希·玻尔兹曼(熵的另一个“奠基人”)用这个概念解释了无数原子的行为：即使不可能描述一杯水中每个粒子的行为，也仍然可以预测使用熵公式加热时它们的集体行为。

1923年5月25日德国科学家普朗克来我国讲学用到Entropy这个词，胡刚复教授翻译时就把商字的左边加了个火字来代表Entropy。从而在我国的学术圈里出现了“熵”字。可以说从20世纪20年代到40年代熵字就出现于大学的理科教材里。但是现在我们的很多教科书都把

"熵"这个概念给删掉了，令很多人对这个概念至今仍非常困惑。

熵是这样一个量，它在有耗散的情况下不停地增长，当所有进一步做功的潜力都已耗尽，它就达到了极大值，也就是最大无序性。按照克劳修斯对第二定律的说法，在可逆过程中熵的改变是零，而在不可逆的过程中，熵总是增加的。克劳修斯在总结热力学第二定律时说："世界的熵（即无效能量的总和或者无序性）总是趋向最大的量的"。熵是有真实意义的，它量度着无序。"在一个封闭的系统里，物质的熵最终将达到最大值"。熵是无序的量度。如果熵是衡量不可知的。反过来，可知的就是负熵，负熵也是信息。

用"秩序"表述热力学三定律

第一定律是孤立系统的秩序是不变的

第二定律是无序程度总是增加的

第三定律是无序是永远存在的。

在热力学中，时间扮演着一个重要角色。经典力学中，时间是可逆的，因此并非方程的一部分。在热力学第二定律中，一个系统的熵只可能增加。**复杂性总是伴随着不可逆性**。熵可以被视作系统"无序"的度量。随着系统转化能量，可利用的能量越来越少，系统中"无序"在增加。

三、爱丁顿：熵增是不可逆的时间之箭

热力学第二定律是关于不可逆的定律。克劳修斯强调的是热传导的不可逆性。开尔文强调的是热功转化的不可逆性，即热与功之间存在着不

对称性。不可逆性都是自发过程中的能量的贬值、退化或耗散:“能量逐渐从能做功的形式转变为不能做功的形式,从有序能量转化为无序能量,熵增就是能量的贬值,能量虽未减少,但利用率却在下降。麦克斯韦:“把一杯水倒入大海,就不可能把它舀回来!”通过热力学,哲学家们发现了时间之箭。时间是不可逆的。在热力学第二定律里,熵度量一个系统可变的能力,它跟时间有密切关系。熵增大方向是时间流逝方向的指路标。英国物理学家亚瑟·爱丁顿爵士直接说:“熵是时光之箭。”

克劳修斯认为熵的概念具有普适性。1865 年他说:“第二定律所说明的事实是,自然中出现的一切变换,都是在所谓”正“的意义下自行出现的,即得不到补偿的。但是,它们在反面的或”负“的意义下出现的唯一方式就是有同时出现的正变换对之进行的补偿。这种定律在宇宙方面的运用,出现在宇宙中的一切变化状态,如果正的变换超过了负的变换,那么宇宙的一般情况将出现越来越多的正的变换,于是宇宙将坚定地趋于终极状态。”克劳修斯的著名表述:“宇宙的能量守恒,宇宙的熵增加。”

既然出现了一个负的变化,就必须出现一个正的变化作为补偿,而正的变化可以单独出现,那自然界的正的变化就会越来越大。克劳修斯发现,宇宙中的一切都是从无序到有序,最终又回归无序的状态,包括生命,他将这一定律称为熵增定律,并且试图以此推测宇宙的演化。根据相关研究,熵增定律的确存在于宇宙的各个方面,生命之所以能够尽可能延长,在一定程度上其实是我们能够通过获得营养来抵抗熵增。

熵是无序的度量,用“熵”的概念表述热力学三定律如下:

热力学第一定律是孤立系统中熵不变的定律。

热力学第二定律是熵增加的定律。

热力学第三定律是熵不可能为零的定律。

爱因斯坦常常说："时间是一种错觉。"热力学是专门研究有时间方向的不可逆过程的一门学科。自然界既包括时间可逆过程，又包括时间不可逆过程，但公平地说，不可逆过程是常规，而可逆过程是例外。我们对时间流逝有方向的感觉，一面固然被经典力学、相对论、量子力学搞乱，另一面却从热力学中得到支持。如果热力学第二定律成立，时间应该有一个开始。大爆炸宇宙学告诉我们，时间有一个开始，我们的宇宙开始于137亿年前，在这以前，谈时间没有意义。按照热力学第二定律，不可逆过程产生熵。相反，可逆过程使熵保持不变。时间可逆过程不因时间反演而改变的运动方程所描述，经典力学中的牛顿方程或量子力学中的薛定谔方程皆如此。

诺贝尔奖得主、比利时科学家普利高津说："科学就是人与自然的对话。"他通过研究非平衡物理学和非平衡化学表明，时间之矢是秩序的源泉。不可逆性既导致有序也导致无序。不可逆性导致了诸如涡旋形成、化学振荡和激光等许多新现象，所有这些现象都阐明了时间之矢至关重要的建设性作用。

时间的不可逆性令普利高津着迷，他认为时间并不是单纯的流逝，而是演化。他说："薛定谔写的《生命是什么？》深深地打动了我。在这本书的末尾，薛定谔发问，生命的组织结构是从哪里来的？生命是如何进行复制的？生命中存在某种稳定性吗？他回答说：'嗯，我不知道，或许生命具有无摩擦摆那样的工作方式。'但40年前我有了另一个看法。我的看法恰好相反。我认为，在某种程度上正是因为摩擦和与外界交换能量，结构才能以某种方式产生"P249《湍鉴》。

普利高津坚信，时间先于存在。大爆炸是与产生我们宇宙的介质内的不稳定性相联系的一个事件，它标志着我们宇宙的起源，但不代表时间的起源。所以，时间就是空间的机遇。

四、玻尔兹曼：熵增的概率解释！

在19世纪末，科学家们认为热力学与牛顿动力学之间是不可调和的。对于相信原子说的人来说，左右气体分子运动的是牛顿的物理学，但是要用牛顿的运动定律来确定多到无法计数的气体分子中每个分子的运动，这是不可能做到的。1860年，物理学家麦克斯韦在没有对任何单独一个气体分子的速度进行测量的情况下把握了气体分子的运动情况。麦克斯韦在气体分子无休止地互相碰撞并与容器四壁碰撞的情况下，利用统计学和概率理论，算出了它们最有可能的速度分布规律。这种引入统计学和概率理论的方法即大胆又新颖，这极大地启发了比麦克斯韦小13岁的玻耳兹曼。从微观层次到宏观层次过渡的问题是物理学的发展至关重要，起着承上启下的作用。玻尔兹曼第一个发起了这个挑战。路德维希·玻尔兹曼(Ludwig Edward Boltzmann，1844—1906)是奥地利首屈一指的物理学大师，他作为统计力学的伟大奠基者，成了当时物理学正处在重大转型历史时期的关键性人物，是19世纪的麦克斯韦(J. C. Maxwell)和20世纪的爱因斯坦(A. Einstein)之间的承上启下的关键人物。热力学是描述物质宏观属性和宏观现象的理论，处理的是热、温度、压强之类的物理现象，而统计力学假设微观世界的存在，从一些关于微观粒子的简单假设导出关于宏观现象的热力学，这是一个极端简洁优美的理论！

然而，这样一种理论与观测世界存在一个巨大的矛盾。热总是从温度高的物质传导到温度低的物质；这是热力学第二定律描述的现象。这样一个观测事实与原子分子假说是矛盾的。因为原子分子假说如果满足牛顿力学的运动规律，是可逆的！微观粒子运动的可逆性与宏观现象的不可逆存在一个巨大的矛盾！

1822年，法国的傅立叶已看出热力学与力学有很大的不同。“存在着范围极广的各类现象，都不是由机械力产生的，而完全是由于热的存在和积聚的结果，这一部分的自然哲学不能在力学理论的下面。它有本身所特有的原则。”

于是，研究热力学出现了两种观点，一个是从宏观角度研究能量变化的规律，以马赫、奥斯特瓦尔德为代表；另一个是从微观角度探讨热力学的微观机制，以玻尔兹曼为代表，玻尔兹曼说：“当代的原子理论能够对于所有的力学现象给出合理的图像。图像还进一步包括热的现象。”

统计力学把热现象解释为大量原子分子的无规则运动，热力学行为是大量无规则运动的原子分子的平均效应。并以统计的方式推导出热力学定律。统计力学的前提是承认原子、分子的存在。当时以马赫为代表的实证主义否认原子的存在，因为“看不见”，实证主义相信“眼见为实”。

在克劳修斯的年代，热被认为是某种从一个系统流向另一个系统的流质，而温度则是系统受热流影响的一种属性。在玻尔兹曼的时代，科学界开始流行一种新的关于热的观念：系统是由分子组成，而热则是分子运动的产物。玻尔兹曼坚信原子论，他相信热现象一定可以由大量原子的运动进行解释。19世纪晚期，玻尔兹曼在世的时候，物质的原子结构尚未被证实，更谈不上被公认，所以，这正是玻尔兹曼对原子的信念激起了对他的攻击，导致他最终以自杀的方式结束自己的生命。然而，也正是他从坚信物质是由无数不停运动着的原子构成为出发点，创造出了一个惊人的学说。热力学第二定律告诉我们，宇宙是熵增的单向过程。这样的话，如果追溯宇宙的起源，即看向过去，必然有一个熵极小的宇宙状态。假设存在一个这样的早期宇宙低熵状态，那么结合概率论，宇宙向更大概率的高熵状态演化，宇宙中的时间箭头就可以得到解释。于是，玻尔兹曼对这个矛盾给出了精彩的回答：概率解释！即微观可逆宏观不可逆的现象是概率！玻尔兹曼把不可逆性解释成了一种概率。也就是说，微观可逆的现象，在宏观的表现则体现出不可逆的概率远远超过可逆的概率统计！玻尔兹曼主张，由于系统经历的可逆碰撞非常复杂，原子好似梦游者，"忘记了初始条件"，变得杂乱无章，所以不可逆性进入了世界。玻尔兹曼说，在一个复杂系统中，亿万个原子和分子在运动着、碰撞着，结果它们必然越来越难以保持规则的相互关系。在这样一种事物大框架下，大量原子和分子的有序组合是高度不可见的。于是毫不奇怪，规则关系可以出现，只是相对而言会迅速打破。统计学是一种从复杂性的系统中萃取秩序的方法。通过把概率引入物理学，玻尔兹曼拯救了还原论由于熵混沌而引起的破产。他证明，消极的热熵混沌竟然也是牛顿秩序的一种表现。根据玻耳兹曼原理，熵是一个概率衡量单位，用于确定一个系统处于某一特定状态中的概率有多大。他通过把熵和无序状态联系起来的方式，发展出对热力学第二定律的统计学解释。玻尔兹曼把牛顿万有引力经典科学与演化的热力学联系在一起，这一杰出的解决办法开创了一个全新的科学领域，这就是理论物理学的重要分支——统计物理学。[12]

概率论是未来将要发生的事情的可能性，而统计学描述实际结果。概率论告诉我们哪种组合发生的可能性更多或更少，而统计学展现事实。统计学和概率论两者之间存在内在联系，但只有当我们采用无限大的统计样本时，这两者能确定是一样的。现实世界中，不可能存在无限大的统计样本。

热力学只给出了宏观现象，即热、能量和熵的定律，没有说明微观分子是这些宏观现象的源头。统计力学则在两个极端之间搭建了一座桥梁，解释了宏观现象是如何从对大量微观对象的整体上的统计产生。统计力学（又叫统计物理学）是研究大量粒子（原子、分子）集合的宏观运动规律的科学。统计力学运用的是经典力学原理。“统计”二字的涵义和数学分支“概率统计”中是一致的，是指从单个粒子组成的物体的运动规律出发，用统计方法推断和说明由大量粒子组成的物体的性质。描述单个或少量粒子的运动和相互作用的科学，可以统称之为“力学”。无论是描述天体力学，反映电子运动的量子力学，表征电子与电磁场相互作用的量子电动力学，包括相对论力学，从统计物理的观点来看，都是“微观”理论。当“大量”相互作用粒子的行为，出现本质上新的特点，我们的认识和描述方法也必须做质的改变。从这个角度来看，统计力学的正确名称应为统计物理学。

到19世纪末，科学已经获得了两个很不同的供建立数学模型的范式，第一个范式是借助微分方程的高精度分析，它在原理上可以确定整个宇宙的演化；第二个范式是平均量的统计分析，它刻画高度复杂系统的运动的大概特征。于是，秩序和无秩序都是有规律。但这些规律属于两种不同的范式法则。一种规律属于有秩序性态，另一种属于无秩序性态。两个范式、两种方法，两种观察世界的方式，两种数学思想体系，各自在它们自己的范围内适用。确定论用于少自由度的简单系统，统计学则用于多自由度的复杂系统。统计物理学并不是一门新学科。19世纪麦克斯韦和玻耳兹曼研究气体分子运动论是它的诞生，20世纪初在吉布斯（J. V. Gibbs）和爱因斯坦的工作中已经形成它的理论体系。统计物理学成为固体理论、液体理论、等离子体理论、激光理论、生物化学等领域提供方法和基础。

玻尔兹曼在《在关于热动力学第二定律与概率的关系，或热平衡定律》

一文中说:“均匀状态比非均匀状态多得多,所以概率较大,从而在时间的进程中变得均匀了。我们深信,我们能从研究系统中各种可能状态的概率去计算热平衡状态。在大部分的情况下,初始状态是可几性很少的状态,但从初始状态开始,这体系将逐渐走向可几性较多的状态,直到最后进入最可几的状态,那就是热的平衡。如果我们把这种计算应用于第二定律,我们就能将普通所谓熵的那种量等同于实际状态的概率。”这就是说,熵不仅是无序的度量,熵增的方向也是概率最大的方向。玻尔兹曼的统计力学说提,无序的概率较大,有序的概率较小。熵的增长就是从小概率向大概率过渡。

根据玻尔兹曼的理论得到的关于不可逆性的解释既简单又精妙。它是一种概然性解释。我们所考虑的系统我们的初始状态对应于相空间中是一个熵相对小的状态,时间演化导致系统的熵不断增加,原则上,经过很长一段时间后,系统将会回到那个小熵的初态,但我们将看不到这种情况发生,因为一个理想化的系统是,系统中的粒子数趋于无穷大,而不断返回原时间也趋于无穷大,在这样的极限情况下,得到的就是真正的不可逆性。我们现在知道,正是通过与时间之矢相联系的不可逆过程,自然才达到其优美和复杂之至的结构,生命只有在非平衡的宇宙中才有可能出现。不可逆过程在自然中起着基本的建设性作用。

玻尔兹曼第一个认识到,熵的不可逆的增加可以看作是一种分子无序性增长的概率表达。在玻耳兹曼看来,热力学第二定律所说的,是一个低概率,因而也就是低熵值的系统向较高概率和高熵值状态演化的过程。玻尔兹曼的结果意味着,不可逆的热力学变化是一个趋向于概率增加的态的变化,而且吸引中心态是相应于最大概率的一个宏观态。物理概念第一次用概率解释出来。玻尔兹曼的著名方程 S=klogP 建立了熵与概率之间的关系：熵随着概率的增大而增加。对不可逆性规律作出统计解释的理论意义巨大，因为以前本是一种严格的自然规律的东西现在被发现原来只是一种统计规律，自然规律的确定性被一个高的概率所代替了。而这直接动摇了经典物理学中确立的严格因果性，后果来的量子力学的产生，使人们更加相信个别分子的运动不存在严格的因果性，我们所观察到的所谓自然的因果律始终是大量原子事件的产物。可以说，19 世纪的还原论科学隐藏了混沌的熵面目，又通过还原论数学技巧掩饰了混沌的另一面目。

玻尔兹曼指出，物理学的任务就在于建立一个外部世界的图像，正是这种图像引导着或指挥着物理学家的思维和实验；反过来，实验又能使图像得到不断的修正和完善。据此，物理学理论的建构可以使用不能被当时实验所证实的假设，然后再将这种假设通过日后实验的不断检验加以重新调整，进而使理论描述符合于外部世界的本来面目。显然，玻尔兹曼的这一观点同现代物理学的研究传统是相吻合的。因为伴随着 20 世纪物理学理论研究的高度数学化、抽象化和形式化的倾向，物理学家们越来越认定理论物理学的“创造性原则寓于数学之中”。这里的数学模型就是玻尔兹曼所说的心理图像，可见，玻尔兹曼在科学方法论方面也成了物理学从 19 世纪向 20 世纪转型时期的传承者。

熵增原理第一次在物理学中引入了时间箭头，经典力学以及量子力学里物理过程的时间可逆性被破坏。玻尔兹曼在熵增问题上有深邃的思考，他意识到熵的增加只是在概率的意义之下，可是在那个年代，连原子论都尚未被广泛接受，因此玻尔兹曼的思想超前了，不能被物理学界广泛接受。

玻尔兹曼一生重要的工作就是在“原子假说”的框架下用统计力学解释热力学。由于玻尔兹曼当年在与马赫和奥斯特瓦尔德的哲学论战中被当时的主流科学界孤立，产生了严重的精神沮丧和并发的气喘症等疾病，他于 1906 年 9 月 5 日在意大利度假时，以上吊自杀的方式结束了自己的生命。如今已经证明了物质是由原子组成的，因为玻尔兹曼关于熵的公式得到了实验的验证，玻尔兹曼对热力学第二定律做出了统计学解释，建立了熵的微观模型，玻尔兹曼自杀之后，人们在他的墓碑上只刻了玻尔兹曼公式。S 为熵，W 为微观态（可能有的分子组态数），K 为玻尔兹曼常数。玻耳兹曼的熵与概率之间的内在联系的思想深刻地启发了普朗克，经过这关键一步，普朗克才获得了量子论的思想，掀开了量子时代的帷幕。玻尔兹曼对物理学的发展所作出了不朽功绩，诚如劳厄（M. T. F. V. Laue）所说“如果没有玻尔兹曼的贡献，现代物理学是不可想象的。”

五、负熵与信息论

什么是信息？控制论创始人维纳说：“信息既不是物质，也不是能量，信息就是信息。”作为事物自我表征性的信息，是一种非物质的存在形式。但是，信息虽然是非物质的存在，但它却不能离开物质而单独存在，必须借助于一定的物质形式，即由一定的物质来承载，信息才能显示自身的存在，这种承载信息的物质存在形式，叫做信息的载体。对物质性的载体的依赖性是信息的本质特征之一。一种常见的错误是把信息和信息载体混为一谈。凡物质存在都有其信息，凡信息都表征一定的物质存在。

20 世纪 20 年代，美国数学家香农建立了第一个关于信息的科学理论，即香农于 1948 年提出的通信的数学理论，通常称为香农信息论，包括通信科学的信息定义、信息度量方法、通信系统模型、编码理论、噪声理论等。

关于信息是什么的问题，人们在实际生活中早有深刻的理论。一般地说，通信的必要性产生于存在不确定性，信息的作用在于消除通信前的不确定性，增加确定性，基于此，通信科学给出这样的定义：信息是通信中消除了的不确定性，亦即增加了的确定性。所以，信息是两次不确定性之差，即：

信息＝通信前的不确定性－通信后的不确定性

现实存在的不确定性多种多样，如偶然性、随机性、模糊性、含混性、灰色性等。通信科学是为了给通信工程技术提供理论依据而建立的，考虑的不是个体的单次通信，而是巨量用户长期反复使用通信系统的技术问题，因而面临的不确定性的基本形式是服从大数定律的随机性，通信技术要在随机不确定性中寻求统计确定性。设计和使用通信系统最关键的定量特性是可能消息集合的整体平均信息量，香农称之为信息熵。

1940 年，美国数学家香农改进了玻尔兹曼的思想，以适用于更为抽象的通信领域。当时通信领域面临的主要问题是如何通过电报和电话线快速有效地传送信息。1948 年，香农发表了论文“通讯的数学理论”，香农独自创立了信息论。这一被讨论的理论涉及一个非常重要的实践问题：信息的有效传播。

香农的信息定义中有一个发送者向接收者发送信息。香农问：“发送者传送了多少信息给接收者呢？”，与玻尔兹曼的思想类似，香农将宏观状态（这里是发送者）的信息定义为可以由发送者发送的可能微观状态（可能信息的集合）的数量的函数。香农对信息量的定义与玻尔兹曼对熵更一般化的定义几乎一样。

在 1948 年的经典文章中，香农对信息的定义模仿对熵的定义，后者用于度量一个系统中出现的随机性量。香农定义的信息熵刻画的是系统消除不确定性的能力，实质就是负熵。香农把信息理解为负熵，并把熵引入了信息论。他把熵的概念同信息的概念联系起来，指出熵增过程就是系统有从规则变化到无规则变化的过程。通过将热力学方程中的“能量”代之以“信息”，他表明，消息中的信息量等于其“熵”。一条消息越是无序，其信息量便越大。熵是系统失去信息的度量。一个系统的有序程度越高，其熵值就越小，所含的信息量越大。熵是一个复杂的概念，香农以其天才的创意，用它来度量消息的信息量。在两篇开创性的论文中，他建立了一种关于通信的数学理论，形成了现代信息理论的基础。熵与信息紧密相连是人类历史在认识论和物质论上的最大发现。

自香农开始，信息既不是一个东西亦不是一个形式化概念。信息是一个关于关系的物理概念，所以我们说它是零维的。香农理论的最大功劳就是把信息定义为具体场景中的一种事件性关系。在收信行为发生的时刻，在发信者—收信者的关系中，信息获得了生存。信息总是动态地相关或被相关。

香农的信息论在许多领域都有应用。编码学、密码学、生物信息学、心理学、语言学、人工智能等等众多领域。而熵、信息量、信息动力这等信息论中的思想在对复杂性概念的定义和对各类型复杂系统的描述中扮演了重要角色。信息论无论是在数学发展还是在实践应用中，都已经是一个非常成功的科学。

许多复杂系统学家用信息的概念来刻画和度量有序和无序、复杂性和简单性。信息量所表示的是体系的有序度、组织结构程度、复杂性、特异性或进化发展程度。这是熵（无序度、不定度、混乱度）的矛盾对立面，是确定的，有序的，可知的，即负熵。另一种是广义熵，它来自信息论和控制论，可应用于描述任何一种物质运动方式（包括生命现象）的混乱度或无序度。它的矛盾对立面叫负熵或信息量，是组织结构复杂程度或有序度的表示。

控制论创始人维纳提出以信息观点审视控制问题，是个具有深远意义的学术贡献。他认为，一切控制行为都始于控制目的的确立，终于控制目的的达成，贯穿全过程的是信息的运作。信息运作是控制的灵魂。从功能和价值角度看，控制是系统的一种反熵手段，控制就是反熵。

信息不同于物质和能量的一大特点是，物质是不灭的，能量是守恒的，而信息不守恒，信息可生可灭。物质形式的改变实质是信息的创生、消灭、变换。复杂系统中整体涌现性的来源和奥秘正在于信息可生可灭这种不守恒性，新系统的生成，旧系统的衰亡，系统的维持、演化、发展，一种系统转变为另一种系统，归根结底是信息的创生、传递、转换、损耗、消除，信息代表系统的整合力和整合方式，代表系统的组织力和组织方式，信息的一切运作都不可能造成物质和能量的增减、生灭，却可能改变物质存在和能量转换利用的方式。

1944 年，著名的物理学家、量子力学的奠基人之一、诺贝尔奖获得者薛定谔出版了《生命是什么？》一书，更加明确地论述了负熵的概念，并且把它应用到生物学问题中，提出了“生物赖负熵为生”（或译“生物以负熵为食”）的名言。薛定谔在《生命是什么》中，用熵产生和熵流讨论了生命的新陈代谢。薛定谔认为，生命以‘负熵’为食。生命与熵产生相联系，从而与不可逆过程相联系。

薛定谔认为，要摆脱死亡，就是说要活着，唯一的办法就是从环境中不断地吸取负熵。负熵是十分积极的东西。有机体就是赖负熵为生的。或者更确切地说，新陈代谢中的本质的东西，乃是使有机体成功地消除了当它自身活着的时候不得不产生的全部的熵。

六、热寂说：世界的末日

熵不仅是一个新概念，而是种新的世界观。克劳修斯第一次对宇宙的演化进行了探讨，第一次把不可逆性，方向性，时间箭头引进了物理学，使热力学成为演化物理学的一个学科。亚里士多德曾把运动分为自然运动与非自然运动。克劳修斯把变化分为自发变化与非自发变化。这是认识的飞跃。亚里士多德所说的自然运动，实际上是自发运动，熵增定律是用不等式表述的定律，揭示了自然演化的不可逆性，使物理学从存在物理学向演化物理学过渡。

克劳修斯提出“熵”的概念时，尽量与“能”的概念相似。“熵”与“能”是两个不同科学范畴的概念。描述的是不同的科学图景。能量守恒原理实际上是牛顿运动守恒原理的推广。能量原理中的变化是静态的、可逆的、平衡的变化。热力学定律则弥补了能量原理的局限性，第一定律指热不会消灭，但会转化，第二定律指出这种转化有一定的限制，有的转化可自发实现，有的不能自发实现，即两个相反的过程不对称。第三定律表明热不可能全部转化为其他运动。在一定意义上可以说，能与熵是两个相反的概念，能从正面表征物体具有运动转化能力。熵从反面表征物体丧失的运动转化能力。这样，对应于热的唯动说的形式来表示宇宙的基本定律：1、宇宙的能是恒定的，2、宇宙的熵趋于极大。”于是，克劳修斯通过熵的概念把热力学第二定律推广到宇宙的基本定律。当克劳修斯把热力学第二定律推广到宇宙时，他便提出了热寂说，开创了宇宙学的先河。

克劳修斯不同意宇宙大循环的看法，但这种看法是能量守恒与转化定律的必然结果。他在 1867 年说：“常常听说宇宙中的一切是循环的，当在某处、某一时间向某方向发生的变化，必定也在另一处和另一时间有相反的方向发生的变化，使得同样的状态总是重复出现，所以总的说来，宇宙的状态维持不变。因此宇宙能以同样的状态存在下去。”

他认为宇宙循环论就是宇宙不变论。而这种看法来自能量守恒定律。他说，可以把能量守恒定律表述为全宇宙的一个普遍的基本规律：“全宇宙的总能量总是常数，就像全宇宙的物质总量一样。”“虽然这个定律表达了全宇宙的不变性，但假如我们认为它证实了前面说的那个观点，全宇宙处于永恒的循环运动而维持状态不变，那就走得太远了。热力学第二定律肯定违反这个观点。”克劳修斯已经看出能量守恒定律和热力学第二定律属于不同的物理学，会导致不同的宇宙观。赫尔姆霍茨说：“从此以后，宇宙被判处进入永恒静止的状态中。

宇宙不是永恒的循环，那一定有变化的方向和最后的结局。克劳修斯认为，方向是熵趋向最大值，最后结局是热寂状态。熵达极大值就是宇宙中正的变化占绝对优势。负的变化趋于最小值。在那样的宇宙中，物质的离散度极大，各种运动都通过机械运动转化为热运动。热是宇宙运动的最后唯一归宿。热不断在宇宙中扩散，最终达到全宇宙的热的平衡。那时虽有热，却不会有运动了。宇宙处于死寂的状态。

热力学第二定律使开尔文为人类未来担忧。1852年，开尔文在《论自然界中机械能散逸的普遍趋势》一文中说：“在现今，在物质世界中进行着机械能散失的普遍趋势，”“在将要到来的一个有限时期内，除非采取或将采取某些目前世界上已知的并正在遵循的规律所不能接受的措施，否则地球必将开始不适合人类目前这样居住了下去。”

1935年，英国的爱丁顿(1882—1944)在《科学中的新道路》一书中说，当宇宙达到热平衡状态时，“熵不能再继续增大了，而热力学定律又不允许它减少，因而它只能保持不变。”于是我们的时间指标便消失了，但这里所说既然是整个系统，所以时间也就停止了它的流动。这并不意味着时间不再存在了，它仍然存在着，并延续下去，就像空间的存在和延伸一样，只是其中再也不包含任何动态的实质了，热力学平衡状态是一个必然的死寂状态，因而任何人也就无法规定出这样或那样的“时间之箭”指标了。这就是世界的末日。“

宇宙既然已经死寂，时间就失去了意义。爱丁顿认为过去宇宙很有组织性，而以后的宇宙将越来越无组织，他认为随着离散度的越来越大，宇宙的所有实物都会转化为辐射，宇宙将成为一个无线电波球。“大约每过 15 亿年，这个无线电波球的直径就增加一倍，而它的体积永远以几何级数增长。显然，这样的情况下，我们可以把物理世界的末日描述成一次莫大的无线电波发射。”维纳认为，随着技术的进步，必然使各种功加快变为热，使宇宙的末日来得更快。

七、达尔文的进化论与热寂说的矛盾

我们从 19 世纪继承了两个相互矛盾的自然观，即以动力学定律为基础的时间可逆观点和以熵为基础的演化观点。但 19 世纪的人文精神、科学技术和社会生活，仍是牛顿范式主导的。牛顿的世界观和关于生物体的思想与达尔文的完全不同。牛顿信仰一个静止的世界，达尔文的观点与之完全对立。达尔文抛弃了当时盛行的静止的自然观，而把自然理解为一个演化的进化过程。进化可不是一个简单的概念，不可逆的进化，它一定同时包含了建设与退化，集中与离散，竞争与协作。

达尔文的动态自然史观理解生命：一切都是不可逆的。达尔文的理论让人们思考这样的问题：我们面对的是什么样的生命概念？由达尔文提出的生命系统是如何运转的？生命不仅仅是“蛋白质的存在方式”。达尔文凭其敏锐的思想来考察他在环球旅行中收集起来的材料，微小的变化日积月累也会产生很大的影响。种群数量增长，资源却有限，因而不得不为生存而斗争，从而导致自然选择。个体的自利行为却使得整体受益。慢慢地，通过繁殖时的随机变异和个体的生存斗争，就会形成适应环境的新物种。达尔文称这个过程为自然选择导致进化。所以，是机遇、自然选择和漫长的不可逆时间造就了这一切。熵的减少是自然选择的结果。这个过程所需的能量来自生物从环境中获取的能量。达尔文逐渐建立了一个影响深远的关于特种起源的普遍理论，形成了一个新的范式。达尔文把生命确立为一个永无终结的进化过程的结果，从而将演化置于我们对自然的认识的中心。

在达尔文之前，生命世界是静止的，之后则是进化的。达尔文的理论把人降格为最高级的生物，人类被简化为仅仅是进化链条上的一个巧合的环节。达尔文当时就意识到自己的理论对于人类地位的哲学意义。他写道：“柏拉图在《斐多篇》中说我们‘与生俱来的思想’不可能来自经验，而是来自前世，但我们的前世可能是猴子。”进化论是关于自然的综合理论，它具有公理特性；它既不可证实也不可证伪。它产生了一个综合的和统一的生命观，但是作为一个“世界观”，它是不可证实的。总之，静止的自然现已被永远地驱除了，取而代之的是一个演化的动态自然观。达尔文的理论逐渐被理解为一个从大爆炸到智人出现的因果体系，达尔文的伟大贡献在于，达尔文看到，进化的进步能够单用因果性来解释，而不需要任何目的论的见解。繁殖的各种无规律变异产生着个体的种种差异，这些差异意味着对于生存的不同适应：在生存斗争中，最适者生存，由于它们把它们的最高能力传给后裔，结果造成进步的渐趋更高形式的变化。生物的物种是通过选择的原因而排成序列的：机遇结合选择而产生次序。

达尔文的进化论深刻地启发了一位伟大的维也纳物理学家玻尔兹曼。他确信，为了认识自然，我们必须包括进化的特征，并且热力学第二定律所描述的不可逆性是迈向这一方向的关键一步。玻尔兹曼把不可逆性解释成了一种概率！

玻尔兹曼和达尔文都用对群体的研究取代了对“个体”的研究，并表明细微的变化（个体的易变性或微观的碰撞）在发生了一段长时间之后会在一个集体层次上产生进化。达尔文表明，如果我们从研究群体而不是从研究个体开始，就可以理解依赖于选择压力的个体易变性如何产生漂变。对应地，玻尔兹曼认为，从个体的动力学轨道开始，我们就不能理解热力学第二定律及其所预言的熵的自发增加；我们必须从大的粒子群体开始，熵增是这些粒子间大量碰撞造成的全局漂变。玻尔兹曼用计算产生宏观状态的微观状态的数量来定义每一个宏观状态的概率。玻尔兹曼以概率为基础的解释，使我们观察的宏观特征成为我们观察到的不可逆性的原因。按照这种解释，不可逆性不是自然的基本法则，而仅仅是我们观察到的、近似的宏观特征的结果。

达尔文提出竞争是生命进化的主要驱动力，也是促使个体与集体之间以及集体与集体之间相互联系的主要动力。混沌理论转变了这种观点，让我们重新审视生物学中也充满了“协同进化”和“合作”。正像一位生物学家指出的，自然选择无法解释生命形式的起源以及无所不在的秩序的起源。混沌理论告诉我们，竞争与合作不是非此即彼的对立概念，它们复杂地交织在一起。一个复杂混沌系统，比如热带雨林或人体，包含了不停的创造性动态过程，竞争与合作会在某一时刻突然相互转化。混沌系统中，个体元素在许多不同的尺度上交互作用。对不同尺度上的有序，混沌并没有用竞争的眼光来看待，而是着眼于系统中的元素和系统间的关系如何在混沌的边缘不断地重组它们自己。

从混沌理论的角度来看，注意系统间如何彼此竞争，不如关注系统间如何彼此依赖、相互关联更为重要。竞争是一个还原论者的有限的思想，无法慧眼独具地识别出大自然中无处不在的深刻创造力。

玻尔兹曼的理论很好地解释了液体和固体中有序结构的形成，在高温下体系处于某种相对无序的状态（如气态），低温下体系处于某种相对有序的状态（如液态），进一步降低温度可得到更有秩序的状态（如固态的晶体）。可以看出，无论是无序状态还是有序状态，都是在相应条件下的最大概率状态。在液体和固体中出现的有序结构常叫做平衡结构，因为它们不仅可以在平衡的条件下形成，还可以在平衡的条件下（甚至孤立的条件下）维持而不需要任何物质和能量的补充。这种平衡的结构中的有序是在分子水平上定义的。但是玻尔兹曼有序原理解释不了生命科学和非生命科学中种种自组织有序现象，而且这些有序现象与玻尔兹曼有序原理是根本相违背的。

因为经典热力学的结论只是从孤立系统中以及在偏离平衡不远的条件下总结出来的规律，孤立系统是与环境之间没有任何相互作用，即既无物质交换也没有能量交换的体系。热力学上开放体系和孤立体系的主要差别在于：对于开放体系，随着与环境间的物质和能量的交换，熵增总是能被负熵抵消，形成某种秩序和有序。

以热力学第二定律为核心的热寂说所表明的演化方向与达尔文进化论的演化方向相矛盾。达尔文的理论始于物种自发涨落这样一种假设，然后，选择引出了不可逆的生物进化。于是，随机性引出不可逆性，然而结果却大不相同。进化论趋于复杂，在时间中演化。热寂说是在封闭系统中最终是达到死寂的平衡，时间终止。从封闭系统的熵增加，如何变为开放系统的熵减少？1977年的诺贝尔奖得主、比利时科学家普利高津尝试用远离平衡的开放系统“耗散结构”理论调和了这个矛盾。

八、对热寂说的反驳：远离平衡的开放系统

在混沌和分形理论产生以前，人们研究的主要对象局限于处于平衡态过程的封闭系统和守恒系统。而现在人们从平衡态过程转向认识非平衡态过程，从封闭系统转向认识开放系统，从守恒系统转向认识耗散系统，非线性系统、耗散系统与随机系统成为科学前沿的研究对象。这种认识的转变与热力学的发展密切相关。

19世纪下半叶，热力学的发展，特别是玻尔兹曼的工作，是最初成功地处理了复杂现象的尝试。但是传统的热力学原理及玻尔兹曼的有序原理只是从孤立的封闭系统及在偏离平衡不远的条件下总结出来的规律。而真实的有序往往是在一个开放的系统和远离平衡条件下产生的。

人类首先是从特殊性着眼来认识世界，因此历史上最早发展起来的是平衡态的热力学和统计物理。经典热力学通常假定其处理的对象是处于平衡的，并且所考虑的过程是无限缓慢的。一个初始具有不均匀浓度分布或不均匀温度分布的封闭体系，总是自发地并且单方向地趋于一个均匀分布的状态，即热力学平衡态，简称平衡态。当体系达到一个宏观静止的平衡态时，体系的熵达到极大值，即最无序的状态。热力学研究的第一阶段是研究当热力学力和热力学流皆为零的情况，这就是平衡态热力学，或者叫可逆过程热力学或经典热力学。经典热力学主要限于描述处于平衡态

和经受可逆过程的孤立、封闭体系。

热力学主要描述平衡态。对于非平衡态，它除了指出孤立的封闭系统最终必须趋向平衡，几乎没有给出更多的认知。自然界中平衡是相对的、特殊的、局部和暂时的，而不平衡才是绝对的、普遍的、全局和经常的。以生物体系为例，从达尔文的生物进化论可以看到，在生物界，进化的结果总是导致种类繁多和结构的复杂化，即有序的增加，有序是生命的基本特征。而像生命这类宏观范围的时空有序，只有在非平衡条件下通过与外界环境间的物质和能量交换才能维持，这个体系是开放的体系。对生物体和非生命系统中存在的大量有序结构的起因，经典热力学是无法解释的。随着对远离平衡的非线性体系的研究的深入，产生了研究远离平衡条件下的热力学，通常称之为非线性非平衡态热力学，简称非线性热力学或非线性不可逆过程热力学。。

非平衡现象千变万化。但也有一些内在深刻的规律。普利高津曾说过："物质在平衡态是迟钝的。离平衡态越远，物质就越有智慧。"平衡是一种最大熵状态，其中分子陷于瘫痪或无规运动。这就是克劳修斯宣称的宇宙正在趋向的空洞无物汤。获悉非平衡态的规律是一个重大发现。普利高津说："平衡态热力学是对大自然的复杂性的第一个响应。这个响应是用能量的耗散、初始条件的忘却、趋向无序演化这样一些术语来表述的。普利高津最开始接受玻尔兹曼的统计解释。但远离平衡态的研究使他认识到，不可逆性是根本性的。普利高津提出的第一个挑战是针对可逆性的，第二挑战则是针对简单性的。普里高津说："简单性思想正在瓦解，你所能去的任何方向都存在复杂性。"普利高津研究的是远离平衡时发生的事情，即从外部输入大量能量经历的情形。正是在这，普利高津发现了"来自混沌的秩序"，发现了时间的本质。

经典物理学的时间观念概念是，时间是对过去对现在以及现在对将来的量度。时间的恒定流逝是对所有物理事件的发生普遍有效的量度。牛顿世界不会衰老——一个没有时间的世界。熵增定律使世界终结于热寂，即所有的事物都衰败并达到均匀、一致、平凡和单调。在热寂“时刻”，没有什么进一步发生。时间的概念变得毫无意义。为了描述这个世界中真实事件的进程，必须定义一个熵时间：熵根据热力学第二定律稳定地增加，这个增加是时间的一个量度。这个时间——我们的时间，是不可逆的。演化在时间中显现。普利高津认为，主张可逆性和无时间方向性的经典动力学和量子力学乃是大自然的理想化。真实的大自然总是熵变的、湍动的、不可逆的。[13]

与时间这个概念直接相联系的是因果性观念，既然过去的一个原因产生现在的一个结果，那么现在原因的汇集支配着未来。它提供了一种案例感，即被置于事件的明确历程且属于其的一种感觉。实际上，因果性是科学承认绝对先决条件。因而经典物理学中的时间概念，代表着置于一系列运动事件中的一种尺子。原则上可以将这种尺子置于任何系列之上，或甚至倒过来置于相反的方向。时间是没有方向的，我们因此将时间的结构视为对称的。但对于生物体的描述是完全不同的。没有“时间”，我们就不能想象任何过程的发生。

时间是一种“对称破缺”的形式。普里高津认为，复杂系统打破了使时间向前向后流逝的对称性。复杂系统给时间一个方向。复杂系统，不管是混沌的还是有序的，归根结底不可分解和不可还原成部分，因为部分通过迭代和反馈彼此不断相互包容。任何相互作用都发生在较大的系统中，并且作为整体的系统不断变化着、分岔着、迭代着。于是，系统及其一切“部分”具有一个时间方向。

时间成为系统整体相互作用的一种表达，并且这一相互作用向外扩展。每个复杂系统都是变化着的更大整体的一个部分，一个套一个的越来越大的整体最终导致最为复杂的动力学系统，即最终包括我们用秩序和混沌谈论的系统——宇宙本身。普利高津指出，一旦出现复杂系统，复杂系统便与可逆时间相分离。孤立系统时间可以可逆，但在真实的复杂系统中，时间对称性总是破缺的。

普里高津认为，时间对称破缺从量子到大气到星系的所有自然层次上都存在。既有一个时间，又有无穷多个时间。时间是把一切系统联系在一起的大箭头，是构成每个个体系统分岔和变化的众多箭头。我们每个人都有他自己自发的不可逆箭头，但那箭头与宇宙的不可逆箭头纠缠在一起。

运用这一逻辑，普里高津对大爆炸理论作了修正。他说："宇宙肇始于熵（混沌）的爆发。这一过程使物质处于一种被组织的状态。以后，物质缓慢耗散，作为副产品，在耗散中创造宇宙结构、生命及最终我们自己。你瞧，存在这么多耗散掉的熵，你可以用它来建造某种东西。"因而克劳修斯视之为毫无生机的熵，在普里高津看来，则是富有无穷的勃勃生机，耗散结构从中出现。普利高津把经典熵（或消极混沌）概念倒转为积极混沌。

通过强调随机性和混沌在结构创造中的作用，普利高津想象出一个宇宙，其中的客体比经典物理学乃至量子物理学里的客体更不确定得多。在普里高津的宇宙中，未来不能被确定，因为它受随机性、涨落和放大的支配。普利高津称此为一个新的"不确定性原理。"像海森堡的不确定性原理一样，普里高津不确定性原理对还原论是一个打击。

第七章

复杂理论

一、探索复杂性：三次浪潮

二、复杂的意义及其特征

三、远离平衡态：普利高津的耗散结构

四、复杂系统的自组织特征：涨落和分叉

五、整体大于部分之和：涌现性

六、从存在到演化：适应是一种坚强

一、探索复杂性：三次浪潮

20 世纪后半叶，复杂性研究作为一门科学从系统科学中兴起。复杂性科学的兴起对传统科学产生了重大的影响。复杂性科学的兴起极大地拓展了科学研究的疆域，使科学从线性的、确定的、有序的传统领域扩展到非线性、不确定和无序的领域。科学的目标也从原来的追求简单性走向了现在的认识复杂性。一股以复杂性科学为标志的非线性科学发展大致经历了三次浪潮。非线性科学的历史脉络分为一般系统理论的诞生、混沌分形理论的形成、复杂理论的提出三个研究阶段。以复杂系统为研究对象的第一次浪潮是 20 世纪初以系统科学的诞生为开端，肇始于贝塔朗菲 1928 年的工作。奥地利生物学家路德维希·冯·贝塔朗菲（1901—1972）是一般系统论的创始人。一般系统理论框架中的核心概念是系统，主要内容包括系统的若干概念及初步的数学描述，开放系统的模型，生物学中的整体论，以及人类科学中的系统概念等一般系统论。描述系统的主要概念有如生长、竞争、整体等等。一般系统理论开始，“系统性”、“整体性”“有序性”“动态性”成为科学研究的对象。贝塔朗菲创立的一般系统论标志着复杂性科学的诞生。

第二次浪潮是 20 世纪 60 年代，非线性科学的混沌分形理论也引发了对复杂系统的研究。以美国气象学家洛伦兹提出混沌理论的“蝴蝶效应”为代表，指出混沌是自然的内在禀性，随后李天岩和一约克提出的“周期三导致混沌”定理、费根鲍姆发现的“费根鲍姆常数”，找到了通向混沌普适道路的基本特点。而以曼德勃罗特开创的“分形几何”理论则对大自然复杂的对象进行了可视化的定量描述。普利高津的耗散结构理论、自组织演化的理论以及哈肯的协同学以及艾根的超循环理论，揭示复杂系统在一定条件下演化为新的有序结构的机理。他们在数学、物理、化学、生物等经典学科中，同时从不同角度提出了复杂系统所具有的内在特征。

第三次浪潮是20世纪80、90年代，计算机科学、生命科学等交叉学科的大发展，科学界逐渐意识到传统的还原论科学正在受到空前的挑战，真实世界要求科学家用更加整体的、非线性、有机联系的眼光看问题，触发了复杂系统科学的第三次浪潮。第三次浪潮可以说是由美国圣塔菲研究所正式掀起。1984年，在美国的新墨西哥州的州府圣塔菲建立了一个专门从事复杂性科学研究的机构，圣塔菲研究所（Santa Fe Institute，简称SFI），是由三位诺贝尔奖得主为核心建立起来的。他们是夸克理论创建者盖尔曼（M. Gell-Mann）、凝聚态物理学权威安德森（P. Anderson）和经济学权威阿罗（K. Arrow）。在三位诺贝尔奖得主的感召下，来自不同学科的科学家们聚集在一起，形成了一个震撼世界的大交叉科学前沿，这就是复杂性科学。他们把突现与自组织、复杂性明确联系起来，提出“复杂适应性系统”的基本概念，认为复杂性、适应性、开放性的交互作用，使复杂适应系统在演化过程中呈现出复杂而有规律的特点。他们提出的一些概念，如适应性、非线性、复杂性、自组织、多稳态、涌现、生成、进化、混沌边缘、遗传算法等等被看作一种新的科学世界观和科学范式。可以说，复杂性理论最直接的理论来源就是美国圣塔菲研究所开创的复杂系统理论，他们宣称复杂性科学为“21世纪的科学”。值得注意的是，复杂性科学是整个基础科学发展的前沿，不是哪一门具体科学的前沿。复杂性科学更像是一种新的科学范式，正在形成新的科学共同体。圣塔菲研究所的成立，使复杂性、复杂性科学这些名称逐渐得到科学界的认可，并迅速流行和传播开来。[14]

当前，对于复杂性的探索，主要来自两个方面，一个方面是关于动力系统的现代理论，以混沌分形为代表，其核心是对于初始条件产生敏感的蝴蝶效应。复杂性可以说是动力系统世界一个不可分割的属性。第二个方面是来自现代热力学的非平衡态物理学，在这里最出乎意料的结果是物质在远离平衡条件下新的基本性质的发现。美国气象学家洛伦兹被人称为混沌之父，他认为，“实质上，复杂性常常用来指对初始条件的敏感依赖性以及与这种敏感依赖性相联系的每一件事”。混沌与复杂性的区别是，混沌涉及时间上的不规则性，而复杂性则意味着空间上的不规则性。他把复杂性等同于空间上的不规则性。即分形是对自然复杂性的描述。

二、复杂的意义及其特征

哲学家怀特海说：“一切现实都是复杂性的统一。”

系统科学自诞生之日起，就视复杂性研究为己任。从贝塔朗菲的“一般系统论”到普利高津的“探索复杂性”，再到圣塔菲研究所（SFI）的复杂系统理论，都把复杂性作为明确的研究目标和主要任务。国内有学者认为，国际上研究复杂性科学，按其所用术语，可以概括为三个方面：一是欧洲的普利高津、哈肯等人开创的远离平衡态的开放系统；二是美国圣塔菲研究所以复杂自适应系统为标志的工作；三是中国的钱学森提出的以开放的复杂巨系统为主线的研究。

从认识论的角度来看，复杂性是人们对复杂系统的感觉，也就是系统复杂性在人头脑中的映射。系统越复杂，它所携带的信息就越多。钱学森以系统再分类为基础，提出了他对复杂性的界定。钱学森在20世纪80年代就指出“凡现在不能用还原论方法处理的，或不宜用还原论方法处理的问题，而要用或宜用新的科学方法处理的问题，都是复杂性问题。”钱学森认为，“所谓复杂性实际上是开放的复杂巨系统的动力学”“复杂性是开放的复杂巨系统的特征”。

从某一方面来说，复杂性相当于随机性。随机性大小是测度认识复杂性的尺度。随机性越多，复杂性越大；完全随机性的信息，则相当于最大复杂性，或根本复杂性。最大复杂性就相当于最大信息熵。

在物理学中，封闭系统可以定义为一个既不能对外界有所作用，也不能从外界传递或接收物质的系统。在这样的系统中，所有类型的事情都可能发生，然而只要没有外部力量作用于它，它就保持时间和空间的不变性。作为开放系统，它们变得越来越复杂。因此在演化过程中这种系统列成的结构也越来越复杂。如果复杂性伸展的这个动力学过程处于结构稳定性的边缘，系统就会变得“混沌”。混沌运动就是一类复杂性，混沌学使是开始形成的复杂性科学的一个分支。

有没有复杂性科学呢？传统科学的回答是否定的。混沌学的回答是肯定的。在传统观点看来，复杂性没有规律，没有普适行为，超出了科学的范畴。复杂系统，研究的关键都不再是质量、能量和力这些物理学概念，而是反馈、控制、信息、通讯和目的等概念。研究复杂系统的人们谈论各种模糊的概念，例如自发秩序、自组织、涌现(包括复杂性本身)。复杂系统试图解释，在不存在中央控制的情况下，大量简单个体如何自行组织成能够产生模式、处理信息甚至能够进化和学习的整体。混沌研究使我们看到，复杂性的背后总有某种精致而“古怪”的结构，服从过去未曾认识的普适规律。复杂系统，不管是混沌的还是有序的，归根结底不可分解和不可还原成部分，因为部分通过迭代和反馈彼此不断相互包容。虽然目前关于复杂系统的认识与定义尚未统一，但是对复杂系统的基本特征的认识却比较一致。

复杂系统总是处于不可逆的演化过程中，连续的演化过程中有发生突变的可能性，复杂系统的长期行为是不可预测的。复杂系统总是处于发展、演化（或进化）之中。复杂系统的演化特点是不可逆性：一个复杂系统永远不会准确地回到它曾经处过的状态，否则它就是一个简单的周期系统。

通过对混沌与分形的讨论，我们知道从组织复杂性视角看，分形结构非常神奇，尽管分形结构呈现出来的是非常错综纠缠的形态，但它们却具有在不同尺度上仅以简单迭代的方式无限重复所产生的。复杂性就是一个简单迭代不断重复的结果。这种系统的组织复杂性是最小的，而它的层级复杂性是无限的。

什么是复杂系统呢？人们现在普遍接受复杂系统有这些方面的特征，1. 组分数目巨大，复杂系统拥有数目巨大的组分，系统因规模增大而复杂。2. 组分间存在着复杂的相互作用，相互作用是非线性的。线性要素的大系统通常会崩溃成小许多的与之相当的系统。非线性也保证了小原因可能导致大结果，反之亦然。这是复杂性的一个先决条件。3. 开放性，复杂系统一定是开放系统，会与环境相互作用，事实上，要确定复杂系统的边界往往是困难的。4. 远离平衡。系统必须是远离平衡的，存在着持续的能量流维持系统的组织。5. 路径依赖。复杂系统都是有历史的，它们不仅是在时间中演化，而且现在的行为依赖于过去，任何对于复杂系统的分析，如果忽视了时间维度就是不完整的。6. 分布式的非集中控制性。复杂系统中的每一要素对于作为整体行为是无知的，它仅仅对于其可以获得的局域信息作出响应。复杂性是简单要素的丰富相互作用的结果，这种简单要素仅仅对呈现给它的有限的信息作出响应。任何组分个体都无法预知自己的行为会对整体产生怎样的影响，复杂性是组成个体间丰富的相互作用的结果。7. 不可预测性。8. 涌现性。整体表现出个体不具有的创新性和新奇性。

复杂性的一个简单度量就是大小。用信息熵也可以度量复杂性。还有用算法信息量度量复杂性，用热力学深度度量复杂性。还有用逻辑深度度量复杂性，一个事物的逻辑深度是对构造这个事物的困难程度的度量。还有就是统计复杂性，用计算能力度量复杂性。这些都是基于信息论和计算理论的概念。用动力系统理论的概念来度量复杂性就是分形。前面讨论过的分数维是对复杂系统在任何尺度上都有细微结构的度量。无论哪一种复杂性的度量方法，都只是抓住了复杂性思想的一部分，都有局限性，但度量的多样性也表明复杂性思想具有许多维度。

复杂性科学掀起了一场整体化运动，复杂性科学以复杂性观念、复杂性思维为特征的学科。系统论的复杂性特别表现在下述事实中：整体具有人们在孤立来看的部分的层次上找不到的品质和特性；相反地说表现在这样一个事实上：部分具有在系统的组织的约束的作用下消失的品质和特性。“复杂性科学”的群体中，主要包括如下理论：系统科学中的耗散理论、协同学、突变论、复杂巨系统理论等；非线性科学中的混沌分形理论；以及通过计算机仿真研究而提出的进化编程、遗传算法、人工智能等等内容。

三、远离平衡态：普利高津的耗散结构

贝塔朗菲虽然提出开放性理论，但他主要是基于对生物宏观现象的经验性概括，没有给出基础理论的论证，因而不够深刻。填补这一空白的主要是普利高津，他根据熵是系统混乱程度的度量这个科学共识，奠定了开

放性理论的物理学基础。普利高津是比利时物理学家、化学家，他以近平衡态热力学为切入点，通过证明最小熵产生定理，在科学界崭露头角，进而转入研究远离平衡态的物理现象，发现耗散结构，建立了著名的耗散结构理论，并由此获得诺贝尔奖。

自然界中的两类动力系统，即守恒系统与耗散系统。系统在古希腊语中表示“群体”和“集合”的意思。系统的现代意义是相互联系、相互作用的诸元素综合体。谈到系统，需要谈到两个要素，那就是环境和边界。系统分为封闭系统、开放系统和孤立系统。封闭系统允许能量和信息流过边界，但物质不行。开放系统是物质和能量及信息均可以流过边界，孤立系统刚好是开放系统的反面，既不能有能量也不能有物质和信息流过边界。系统越复杂，它所携带的信息越多，信息的变化、耗散或增加的程度越大，预测的可靠性越小。系统必须有特定的复杂度才能以“活”的方式响应。耗散系统构成了自然系统中非常庞大非常重要的一类。

在相当长的一段时间内，物理学中的不可逆和耗散被认为是衰退，而另一方面，明显属于不可逆过程的生物进化却与向更加复杂的高级方向发展联系在一起。从傅立叶和克劳修斯开始，十九世纪里人们对于引起不可逆过程的耗散系统的兴趣越来越广泛。这在工业革命蓬勃兴起的时代里是十分自然的。然而，当时耗散似乎总是与衰退、与有用能量的消耗联系在一起的。

在物理学中，一个系统从外部环境中吸取高品位物质、能量来组织自身，再把低品位的物质能量排放到环境中，叫耗散。物理学传统观点认为，耗散物质、能量是一种负面的、消极的现象，耗散结构理论对这种认识提出挑战，断言耗散也可能是一种正面的、积极的现象。没有物质、能量的耗散，不仅没有生命、社会之类的有序结构，就连云彩、湍流之类的有序结构也没有，无论是自然界还是社会，唯有能够耗散物质、能量的系统才是有生命的系统。耗散结构理论由此沟通了无生命和有生命两大领域，揭示出它们的共同点是对外开放，通过耗散物质和能量而自行组织起来。耗散意味着系统与环境处于相互作用中，不断交换物质、能量、信息。普利高津说：热力学是复杂性科学的第一种形式。复杂性总是伴随着不可逆性。不可逆过程描述了形成非平衡耗散结构的自然之基本特征。耗散结构需要时间之矢。不可逆性既导致有序也导致无序。复杂性是描述演化的基本概念。非线性热力学从原则上为认识宏观范围的时空有序结构的起因提供思路，其主要观点是：任何一种新出现的有序结构总可以看成是某种无序状态失去稳定性的结果，是在不稳定性之后某种涨落被放大的结果，即在某些条件下，体系通过和外界环境不断交换能量和物质以及通过内部的不可逆过程，无序态可能失去稳定性，某些涨落可以被放大而使体系达到某种有序的状态。1969 年，普利高津把非平衡相变中产生的有序和结构概括为"耗散结构"。普利高津把这样形成的有序状态称为耗散结构，因为它们的形成和维持需要能量的耗散。散耗结构是能够通过向其环境的能流和物流连续开放来维持其本体的系统。耗散结构是非线性世界的产物，普利高津研究耗散结构的时候，人们对非线性还没有多大的科学兴趣。[15]

耗散结构理论以时间的不对称性、不可逆性和系统的复杂性作为出发点，并根据热力学第二定律，讨论了自然界的发展方向问题。在 19 世纪，关于自然界的发展方向有两种对立的观点。一种是克劳修斯的观点，认为自然界的发展是从有序到无序，从复杂到简单，最后达到宇宙"热寂"的退化过程。另一种则是以英国博物学家、科学进化论的奠基人达尔文(Charles Robert Darwin)为代表的，认为生命从单细胞到人类的发展是从无序到有序，从简单到复杂的进化过程。从现象上看，生命世界和物理世界似乎有着完全不同的规律和发展方向，这就产生了热力学和进化论的矛盾。

耗散结构理论似乎回答了这一问题：一种远离平衡态的非平衡系统在其外部参数变化到某一值时，通过系统与外界连续不断地交换能量和物质，系统可以从原来无序性状态转变到空间、时间和功能上都有序的结构。耗散结构理论指出，一个开放系统通过与外界交换物质和能量，可以从外界吸收负熵流抵消自身的熵产生，使系统的总熵保持不变或逐步减小，实现从无序向有序的转化，从而形成并维持一个低熵的非平衡态的有序结构。开放性是指耗散性，耗散意味着系统与环境处于相互作用中，不断交换物质、能量、信息。这就表明，自然界中两种相反的发展方向可以在不同条件下存在于同一个总过程之中，并在这个意义上解决了进化与退化的矛盾。

耗散结构是能够通过向其环境的能流和物流连续开放来维持其本体的系统。普利高津认为形成耗散结构的条件是：系统必须开放、远离平衡态、非线性相互作用和涨落现象。耗散结构这一称谓，表达了普里高津观点中的一个极为重要的矛盾，耗散意味着混沌和分解，结构却是其反面。

普利高津登上物理学舞台之时，热力学已开始注意近平衡态的研究，他证明的最小熵产生定理是近平衡态热力学最重要的成果之一。这个定理断言，系统在近平衡条件下也有定态，即最小熵产生的态，它跟平衡态没有原则的区别，故生命机体和社会组织不可能是近平衡态，因为经验告诉我们，生命机体、社会组织都是远离平衡态的系统，一旦进入平衡态，就意味着死亡的到来。

产生耗散结构的系统必须处于远离平衡的状态。耗散结构与平衡结构有本质的区别。平衡结构是一种“死”的结构，它的存在和维持不依赖于外界，而耗散结构是个“活”的结构，它只有在非平衡条件下依赖于外界才能形成和维持。由于它内部不断产生熵，就要不断地从外界引入负熵流，不断进行“新陈代谢”过程。一旦这种“代谢”条件被破坏，这个结构就会“窒息而死”。所有自然界的生命现象都必须用第二种结构来解释。

普利高津以两种截然不同的、尽管有时可相互替换的方式，使用混沌一词。一种是平衡和最大熵的消极混沌，其中各组元亲密混合，根本不存在任何组织结构。这便是克劳修斯预言的最终冷一寂宇宙的“热平衡混沌”。但第二种混沌是积极的，是热烈而有生气的“远离平衡的湍动混沌”。普利高津发现，在远离平衡态下，旧系统虽然崩溃，但涌现出新的秩序。

产生耗散结构的系统必须是开放系统，系统的开放性是指系统需要并能够与环境交换物质、能量、信息的能力和属性。系统的整体涌现性不仅取决于内在的组分和结构，而且取决于外在的环境。环境对系统的塑造不仅在于提供资源和条件，而且还在于施加约束和限制。约束和限制固然有不利于系统生成、发展的消极一面，但也有有利于系统生成、发展的建设性作用。

自然界中的平衡是相对的、特殊的、局部和暂时的，而不平衡才是绝对的、普遍的、全局和经常的。平衡是有条件的。平衡附近的主要倾向是趋近平衡。如果处于平衡的系统施以局部或短暂的小扰动，它还会逐渐恢复到平衡。系统如果远离平衡态，反而会出现带有普遍性的现象，许多系统会突然进入新的“有结构”的状态。有些宏观系统突然进入新的更有序更有组织的状态，这些状态必须靠不断由外界提供能量和信息互动支持才能维持下去，因此称为“耗散结构”。普利高津曾说过：“物质在平衡态是迟钝的。离平衡态越远，物质就越有智慧。”耗散结构是指在远离平衡的条件下，借助于外界的能量流、质量流和信息流而维持的一种空间或时间的有序结构，它随着外界的输入而不断地变化，通过涨落，有可能发生突变，即由原来的无序状态转变为一种在空间、时间或功能上有序的状态。并能进行自组织，导致体系本身的熵减少。因此，耗散结构理论又称为非平衡系统的自组织理论。

产生耗散结构，除了要求一个远离平衡态的系统从外界吸收负熵流以外，还需要系统内部各个要素之间存在着非线性的相互作用。这种相互作用会使系统产生协同作用和相干效应，通过随机的涨落，系统就会从无序转为有序，形成新的稳定的结构。系统与环境，整体与部分，部分与部分之间有着依存或适应的关系，但这种适应并不是线性、简单的因果关系，而是非线性的、相互纠缠的因果关系，形成一种不可预测的复杂性。从这个意义上说，非平衡是有序之源，涨落导致有序。反之，如果系统处于平衡或近平衡态，则涨落是破坏有序的因素，它会使系统向无序方向发展。

耗散结构理论表明，系统存在着复杂性和整体性。因此，必须把动力学规律与统计学规律、决定性和随机性、必然性和偶然性结合起来，才能正确描述系统的量变与质变、无序与有序相互更迭的发展过程。

普利高津建立了关于远离平衡态的耗散结构理论，由于这一成就，普里高津获 1977 年诺贝尔化学奖。在他的诺贝尔奖讲演中，他说："在远离平衡态处，化学动力学和反应系统的'时空结构'之间呈现出意想不到的关系。确实，决定相关动力学常量和输运系数的相互作用，是由各种短程相互作用产生的。然而，动力学方程的解还取决于整体特性。"P144《混沌与秩序》美，弗里德里希 · 克拉默普利高津说："在平衡态附近对热力学分支的依赖性是相当轻微的，而在远离平衡的条件下，这种依赖性在化学系统中却成为决定性的了。例如，耗散结构的出现通常需要系统的规模超过某个临界值。这个临界值是描述反应——扩散过程的参数的一个复杂函数。因此，我们可以说化学不稳定性涉及长程序，系统通过这种长程序成为一个整体。”

普利高津对复杂性研究的贡献主要不是实证性的，而是思想性的。他是迄今炎上影响最大的复杂性思想家。其核心观点是：复杂性是自组织的产物，简单性经过自组织运动产生出复杂性。普利高津通过耗散结构走向复杂性研究。在他之前，科学界普遍认为无生命系统是简单的，复杂性只出现在生命层次上的领域，这也是物理学和生物学之间的鸿沟难以填平的原因之一。普利高津的探索表明，像天上的云街、地上的湍流之类物理耗散结构是自然界进化出现的“最小复杂性”，有了这种最小复杂性，自然界后来再进化出生物机体这种耗散结构所具有的高级复杂性，进而又进化出心理、意识、社会这些更高级的复杂性。耗散结构的发现使人们看到大自然从简单到复杂自组织地发生和发展所走过的阶梯，这就给填平物理学和生物学之间那条鸿沟开辟了道路。

四、复杂系统的自组织特征：涨落和分叉

很多经济学家认为经济在微观和宏观层面上都具有适应性。微观上的自利行为会使得市场在总体的宏观层次上趋于平衡。18 世纪经济学家亚当 · 斯密将市场的这种自组织行为称为“看不见的手”：它产生自无数买卖双方的微观行为。

所谓自组织现象就是在某一系统或过程中自发形成时空有序结构或状态的现象。具有高度复杂性的系统能进行自我组织。显而易见，远离平衡混沌的性质在于，它包含自组织的可能性，自组织现象也称为非平衡态非线性现象。这需要一种整体观。产生耗散结构的系统都包含有大量的

系统基元甚至多层次的组分。自组织系统有复杂的嵌套结构，每一层系统都是自组织系统，同时又是上一级自组织系统的子系统。在耗散结构系统中，不同的自组织和层次间存在着错综复杂的相互作用，其中尤为重要的是正反馈机制和非线性作用。

从系统论的观点来说，“自组织”是指一个系统在内在机制的驱动下，自行从简单向复杂、从粗糙向细致方向发展，不断地提高自身的复杂度和精细度的过程。换句话说，所谓自组织，即指没有外界干预，仅仅只有控制参量变化，通过子系统间的合作，能够形成宏观有序结构的现象。也就是说，在一定条件下，一个开放系统可以由无序变为有序，开放系统能够从外界获得负熵，而使得熵减少。这时，系统中的大量组分会自动地按着一定的规律运动，有序地组织起来，形成自组织现象。自然界中的组织不应也不能通过中央管理得以维持；秩序只有通过自组织才能维持。[16]

复杂系统是开放系统，即与其环境相互作用的系统，不仅是能量上，而且是信息上。自组织是复杂系统的重要性质。自组织是大量真实系统的特殊性，即是在我们周围世界中成功地运行着的系统。一个自组织系统，会反作用于环境中的事态，同时也作为这些事态的结果而转变自身，而常常又反过来对环境产生了影响。自组织是复杂系统形成整体模式的一种能力和自发过程。通常的情形是有序可以抑制无序的增长（熵增），而复杂系统的自组织却可以使有序从无序中产生。这种逆熵的自组织系统是如何可能的。普利高津认为，形成自组织现象的条件包括：1，系统必须开放，是耗散结构系统；2，远离理工科态，才有可能进入非线性区；3，系统中各部分之间存在非线性相互作用；4，系统的某些参量存在涨落，涨落变化到一定的阈值时，稳态成为不稳定，系统发生突变，便可能呈现出某种高度有序的状态。

什么是涨落呢？所谓涨落，是随机发生的若干组分之间的相关变动，它的出现没有确定的地点，也没有确定的时间，不能确定它的方向。系统内外那些能够对系统行为特性造成影响，但没有规则、无法预料的各种波动因素，统称为涨落。一个与周围环境保持平衡的系统，它的宏观物理量并不是一成不变的。如果在局部和短时间内做测量，就会得出在平均值上下摆的不同结果，这叫涨落过程。系统越复杂，威胁系统稳定性的涨落的类型就越多。比如在生命的复杂系统中，特种和个体以多种不同的方式相互作用着，系统的各个部分间的扩散和关联大概都是有效的。通过关联的稳定化与通过涨落的不稳定性之间存在着竞争，竞争的结果决定着稳定性的程度。

涨落对系统演变所起的是一种触发作用。传统的系统理论认为，正反馈可以看作自我复制自我放大的机制，是“序”产生的重要因素。有序的耗散结构是靠巨涨落实现对称破缺选择而确立的，耗散结构是稳定下来的巨涨落，是涌现出来的宏观整体有序结构。在远离平衡时，微小的涨落就能不断被放大，使系统进入新的更有序的耗散结构分支。耗散结构的出现是由于远离平衡的系统内部涨落被放大而诱发的。普利高津发现，在开放系统处于远离平衡的条件下，系统的涨落不被均衡化，而在系统的不稳定情况下，它可能被一些干扰所放大，成为巨涨落，达到一个宏观的测度，将系统驱动到一个全新的有序状态。这就是普利高津所说的“通过涨落而有序”。这种系统的不稳定导致对称破缺，即分叉的产生，这时系统在两个或多个结构状态中进行“选择”，其发展是不可预测的。

自组织使得复杂系统可以自发地、适应性地发展或变化其内结构，以更好地对付或处理它们的环境，自组织是系统作为一个整体的涌现性质，表现为：1. 自组织不是在外界特定干预下形成的，也不是根据天下先看的控制者的特殊指令组织起来的，它是一个自发、自主的过程。2. 自组织是由系统中组成部分的局域性相互作用引起的、即系统表现出的行为主要不是由系统的个体组分所决定的，而是组分间复杂的相互作用的结果。3. 局域性相互作用是非线性、分布式的。4. 全局模式或整体序产生于混沌边缘。5. 自组织过程有一个行动主体目标的形成和实现的过程。6. 自组织系统的复杂性能够增长。由于它们必须从经验中"学习"，它们必须"记忆"先前遇到的情形并将之与新的情形进行比较。如果更多的"先前的信息"可以被存贮，系统将能够进行更好的比较。这种复杂性的增长，意味着熵的局域倒转，这对于能量或信息在系统中的流通是必要的。

复杂系统在演化过程中，从一种现实的状态进展到几种可能状态时，必定进展到某个关节点或分岔点，在几种不同的可能的稳态中加以"选择"。分叉是自组织系统演进过程中常见的现象。一个自组织系统演进的方向不是预先设定的，而是有多种可能的选择。在自组织系统发展的关键点附近，不同的涨落会导到不同的演化方向，一个小的涨落可以引起一个全新的变化，这新的变化将剧烈改变宏观系统的整个行为，产生混沌的"蝴蝶效应"。分叉使系统演化的方向可以有多种选择，出现的分叉越多，逐级分叉的速度越快，系统宏观演化的可能性选择就越多，系统演化的方向越复杂。在复杂系统演化过程中，内部的分岔不是导致秩序，就是导致混沌。在普利高津的体系中，分岔是一个根本性的概念。系统的分岔是至关重要的一刹那。在此期间，分岔点级联要么使系统瓦解，周期倍化通向混沌，要么经过一系列把新变化与其环境相耦合的反馈环，稳定到一种新的行为。在分岔点处，与环境有能量流通的系统实际上正赋予秩序一次"选择机会"。有些选择的内部反馈过于复杂，结果实际上存在无穷多的自由度。换言之，所选择的秩序太高了，它简直就是混沌。另一些分岔点提供耦合反馈在此产生较少自由度的选择机会。这些选择会使系统表现得简单且规则。分岔点是系统演化中的里程碑，它们使系统的历史成形。我们自身分岔的历史，铭刻在我们具有斐波那契、分形尺度的形态之中。时间是无情的，但在分岔中，过去被不断地轮回，过去在一定意义上被没完没了地保持，因为它靠反馈所取的岔道得以稳定，系统在出现分岔的时刻，蕴含了精确的环境条件。

每当复杂系统达到一个分岔点，决定论的描述便不适用了，系统中存在的涨落的类型影响着对于将遵循的分支的选择。在分岔点上作出的每一抉择，都是放大某种小东西。尽管因果性每时每刻都在起作用，但分岔的发生却无法预言。某种不稳定的存在可被看作是某个涨落的结果，这涨落起初局限在系统的一小部分内，随后扩展开来，并引出一个新的宏观态。在非平衡过程中，涨落可以决定全局的结果，人们甚至引入了一个新词“通过涨落达到有序”这一概念。所以，对于复杂系统的自组织来说，它到达哪一种稳定结构，那一种结构将被“选择”，是非决定论的，是不可预测的。自组织临界态是复杂系统转变时刻的特征。自组织临界性是一种整体理论，全局特征，自组织临界性可以解释千千万万个自组织在局部互动后产生时空复杂性的传播行为。自组织临界理论告诉我们：一个自组织系统将试图使自知平衡于僵硬和混沌之间的某个临界点。

复杂理论中的混沌、分形、耗散结构、协同学等一系列新理论的诞生，对各个学科均产生了深远的影响，物理科学正在从决定论的线性可逆过程走向随机的非线性不可逆过程。

五、整体大于部分之和：涌现性

2023 年 3 月，美国人工智能公司 OpenAI 发布了人工智能 chatGPT，迅速在全球引发了对人工智能的狂飙。随着 chatGPT-4 的发布，人工智能的迅速迭代使人们相信这将开启第四次工业革命。当下的人工智能，都是基于机器学习和深度学习来展开的。从数据中自动学习知识，这门学问称为“机器学习”。深度学习发展起来后，大数据模型的重要性越来越明显，人们将数据称为人工智能的粮食。百度创始人李颜宏谈到人工智能的大数据模型时说：“大数据模型发展到亿级时，可以完成简单的任务，后来变成十亿级、百亿级，一直到最后参数规模达到千亿级时，可匹配足够多的数据进行训练，最后就会出现智能涌现”。与此同时，中国另一位知名企业家 360 集团董事长周鸿祎，被问及 ChatGPT 的终极进化形态及其潜在影响时，他认为随着 ChatGPT 的参数进一步扩大，当知识足够多时，有可能会触发某种突变，从混沌中催生意识！周鸿祎这里提到的人工智能产生的“意识”与李颜宏说的“智能涌现”是一个意思，即复杂系统的涌现。

在以分析的、还原论的范式下，人们通常认为整体等于部分之和。而在复杂的、整体论的范式之下，整体大于部分之和。所有复杂系统都具有涌现性质（Emergent Properties）。英国的系统论大师艾什比在他的《控制论导论》一书中举了这样一个例子：“碳、氢、氧几乎都是无味的，但它们的一种特定化合物糖却具有一种甜味，是三者都没有的，三种气体放在一起，产生了奇妙的整体涌现现象。”系统的这种整体涌现性是“整体具有部分及其总和所没有的属性”，整体表现出一种部分所不具有的新特征。所以，涌现是一种创新。

大科学家钱学森说过：“在组织一个大系统的过程中，系统内部的信息传递是个非常重要的问题，信息的准确程度对整个系统的功能关系极大。”凡高层次具有而低层次不具有的特性，即在高层次上观测到的属性，一旦还原到低层次就不复存在，这样的属性就是涌现特性。涌现性就是系统所具有，而其组成部分所不具有的新性质，即系统在宏观上所表现的整体性。涌现是复杂系统的一种整体模式。

涌现是指在复杂系统的自组织过程中涌现出新的、连贯的结构、类型和性质，相对于它们所出自的微观水平的分量和过程，涌现现象被定义为在宏观水平上出现的现象。在进化论中，所谓涌现就是一种新体系的产生，但却又无法根据先前的条件加以预测或解释。涌现的机理实质上就是实现跨层级，即从局域的，低层次的行为主体到更高层次的整体模式的跨越，涌现机理揭示了复杂系统层次之间的因果关系脉络。

“涌现的概念也带来了关于哪一层次决定其他层次的问题，当低层次部分影响高层次部分的行为时，微观决定出现了。当高层次部分决定低层次部分的行为时，宏观决定便出现了。”（《传播网络理论》P10）

一般来说，复杂系统由大量具有相互作用的个体组成，其突出表现是在没有中心控制和全局信息的情况，仅仅通过个体之间局域的相互作用，就可以在一定条件展现出宏观的时空或功能结构，在新的层次上涌现出具有整体性和全局性行为，这就是所谓复杂系统的涌现性。复杂系统所涌现出来的宏观全局行为，不管其复杂与否，都表现为在个体微观层次上不可能出现的的集群行为，在这里应该强调的是，非线性的相互作用对于集群行为的出现是至关重要的。网络传播的复杂系统就是由大量的相互作用的网友个体组成，网络传播的非集中控制性和连通性使网络传播的局部作用可以影响到全网络的整体行为，网络传播的涌现性表现了网络本身的复杂性。

以研究复杂性著称的美国圣塔菲研究所明确提出，复杂性，实质上就是一门关于涌现的科学，就是如何发现涌现的基本法则。圣塔菲学派强调组织和涌现，从个别行动者的适应性行动中涌现出复杂适应性系统整体的适应性，从简单性中涌现出复杂性，从无组织的行动者群体中涌现出有高度组织性的复杂适应性系统。复杂适应性系统整体的协调性、持存性、恒新性、不可预测性等，都不是单个行动者固有的，而是众多行动者通过聚集、整合、组织而涌现出来的。

中国人民大学哲学系教授、系统科学专家苗东升教授在2008年专门写过一篇论文《论涌现》，专门探讨对于英文的Emergence应该是用"涌现"还是"突现"来表达系统科学中的整体创新性？在该论文中，苗东升教授明确提出"涌现"应该作为系统科学的核心词汇。"命名：突现，还是涌现？中文的涌现，作为一个词古已有之，作为一个科学概念则是从英文emergence翻译过来的。最初流行的译法是突现，笔者早期也曾接受和使用过。经过十多年的思考和实践，中国系统科学界一致同意采用涌现一词，不再讲突现，上海科学教育出版社推出的研究生教材《系统科学》一书集中反映了这一点。但也有不少学者坚持使用突现一词，科技哲学界尤甚"，"学界已普遍认识到，涌现或突现是系统科学和复杂性研究的少数核心概念之一，术语的不统一不利于学科的发展。"

Emergence主要是强调从低层次到高层次、从部分到整体所发生的质变，即系统整体出现了部分所不具有的新性质。其基本特征有二，第一是非加和性，第二是方向性。从字面上看，汉语的涌现和突现原来没有这一层意思，需要重新定义。突现即突然出现，强调非加和性从无到有的突然性，实质是动力学描述的突变。苗东升教授分析到："整体的非加和性可粗略分为两类，系统存在临界现象时，非加和性的确出现突发行为，可以称为突现。当系统不存在临界现象，即Emergence的出现属于系统的渐变行为时，译为突现有原则性谬误。"，"非加和性赖以呈现的两种方式在现实世界中都大量存在，但通过渐进累积方式形成系统更普遍些。这类整体涌现性不能称为突现性。把 Emergence 译成突现有以偏概全之虞，可能导致错误理解。采用涌现则能囊括所有情形。”

苗东升教授认为，Emergence 也有上层和下层以及部分和整体的关联方向性问题，中文涌现一词能够表达方向性，而突现则不行。涌现表达了过程性、动态性和持续性，而突现表达的是瞬时性。另外，进化论中的“突变”（catastmphe）早已被普遍接受，是一个老概念，已成为生活用语，而“突现”是一个新词，需要专门定义，与其引入突现而赋予涌现的含义，不如直接使用“涌现”，也可避免“突变”与“突现”的混淆。

涌现是指在复杂系统的自组织过程中出现的新颖的和连贯的结构、模式和性质，即空间、时间或功能的自发创生过程。相对于它们所出自的微观层次的组成部分和过程，涌现是在宏观层次上出现的现象。涌现性是自组织系统的一个显著性质。涌现现象的本质体现在：复杂的事物是从小而简单的事物中发展而来的。涌现最基本的特征就是系统具有了其组成部分所不具有的一种整体性质，复杂系统涌现的这种整体性则主要表现为一种全局模式的整体序。复杂系统涌现的这个特征与一般系统涌现的整体特征是一致的，只是在复杂系统中表现得更加突出。

复杂系统涌现性是依随层次关系强调上一个层次依附于下一个层次，但它也同时强调上一个层次是从下一个层次中涌现出来，具有与下一个层次不同的“新颖性”，并从低一个层次的描述中不能推出也不能预言高一个层次的新特征。网络传播既简单又复杂是指“一对一的传播”，在网络上可以演化成“所有人对所有人的传播”，网络的复杂适应性系统特性使其传播的涌现性层出不穷，在不同的传播层次上都有涌现性产生。

六、从存在到演化：适应是一种坚强

世界“复杂”理论研究中心，美国圣塔菲研究所发现，有很多复杂系统，在特定的外部条件下，可以通过自组织形成特定时空结构的有序状态，在环境的影响下能够自组织、自学习、自适应，不断演化形态而生存、繁衍和发展。如果适应能力赶不上环境的变化，就会衰亡下去。科学家们称这种复杂系统是“复杂适应系统”（complex adaptive systems，或CAS）。美国科普作家米歇尔·沃尔德罗普在其所著的《复杂》一书中，指出“复杂适应系统”具有以下特征：（1）系统是开放的，即与其环境有能量、物质和信息交换，（2）系统能识别其动态过程中的一些规律性，（3）系统将无规律的信息作为随机信息处理（大多信息确实如此），（4）系统具有记忆、学习和产生对策的能力。

达尔文说：“适应性是变化着的过程而不是最后的最优化状态。”所以适应某种程度上是一种坚强。

但什么是适应呢？从复杂理论的角度看，事实上，一切生命都是一种合作形式，表达了来自混沌的反馈。达尔文的“适者生存”使人们更多关注了适者生存所面对的竞争环境，而忽略了“适者生存”的合作环境。其实“合作”才是适应者存活下来的必要条件。新生物学的一个尝试就是重新解释《物种起源》，他们的问题：“谁是适者：是那些彼此不断交战的，还是那些互相支持的？我们立刻看出，那些习得互助习惯的动物无疑是适者。它们具有更多的生存机会，它们在其各自的等级中保持最高的智力和体能发育。”

适应性的一个重要表现，就是具有自我聚集的本性，不安于孤身独处。

只要同一大环境中分散存在众多适应性行动者，它们就有自动聚集起来的趋向。聚集是一种相互作用，大量行动者在这种相互作用中逐渐找到稳定的关联方式，形成具有一定结构的聚集体，能够采取集体行动。

以普利高津为代表的远离平衡态的系统思想告诉人们，自然中存在一种协同共济的进化方式，这种协同共济的方式是自然从“微观到宏观”尺度的共同进化。细菌使大气进化，大气使细菌进化。共同进化以一种互为因果的无缝环把大尺度与小尺度耦合在一起。微观尺度与宏观尺度的共同进化是一种分形思想，其中大尺度和小尺度均作为一个完全相互联系系统的一个方面出现。所以，适应是一种合作，我们生活在混沌流之中，要保持我们个体的完整性，我们就必须在世界性尺度上与他人、与环境合作。

适应性造就复杂性。郝柏林先生提到：“复杂系统总是处于不可逆的演化过程中，连续的演化过程中有发生突变的可能性，复杂系统的长期行为是不可预测的。”“复杂系统总是处于发展、演化（或进化）之中。”“‘进化’和演化指的是系统结构和行为随时间的变化。”“复杂系统演化或发展的特点是不可逆性：一个复杂系统永远不会准确地回到它曾经处过的状态，否则它就是一个简单的周期系统。”（《混沌与分形——郝柏林科普文集》P 249）

从存在到演化的科学转化，开始于赖尔（C. Lyell）的地质学和达尔文的进化论，直到 20 世纪上半叶，物理学仍然属于存在的科学在物理学能及演化的科学转变中，普利高津的工作迈出了决定性的一步，从普利高津的思想中可以看到：研究封闭系统的是存在的科学，研究开放系统的才可能是演化的科学；研究平衡态的是存在的科学，研究非平衡态的才可能是演化的科学；研究线性系统的是存在的科学，研究非线性系统的才可能是演化的科学；研究可逆过程的是存在的科学，研究不可逆过程的才可能是演化的科学；研究确定性系统的是存在科学，研究不确定性系统的才可能是演化的科学，等等。从存在到演化，适应是一种坚强。

第八章

复杂网络

一、网络科学的崛起

二、规则网络：七桥问题

三、随机网络：泊松分布

四、社会网络：六度分离

五、小世界网络：弱关系的强度

六、复杂网络：幂律分布

七、复杂网络的节点增长和择优链接

八、复杂网络的分形结构

一、网络科学的崛起：具有涌现和自组织行为的复杂网络

21 世纪最具革命性的技术是网络科学的全面爆发和应用。网络科学渗透到科学、技术、社会生活中的几乎所有领域，网络科学表现出的惊人多样性也突显了其中明显的复杂性。在 21 世纪的开始的二十年间，网络传播经历了互联网和移动互联网的两个发展阶段，在这一过程中，复杂系统的整体涌现性在网络传播中得到了充分的体现，以复杂系统的思维研究复杂网络也成为网络科学的基础研究方向。

“1969 年 10 月，美国加利福尼亚大学洛杉矶分校的一位程序员查理·克兰，奉命通过普通的电话线进行第一次电脑之间的通信实验，这个实验是试图连通当时互联网上的唯一另外一个节点，该节点位于美国斯坦福大学。随后，在 1969 年 11 月和 12 月，美国加利福尼亚大学圣芭芭拉分校和犹他大学建立了第 3 个和第 4 个节点。1970 年美国马萨诸塞州的一个叫 BBN 的咨询公司建立了第 5 个节点，到了 1970 年夏天，美国麻省理工学院、兰德公司、系统开发公司和哈佛大学，分别建立了第 6、第 7、第 8 和第 9 个节点，到 1971 年底，互联网上有了 15 个节点，1972 年底，有了 37 个节点，互联网从此展开了腾飞的翅膀。”这是复杂网络创始人巴拉巴西在他的《链接》一书中对世界上第一个节点诞生时的描述。网络是系统由简单向复杂演化的产物，网络从一个小小的节点开始，通过不断填充新成员，节点数目在网络的整个生命周期内都在增加。如今，互联网上已有亿万个节点和链接，平均每天每秒钟就诞生 4 个节点，并仍在快速增长中。

作为有广泛意义的网络概念，真实生活中的社交圈子，作为人们与通常等级之外的人们相互交流的一种手段，早就以某种形式存在了，在移动

终端迅速普及的今天，全网社会意味着真实生活中的网络被量化了，被扁平化了，被透明了。全网社会进入了一个有意识的，完全受反馈和互动驱动的泛 IT 时代。

以网络的眼光看世界，复杂网络无处不在。我们四周都是无可救药的复杂系统，从社会到人体，从电脑到手机。我们的存在是根植于成千上万的基因的能力以无缝的方式一起工作，我们的思想，推理和对世界的理解是隐藏在数十亿的神经元之间的连接在我们的大脑，都是复杂网络系统。

复杂网络是由“大量”自组织网络组成的，不存在中央控制，具有丰富的“层次”，并可通过简单运作规则产生出复杂的集体行为和复杂的信息处理，并通过学习和进化产生适应性。毫无疑问，复杂网络是开放系统。如果系统有组织的行为不存在内部和外部的控制省或领导者，则也称之为自组织。由于简单规则以难以预测的方式产生出复杂行为，这种系统的宏观行为有时也称为涌现。这样就有了复杂系统的另一个定义，具有涌现和自组织行为的系统。复杂网络作为开放系统，信息在传播演化过程中形成的传播结构也日益复杂。

网络科学的特点：跨学科性质，数据驱动的自然，定量性质，计算自然。科学的目标是，第一能够收集足够的信息，这样就可以描述、量化。最终，如果能正确地量化，那么就可以在数学上制定。如果能在数学上制定它，那么就可以获得预测能力。如果获得预测能力，最终将能够控制它。现在有世界各地的公司，他们使用网络科学。

二、规则网络：从“七桥问题”开始

网络科学中理论模型的研究一直是最重要的课题之一，它的发展历史至今经历了三个里程碑，当中每个无一不是从理论模型取得突破的。第一个里程碑当属图论的诞生，归功于图论之父欧拉的开创性贡献。“图论”最早出现在欧拉1736年的论著中，他首先解决了著名的柯尼斯堡七桥问题和多面体的欧拉定理，从此开创了“图论”这门新的数学分支，这就是第一代科学家竖起网络科学的第一个里程碑，也是拓扑学的“先声”，因此关于哥尼斯堡七桥问题、多面体的欧拉定理、四色问题等成为拓扑学发展史上的著名问题。

世界数学史上最伟大的数学家之一欧拉（Leonhard Euler，1707—1783），在他令人惊叹和丰富的数学遗产中，有一个是他信手拈来的论文，讨论的是离欧拉所住的圣彼得堡不远的哥尼斯堡城（今俄罗斯加里宁格勒）中的七桥问题，这座城市建立了七座桥梁，人们在休闲生活中提出了这样一个关于“7桥问题”的智力游戏：“一个人怎样才能一次走遍七座桥，每座桥不重复地只走过一次，最后回到出发点？”。我们知道在数学论证中，必要条件是指“非它不可，有它不一定行”；充分条件是指“有它一定行，没它不一定不行”；不论必要条件还是充分条件，都不是最佳条件，最佳条件一定是充分必要的：“非它不可，没它不行”。充分必要条件是最节约、最省力的条件。1736年，20多岁的欧拉发表了论文《与位置几何有关的一个问题的解》，文中提出并解决了七桥问题，为图论的形成奠定了基础。欧拉提出了一个强有力的数学论证，证明了哥尼斯堡不存在穿过每座桥梁一次走遍全城的路线。这个发现是：图上带有奇数边的点，不是行程的起点，就是终点。而穿越所有桥梁的连续路线只能有一个起点和一个终点，起点和终点要重合，这是必要条件。中间经过的每一点总是包含进去的一条线和出来的一条线，除起点和终点外，每一点都只能有偶数条线与之相连。因此，如果要求起点与终点重合的话，那么能够一笔画出的图形中所有的点都必须要有偶数条线与之相连，这一条件是充分的。而从图中的四个点来看，每个点都是有三条或五条线通过，都是奇数的，所以不能一笔画出这个图形。欧拉由此得出结论：不重复的情况下一次走遍这七座桥是绝对不可能的。

“复杂网络”的创始人巴拉巴西认为，欧拉最了不起的地方，是把哥尼斯堡桥梁问题看作是点和连接起点的边组成的图。对于该问题，欧拉用点来代表每个由河流分隔开的陆地区域，分别用 A,B,C,D 来表示。接下来他把桥梁看作连接陆地的边，这样他就得到了由点和边组成的图形。欧拉在不经意间开创了一个新的数学领域：图论，由此欧拉也被誉为图论之父。数学家研究抽象网络结构的学科被称为“图论“。

图提供了一种用抽象的点和线表示各种实际网络的统一方法，因而也成为目前研究复杂网络的一种共同的语言。这种抽象的一个主要好处在于它使得我们有可能透过现象看本质，通过对抽象的图的研究而得到具体的实际网络的拓扑性质（Topological property）

实际上，图论与网络有着天然的联系，对于一个网络，如果不考虑其动态特征，每个网络节点视为一个点，节点间的连接关系视为边，则网络就是一个图，与网络相应的图包含了网络的全部结构特征。巴拉巴西在《链接：网络新科学》一书中评论到：“欧拉无意中传递给我们的信息非常简单：图或网络具有自身的属性，这种属性隐藏在它们自身的结构中，可以限制或增强我们使用网络的能力。”1875 年，也就是 150 年后，哥尼斯堡城建了一座新桥，从此人们可以一次不重复地走遍 7 座桥了。仅仅增加了一个边，就使七桥的布局得到改变，畅通无阻。

图论开启了对规则网络的研究。规则网络是最简单、但也是研究历史最长的一类网络，其中每一个节点只是真接连接到一些相邻节点，而那些相邻节点也同样彼此连接。在规则网络中，通常节点的度分布为函数关系，节点的群集系数比较高，平均最短路径长度也比较长，规则网络也称为欧几里得网络。规则网络只是真实网络世界中的特例。

欧拉的富有启发性的工作完成两个世纪后，科学界才从研究不同图形的属性转到研究图形或网络的形成原因上来。真正的网络是如何形成的？控制网络外观和结构的规则是什么？直到20世纪50年代，两位匈牙利的数学家爱多士（Edos）和雷伊（Renyi）对图论做出了革命性的贡献后，才提出这些问题，以及针对第一个问题的解答。

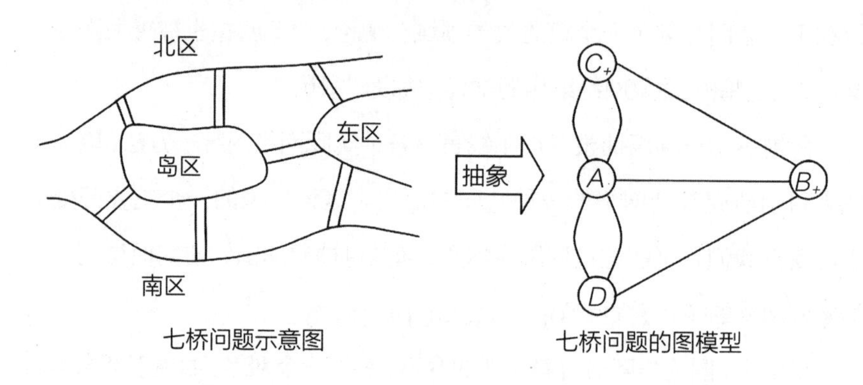

七桥问题示意图　　七桥问题的图模型

三、随机网络：泊松分布

以往图论研究的都是规则网络，20世纪50年代末，两位匈牙利著名的数学家爱多士（Edos）和雷伊（Renyi）第一个指出，真正的网络图，如社会关系网络等都不是漂亮规整的，而是无比复杂的。鉴于这些网络图的高度复杂性，两人认为这些网络都是随机的。1960年爱多士和雷伊发表了一篇经典论文，用相对简单的随机图来描述网络，建立了著名的随机图理论，简称ER随机图理论，应用于网络则称为随机网络模型，他们想出了一种新的构造网络方法，在这种方法之下，两个节点之间连边与否不再是确定的事情，而是根据一个概率决定。数学家把这样生成的网络叫随机网络（Random networks）。

该论文首次探讨了网络图中如何形成这一重要的问题。在探讨网络图或网络中的节点的链接数量的时候，他们使用随机性来解决图论问题的特色就显现出来。规则网络图的特别之处就在于每个节点都有恰好同样数量的链接。两维的垂直交叉直线构成的网络格中，每个节点正好都有4个链接；而在六角形的网络中，每个节点都正好和另外三个相连。而在随机网络中，根本不存在这样的规则性。随机网络中的每个节点随机地与少数其他节点连接。随机网络在节点之间有较低度的聚集度，同时，随机网络在网络的任何两个节点间也有较低的分离度。随机连接更可能令网络中远距离的部分彼此靠近。随机网络模型的前提是深刻的平均主义：我们完全随机地安排链接，因此所有的节点都有等同的机会获得链接。

因此，随机图论预言，如果我们随机安排社会链接，那么所得到的社会就会非常民主的，其中的所有人都处于中间状态，我们的网络是一个非常一致的结构。在爱多士和雷伊的随机宇宙里平均值占主导地位，该理论预言大多数人认识的人数量相当，大多数的网站的访问量也大体相同，“由于自然界是闭着眼睛向外‘抛洒’链接，长远看来，不会有特别走运或特别不走运的节点。”巴拉巴西评论到：“该理论将复杂性与随机性看作一回事”。

以一个平均值就能表征出整个群体特性的分布，我们称之为泊松分布。随机网络的节点度服从泊松（Poisson）分布，因而比较“均匀”，即大部分的节点度相差不多，少且它具有较小的平均最短路径长度和较小的群集系数。他们成功地揭示了随机网络的许多重要性质都是随着网络规模的增大突然涌现的，ER理论对于网络科学理论的影响长达40年之久，爱多士被誉为20世纪的欧拉，并于1984年获得沃尔夫奖。用图论的语言和符号精确简洁地描述各种网络，为数学家和物理学家等提供了描述网络的共同语言和研究平台，至今仍然是网络科学研究的有力方法之一，这是网络模型发展史上的第二个里程碑。

爱多士和雷伊的随机网络理论自1959年问世以来，就主宰了有关网络的科学思考。但真实的网络世界经验告诉我们，我们生活的世界远没有那么随机，在复杂系统背后，一定还存在某种秩序。随机模型的建立是在两个简单的，但同时往往被人忽视的假设的基础之上。首先，从一系列节点出发，一旦有了所有的节点，假设节点的总数就确定了，而且在网络的生命周期内都不会改变，即网络是静态的。其次，所有的节点都是一样的，由于看不出节点之间的差别，我们只是随机地将他们链接起来，网络是均匀的。在网络研究的40多年时间里，没人对这些假设提出疑问。随机网络成了网络模型的主导，人们普遍相信真实的复杂网络从根本上来讲都是随机的。但小世界网络和中心节点的发现改变了对随机网络的认识。

四、社会网络："六度分离"

1991年，美国百老汇上演了约翰·格尔写的舞台剧《六度分离》，获得了巨大成功，随后被改编为同名电影，电影中的男主角提到人们之间的关系时，对他的女儿开玩笑说："这星球上的每一个人都不过是被其他六个人分隔开来，也就是在我们与这个星球上的另外任何一个人之间的六度分离关系，只需六个人，我们就可以和这个星球上的任何人扯上关系，每个人都是一扇门，打开它就可以进入其他人的世界！"，从此六度分离成了一个著名的社会学名词，但这个名词的产生要早很多年。

我们常说“有人的地方就有江湖”，江湖就是复杂的社会网络的通俗称谓。其实，社会学家们早已经意识到社会网络的重要性。20世纪50年代，美国麻省理工学院的政治科学家伊锡尔·德索拉·普尔和数学家曼弗雷德·柯亨研究了美国社会中政治力量被动员的过程。他们希望了解，个人是如何掌握政治力量的，是通过何种人际传播方式组织起来的。普尔和柯亨提出了一个有关社会关系网络的理论，并由此预言说，人与人之间的联系，实际上可能要比自己设想的密切得多。这两位科学家合写了一篇论文，但从未正式发表。不过，这篇论文在精英文化圈中被广泛传阅，这其中的读者之一是美国哈佛大学社会心理学教授米尔格拉姆（Stanley Milgram），米尔格拉姆在这篇论文的启发下，做出了社会关系网络研究中最有名、也最优美的成果：六度分离（six degrees of separation）。

1967年，心理学教授米尔格拉姆做了一个别出心裁的试验，要求所有参试者把一封信通过熟人传送给某个指定的人，目的是探明熟人关系网络中路径长度的分布。在实验中，一个城市中随机选择的被试者被要求将邮件传递给另一个城市中的指定接收者。传递的方式是将邮件传递给该被试者认为最有可能认识该接收者的熟人（同时给米尔格拉姆发送一封明信片以便他可以追踪进度），并让其以类似方式进行传递。虽然大部分信件被丢弃，只有大约四分之一送往预定的收信人，但对结果进行统计分析发现，研究结果表明到达接受者的信件平均经历了5.5个人的手。平均过六个熟人就可以从起到到达目标人。米尔格拉姆因此说明人类社会是一个“小世界”，人与人之间的间隔并没有原来认为的那么大。米尔格拉姆的试验是小世界网络概念的直接源头，他自己并没有使用六度分隔这个词来描述这个现象，而是后来的研究者发明了这个词并使之广泛传播。由此产生了著名的“六度分离“的概念，已成为相关性研究的基础概念。这个实验广为人知，充分说明了人际社会网络是一个小世界，人际社会中人与人之间的平均最短路径是相对较短的。

该实验的另一个有意义的结论，是人在有限的目标信息下，能够有效地找到通往接受人的最短路径，这为网络搜索提供了社会学依据。在该实验中，对信件接受者的信息只有名字、城市名和职业。在这么有限的信息下，人们却能最终传递成功，这对研究社会网络的传播方式具有很大的启示。

六度分离的研究也启发了互联网络的研究者们。美国微软的研究人员在 2006 年利用网络信息对“六度分离理论”进行了网络实验，微软对 2006 年一个月通过 MSN 发出的 300 亿个即时信息的地址进行了研究。计算发现，78%的发信息者都可以通过6.6个信息联系在一起，也就是说，在网络上，最多通过 6.6 个人就能接触到任何一个陌生人。网络的力量来自链接，有了链接，我们就能够在网上冲浪、定向网页、采集信息，这些链接将大大小小的网站串成一个巨大的网络。

2011 年，美国社交网络巨头 Facebook 和米兰大学共同宣布了他们关于六度分离理论的新研究成果：他们已经确定世界上任何两个独立的人之间平均所间隔的人数为 4.74。Facebook 的研究对象是一个月内访问 Facebook 的 7.21 亿活跃用户，超过世界人口的 10%，研究表明，用六度来描述实际中两个人之间联系的间隔稍微显得有点大，实际在 Facebook 上，任何 2 个用户之间只有 5 度间隔的概率是 99.6%，任何 2 个用户之间只有 4 度间隔的概率是 92%。

五、小世界网络：弱关系的强度

“六度分离”理论给了我们两个重要的启示，一个是大量的社会链接能够将无比巨大的网络缩小成小小的世界，另一个是网络间的传播一定有一个最短路径。微博的快速普及则告诉我们"六离分离"还是"远"了，微博可以"一下子"找到你要找的人！

1. 爱多士数

随机网络的创始人之一爱多士(Edos)(1913—1996)是数学历史上仅次于欧拉的多产数学家，终生未婚，他以四海为家，行走于世界数学的"江湖"，全部生命和热情献给了纯粹数学，是数学史上一位伟大的传奇人物，平生创作了1500多篇论文和著作，他最大的特点是与其他数学家人的合作，在他发表的1500多篇论文中，有三分之二是合作发表的，与他直接合作的数学家高达500多人，遍布世界，其中也有中国和中国台湾的数学家，他有句口头禅：MY BRAIN IS OPEN，(我的大脑敞开了)，这种合作的风气已成为一种学术规范，而能够成为他的数百个合作者中的一位，都可以拥有巨大的荣耀。有数学家发现，爱多士的合作网络可以用他所喜爱的图论进行精确地描述，数学家们发明了爱多士数，每一个直接与爱多士合作发表论文的人被说成是有爱多士数1，任何与有爱多士数1的人合作过的人则有爱多士数2，以此类推。爱多士喜欢说："如果我与某人有K篇合写的论文，则他的爱多士数就是1/K"，爱多士数越小说明离大师越近。美国密歇根州的奥克兰大学的数学家格罗斯曼(JERROLD GROSSMAN)编制了一个可以正式发布的爱多士数表，并制作了一个网页，上面有详细的爱多士数信息，涵盖了数千名数学家，使所有发表过论文的数学家都可以计算自己的爱多士数。爱多士数的影响远远超过了数学领域，经济学家、物理学家、电脑科学家们也很容易与他联系上，爱因斯坦的爱多士数是2，诺贝尔经济学奖得主保罗萨缪尔森的爱多士数为5，微软创始人比尔·盖茨的爱多士数为4，DNA双螺旋结构发现者之一的詹姆斯沃森的爱多士数为8。爱多士数存在的本身，就表明科学界形成了一个高度相关的网络，在此网络中，所有的科学家都通过他们写作的论文而链接到一起，大多数的爱多士数都很小，说明这个科学网络是个小世界。爱多士数这一数学家们用以开玩笑的数学工具，正成为严肃工作的对象。

2. 从蛐蛐到小世界网络

小世界网络理论的提出者应用数学家和社会学家瓦特（watts）的父亲有一次跟他说，“你与美国总统之间只有六次握手的距离”，这个有趣的问题一直在瓦特的头脑中徘徊，并引导他把目光从研究蛐蛐转向了网络。

20世纪90年代中期，邓肯·瓦特在美国康奈尔大学攻读应用数学博士学位，当时导师让他研究一个特殊的问题：蛐蛐如何同步发出鸣叫？瓦特认为，要想充分理解蛐蛐如何同步鸣叫，就得理解它们如何能注意到其他的蛐蛐。蛐蛐是不是尝试倾听所有其他蛐蛐的叫声？影响蛐蛐或是人类相互影响的网络结构是什么样的？瓦特渐渐注意到自己对网络越来越感兴趣，对蛐蛐越来越没了感觉，于是，他怀着“忐忑不安和几乎绝望”的心情找自己的导师，应用数学家史蒂文·斯图加特兹（strogatz），希望能把研究重点放在网络上面，斯图加特兹是混沌理论和同步理论的专家，也是一位能包容奇思妙想的导师，他们很快超越了随机网络理论的界限。

瓦特从思考“我的两个朋友相互认识的可能性有多大？”开始了网络理论的研究，根据随机理论，由于节点是随机连接的，所以他们相识的可能性很小，但真实的网络世界并不是这样，根据“弱关系”理论，人们会形成自己的社交圈子，圈子与圈子之间有联系，所以，为了测量圈子形成的群集属性，瓦特与斯图加特兹引入了群集系数的概念。群集系数能说明你的朋友圈子有多紧密。在格拉诺维特眼中的社会包括许多高度联系的群集，群集与群集之间由较弱的关系联系起来。社会群集是我们凭直觉所能感受到的。在互联网上群集现象更是无所不在，真实的世界具有“小世界”的特点。

邓肯·瓦特与斯图加特兹率先从数学上定义了小世界网络的概念，并且研究了怎样的网络结构会具有这种特性。为了确定网络的“小世界“程度，瓦特和斯图加特兹计算了网络的平均路径长度。两个节点之间的路径长度就是两个节点之间短路径的边的数量。平均路径长度则是网络中所有节点之间的路径长度的平均值。瓦特和斯图加特兹想知道，如果我们对这样的规则网络稍加改动，将少量与要邻节点连接的边改成长距离连接，平均路径长度会受到怎样的影响呢？他们发现，影响相当剧烈。

瓦特说：“只需很少的随机连接就能产生很大的效应，不管网络的规模多大，前 5 个随机重连会将平均路径长度平均减少一半。这解释了小世界性：一个网络如果只有少量的长程连接，相对于节点数量来说平均路径却很短，则为小世界网络。小世界网络也经常表现出高度的集群性。

1998 年瓦特和他的导师斯图加特兹在《自然》杂志上发表《小世界网络的集体动力学》一文，引起了网络科学的研究浪潮。之后又在《小小世界：有序与无序之间的网络动力学》一书中给以系统的总结。他们首次将群集现象与随机网络的偶然性统一了起来，在规则网络的基础上加入随机性，提出了小世界网络（Small-world networks）模型，描述从完全规则网络到完全随机网络的转变，使得生成的新网络具有所谓的“小世界”特性。

在随机世界里，虽然也是个小世界，但是对朋友构成的群集不够友好，而在规则的网络里，节点间的距离太过遥远。小世界网络就位于规则和随机网络的两个极端之间的一个连续体中，小世界模型发现：即使只是添加少数几个链接，就能把所有节点之间的平均分隔大大降低，这少数几个链接不会太大地改变网络的群集系数，这一特性说明了人们在网络传播的时候范围虽然可能比较有限，只要其中有少数人的网络圈子交往比较广，拥有远距离的链接，网络信息传播系统就能构成小世界。巨大的网络无需充满随机链接，就能显示出小世界的特性，只需少数几个远程链接就够了。这一发现的中心含义是，在网络链接中相对微小的改变就可以在整体网络结构中产生巨大的变化。瓦特在他的著作《小小世界》关于复杂系统的阐述中，对小世界网络微观层次变化和宏观层次属性之间的细微联系进行了进一步探讨。

物以类聚，人以群分。在基于互联网的社交网络中，大大小小的社群，形成了形形色色的、特定情境和主题的虚拟社区。人们用网络科学研究这些社区，发现复杂网络中常常具有大规模分布却又“小世界”聚集的性质，甚至是“超小世界”聚集的性质；这些网络常常是无标度的，或者在多尺度上表现出幂律分布的性质；网络的鲁棒性和脆弱性并存的性质；以及网络内部的自相似性质等。当前网络科学研究的一个热点是社区群体行为以及社区影响力的传播机理。

总之，小世界网络既具规则网络类似的聚类特性，又具有与随机网络类似的较小的平均路径长度，即同时具有较小的平均最短路径长度和较大的群集系数，后者明显有别于随机网络模型。小世界网络有两个基本特征：一是群聚系数大，即局部集团化程度高，二是平均最短路径小，资源或病毒在网络中流动速度快。凡同时具有高群聚程度和最短路径的网络，都具有小世界特性，都是小世界网络。

3. 弱关系的强度

小世界网络的六度理论强调的是通过熟人的熟人认识更多的熟人，这是一张放射状的网络。网络世界虽然漫无边际，但每个个体在网络上只会与特定数量的人群交流，美国的FACEBOOK是世界最有影响力的SNS网站，全球用户超过8亿，2009年4月8日，美国Facebook的首席执行官马克·扎克伯格（Mark Zuckerberg）在他的博客中提到“平均每个用户有120个朋友”。扎克伯格提到的FACEBOOK“平均每个用户有120个朋友”意味着每个人构成了一个“小世界”圈子，同时由于“平均每个人有120个朋友”，那么每个人就有120个小世界圈子，以此类推，圈子的数量是指数扩大的，正像中国的兰州拉面一样，每根面条均可生成出新的更细的面条，每个人的“小世界”圈子又被嵌套在圈子的圈子中，交错复杂，数目庞大，信息传播的路径深不可测，其传播的性质捉摸不定，同时信息在其中的传播瞬间进行。

1973年5月，美国的《美国社会学杂志》（American journal of Sociology）发表了一篇署名为马克·格兰诺维特（Mark Granovetter）的论文，题目是“弱关系的强度”（The Strength of Weak Ties），这篇论文被公认为最有影响力的社会学论文之一。在“弱关系的强度”这篇文章里，格兰诺维特提出了一个乍看起来十分荒谬的观点：若论起找工作、获取消息、开饭馆，或是传播最时兴的潮流，我们的较弱的社会关系比起自己所珍视的坚实的友谊能起到更重要的作用。生活经验告诉我们，有时找熟人办事没有找不熟悉的人效率高。在随机网络中不存在朋友和圈子，因为我们和其他节点的链接完全是随机的，相互之间的关系较冷漠和平均。但在格兰诺维特的眼中，社会组织成一个个度相关的集体，是一个节点串，或称为圈子，每个人都有自己的节点串，或者说每个人都是某个节点串的一部分，在节点串构成的圈子里的人相互都认识，这个圈子通过少数的向外链接与外部世界联为一体，不至于处于隔绝状态。

格拉诺维特于1974年写的《谋职》（Getting A Job）一书中，探讨人们通过哪些方式利用其非正式的社会关系获得关于工作机会方面的信息。他感兴趣的是在信息传递方面的关系类型，这些关系“强”还是“弱”。强关系的重要性早已被理解。与一个人密切接触之人拥有很多重叠的接触者。他们相互认识并在很多场合下互动，因此，他们拥有的关于工作的信息也趋于一致。其中任何一个人获得的信息也容易传遍全体。反之，他们一般不会为网络之外的人提供什么新信息。他们获得的信息容易变得“陈旧”，是其他人已经获得的信息。我们都与一个强关系构成的核心群联系，并与群中的人频繁交流，同时还存在联系不频繁的弱关系。格兰诺维特有关“弱关系的力量”的假设是：弱关系促成了不同群之间的信息流动。正是通过不经常接触的一些弱关系以及处于不同工作环境的人，才可能提供新的不同的信息。在格拉诺维特看来，获取有用的职业信息方面，短的弱关系链居于重要地位。强关系可能与我们有着同样的传播路径，但弱关系却是完全不同的传播路径，所以与弱关系的一丁点联系，都可以让我们感受到世界的新鲜和好奇。1983 年，格兰诺维特在一篇文章中强调：事实上，在社会网络中，弱关系比强关系更为重要。网络中圈子内的关系是强关系，而圈子与圈子之间的联系是弱的，但不是断的，只要是有联系的，就保证了传播路径的存在。网络传播中的弱关系中包含着大量的不确定性，同时也隐藏着大量的通向确定性强关系的路径，弱关系中存在的随机性和无意性使所有传播的细节都有可能成为强关系的传播线索。网络传播中的大量个案许多都是通过陌生关系的传播产生的，发一个帖子，很可能就会被一个“陌生的”“无关紧要的”“不认识的”人转贴，传播开来，形成传播规模，产生出人意料的传播效果。

2012 年 1 月，美国 Facebook 在官方博客中发表署名艾唐 · 巴克什（Eytan Bakshy）的研究报告“Facebook 研究报告：重视社交网络

"弱关系"称，通过量化分析和理论研究不难发现，社交网络用户分享的更多信息来自弱关系，并因此成为重要的新观点传播媒介。报告称："我们发现，尽管人们更有可能消费并分享经常互动的密友发布的信息（例如讨论前一天晚上聚会的照片），但绝大多数信息都来自他们并不经常接触的人。这些远距离联系人更有可能分享新颖的信息，证明社交网络可以成为一个分享新观点、突出新产品并讨论时事的强大媒介。""人们分享 Facebook 强关系发布的内容的可能性高于弱关系。""弱关系传播了人们原本不太可能看到的信息。""总体而言，人们最终从弱关系好友那里分享了更多的信息。"结论是："人们更有可能分享来自强关系的信息，但由于基数更大，Facebook 中的多数信息传播仍然来自弱关系。上述数字表明，尽管强关系的个体影响力（橙色）更大，但总体而言，多数的影响力仍然来自弱关系。"

强关系提供信任；弱关系提供信息。在网络中，关系就是数据，人的关系结构是可以量化的；通过网络结构、位置、角色以及态度和行为进行双向思考；弱关系负责传播不负责行为，强关系负责行为不负责传播。

弱关系被社会学家认为是传播新思想和创新的最好桥梁。哈佛商学院副教授安得烈·迈克菲指出，弱关系有助于解决问题，收集信息，并导入陌生的想法。他们帮助把工作做得更快，更好。这是什么使这些关系如此强大。连接处于不同社交圈的人之间的联系往往较弱。格兰诺维特认为，薄弱的联系可以形成社会团体之间的桥梁，因此对信息的传播和经济流动性都很重要。

总之，格兰诺维特的弱关系理论使网络看起来既不平静又不均匀，而是有点破碎。互联网和移动互联网的 SNS 网站是典型的"小世界网络"，由于数据规模巨大，信息传递很接近于传统的社会关系网络，具有明显的"海内存知己，天涯若比邻"的"小世界"特征。

六、复杂网络：中心节点和幂律分布

为什么现实世界中会有小世界这种结构？有假说认为至少有两种相互矛盾的选择压力导致了这种结果：在系统内快速传播信息的需要，以及产生和维持可靠的远程连接的高成本。小世界网络具有较短的平均路径长度，同时又只需相对较少的长程连接，从而解决了这两个问题。

进一步的研究表明，根据瓦特和斯托加茨提出的方法，从规则网络开始，对一小部分边进行随机重连，产生的网络与许多真实世界网络的度分布并不一样。很快不同的网络模型就被提了出来，其中就包括无标度网络，一种更类似现实世界网络的小世界网络。复杂网络创始人巴拉巴西在《链接：网络新科学》一书中评论爱多士和莱利之所以把网络描绘为完全随机的原因是，他们从来没打算提出放之四海而皆准的网络形成理论，他们更醉心于随机网络的纯数学之美。而真实的网络远非随机网络那么平静和均匀，具有小世界的特点，但小世界只是真实网络的一部分。巴拉巴西团队的发现彻底否定了随机网络的平均主义模式，让人们开始窥见真实网络世界的真容。1999 年，美国印第安纳州圣母（norte Dame）大学物理系的巴拉巴西（Barabasi）教授和他的博士生 Albert 从统计物理的观点出发，发现了复杂网络的无标度性质，提出许多实际的复杂网络的连接度分布具有幂律形式。由于幂律分布没有明显的特征长度，该类网络又被称为无标度网络（Scale-Free networks）。

网络科学家发现，他们研究过的自然、社会和技术网络中，大部分都具有这些特征：高度的集群性、不均衡的度分布以及中心节点结构。这些特征的出现显然不是偶然的。如果将节点随机连接起来生成一个网络，则所有节点的度数都会差不多。同样的，网络中也不会有中心节点和小的集群。

在随机网络思维的统治下，对网络访问量做大量统计实验之前，科学家预测，连接数应当服从泊松分布或正态分布，即每个网站的被访问量差异不会太大。钟形曲线也被称为正态分布。正态分布有特定的尺度。在正态分布中，平均值同时也是频率最高的值，然而，实测结果推翻了这个预测。网页的度分布是无标度而不是钟形曲线。巴拉巴西的研究小组设计了一种软件，可以从一个节点跳到另一节点，收集并记录网上的所有连接。在对几十万个节点进行统计之后，发现了令人惊异的结果：当绝大多数网站的连接数很少的情况下，却有极少数网站拥有高于普通网站百倍、千倍甚至万倍的连接数。在互联网中，其结构也是被一些高度链接的中心节点所主导，如新浪、网易、腾讯等，中心节点的存在颠覆了网络空间是平等的幻象。中心节点的存在使网络呈现小世界的特点，而中心节点和众多节点之间的链接，为网络传播系统中任意两点创造了传播路径。无标度网络有4个显著特征：1，相对较少的节点具有很高的度(中心节点)；2，节点连接度的取值范围很大(度的取值多样)；3，自相似性能 4，小世界结构。所有的无标度网络同时也具有小世界特征，但不是所有小世界特性的网络都是无标度网络。

但是互联网中到底是什么机制，使它偏离了随机网络的平均主义预言呢?

1999年，巴拉巴西小组发现无处不在的中心节点具有等级差别，并且符合幂律。所谓等级差别是指许多节点仅有几个链接，少数几个中心节点拥有众多的链接，缓慢降低的幂律分布很自然地能和高度链接的中心节点结合起来。无标度网络一定遵循连接度幂率分布。幂律是指在网络中随机抽取一个网页，它刚好会有某个数目的进入或者发出的超链接的概率，与它所拥有的超链接的数目，两者是满足乘方关系的。网页的入度分布大致是：入度为 k 的网页数量正比于 1/k2。即“指数为 -2 的幂率分布”。幂律分布的形式一般为 xd，其中 x 是入度这一类的量。描述这种分布的关键是指数 d。不同的指数会产生不同的分布。无标度网络 = 连接度幂率分布。

幂律告诉我们，网络的连接与尺度没有关系，无标度网络没有“特征尺度”。无标度的英文叫 Scale-Free，其中 Scale 是刻度、标尺的含义，Free 是自由的、什么都可以的意思，其潜在的意义是说，如果是任何标度或刻度都可以的话，那么就跟没有标度是一样的！如果幂律分布的网络是这种无标度，那么是否有新的测度来测量这类网络呢？答案是有的，这就是分维度。幂律分布的复杂网络系统具有标度不变性和自相似特点，即网络结构是“破碎”的分形结构，关于分维的内容将在本书的第六章详细讨论。

幂律的曲线像一条长长的尾巴，在幂律分布的网络中，缺乏峰值，说明在真实网络中，不存在带有普遍性的典型节点。这种“长尾”分布表明，绝大多数个体的尺度很小，而只有少数个体的尺度相当大，这种分布的共性是绝大多数事件的规模很小，而只有少数事件的规模相当大。

在连续的等级分布中，无法找到一个特定的节点，说它能代表其他节点的特性。这样的网络不存在内在的尺度。因此，巴拉巴西研究小组把符合幂律分布的网络称为“无标度”网络。

随机网络的度分布是泊松分布，度值比平均值高许多或低许多的节点，都十分罕见，是一种高度“民主”的网络，而无标度网络的度分布则是幂律分布，节点度值相差悬殊，往往可以跨越几个数量级，是一种极端“专制”的网络，二者之间有本质的区别。在过去的40多年里，科学家们一直想当然地认为现实中的网络都是随机的，但无标度特性的发现打破了这种构想。

无标度是复杂网络混沌本质的反映。无标度性是“蝴蝶效应”产生的属性。我们所讨论的网络传播实质上是探讨复杂网络传播的规律，互联网与移动互联网为一个无标度网络，则网站、博客、网友等均是网络中的节点，网友从数量上占网络中结点的绝大多数，但它们仅与网络中少数的网站或社区相联系，因此是属于分散节点，而门户网站尽管仅占少数，但它们却与网络中大多数节点相联系，因此属于无标度网络中的集散节点。复杂网络具有空间和时间的演化复杂性，展示出丰富的复杂行为，特别是网络节点之间的不同类型的同步化运动，包括出现周期、非周期、混沌和阵发行为等运动。

Watts于2007年在《Science》上发表的一篇题为“21世纪的科学”的文章的主旨就是：如果处理恰当，关于在线通信和交互的数据有可能对于我们理解人类集群行为产生革命性的变着手机、GPS和Internet等能够捕捉人类通信和行踪的电子设备的日益普及，我们最有可能在真正的定量意义上首先攻克的复杂系统可能并不是细胞或Internet，而是人类社会本身。

长尾理论是网络时代兴起的一种新理论，由美国人克里斯·安德森提出。长尾理论认为，由于成本和效率的因素，过去人们只能关注重要的人或重要的事，如果用正态分布曲线来描绘这些人或事，人们只能关注曲线的“头部”，而将处于曲线“尾部”、需要更多的精力和成本才能关注到的大多数人或事实。而在网络时代，由于关注的成本大大降低，人们有可能以很低的成本关注正态分布曲线的“尾部”，关注“尾部”产生的总体效益甚至会超过“头部”。即众多小市场汇聚成可与主流大市场相匹敌的市场能量。安德森认为，网络时代是关注“长尾”，发挥“长尾”效益的时代。美国安德森《长尾理论》主要谈的是：如何在信息化的网络时代低成本、大规模、高质量地满足个性化需求。这里要强调的是，在商业上电子商务不仅仅是网络零售，B2C（Business To Customer）的商业模式是传统工业经济时代大规模、流水线、标准化、低成本的运作模式，“长尾理论”告诉我们的是未来真正的商业模式应该是 C2B（Customer To Business），如何让目标消费者自己主动找到需要的个性化服务和产品才是数学时代面临的商业挑战。本质上，长尾理论是对复杂网络幂率特点的通俗解释。

七、复杂网络的节点增长和择优链接

没有谁有意识地将互联网设计成无标度分布。互联网的连接度分布，是网络在形成过程中涌现的产物，是由网络的生长方式决定的。1999 年，物理学家巴拉巴西和阿尔伯特提出了一种网络生长机制——择优链接，用来解释大部分真实世界网络的无标度特性。其中的思想是，网络在增长时，连接度高的节点比连接度低的节点更有可能得到新连接。网页的入度越高，就越容易被找到，因此也更有可能得到新的入连接。换句话说，就是富者越富。巴拉巴西和艾伯特发现，择优链接的增长方式会导致连接度的无标度分布。

巴拉巴西与阿尔伯特通过追踪万维网的动态演化过程，发现了许多复杂网络具有一种惊人规模的高度自组织特性，形成无标度特性的主要机制是网络节点增加和随机择优连接两条规则，而且随机择优（偏好）是产生无标度特性的最重要的机制。特别是后者，无标度网络模型在生成过程中，先从一个全连接的小网络最简单情形，就是单个节点开始，每一步以某种概率增加一个新的节点，而新节点要与网络中已经存在的一些节点进行随机连接，连接的概率和被选节点的度成正比称为择优连接，那么这样动态形成的网络就是无标度网络。

无标度网络模型中为什么会出现中心节点和幂律分布？首先，节点增长在其中起了重要作用。网络的增长意味着早先的节点比后来者有更多机会积累链接：假如某节点最后一个加入网络，那么网络中的其他节点都没有机会和他建立链接；假如某个节点是最早存在于网络的，那么后来的所有节点都有机会和它建立链接。因此，节点增长特性会给先存在的节点带来明显的优势，使其成为链接最丰富的节点。但这还不足以解释幂律的出现。中心节点还需要第二个定律的帮助，即择优链接（preferential attachment）。节点永远在为获得联系而竞争，因为在相互联系的世界中，链接数量就代表了生存能力。因为新节点乐于和链接多的节点建立链接，早到的链接多的节点会经常被选中，也会比晚到的链接少的节点增长得更快，由于越来越多的节点添加进来，它们也都选择链接多的节点，最早存在的一批节点必然会变得与众不同，各界起大量的外国投资，它们会变成中心节点。这种择优链接的情结，在网络中就导致了真实网络的那条“长长的尾巴”，即幂律。当我们把网络认为是随机的时，就会把网络理解为静态的，无标度网络模型反映了人类对网络认识上的进步，认识到网络是动态系统，由于节点和链接的增加而不断变换。巴拉巴西说：“在复杂网络中，无标度结构不是例外，而是常态。”

节点增长和择优链接实质反应的是信息结构自组织的表现，也是网络自组织动态演化的手段。在微博的发展初期，人们发现微博的商业应用中有一个重要的经营内容，就是粉丝的经营。微博粉丝的度分布已经告诉我们“富者越富”，许多人开了微博后先通过各种方式使自己的粉丝看来非常多，这样就会吸引更多的真实粉丝关注。专注于研究中国微博舆情的武汉大学的沈阳教授将微博粉丝分四类：钢丝，弱丝，恶丝，僵丝。许多大号微博的粉丝就是由这四类粉丝构成。沈阳教授认为"钢丝"通常给予稳定的感情支持，关注博主自身的感情生活，而"弱丝"则能够对博主的观点进行相对客观评价，给出较多的不同意见，砥砺博主的言论。"恶丝"则言辞激烈，恶言恶语锤炼博主的挨骂能力，考验博主的修养，让博主"越挫越勇"，"僵丝"则是滥竽充数的。

复杂网络中，幂律描述的正是曲线的自相似与放大倍数的比例关系。"无标度"形容少数节点连接数大大超出普通节点的现象。几个超级节点拥有了多数的连线，而大部分节点则拥有很少的连线，这样的网络就是无标度网络。在一个无标度网络中，节点彼此之间的联系不是随意或平均分布的。无标度网络模型的一个显著特点是它们结构的"不均匀"性，即少数节点有很高的度、但大部分的节点的度却很小，这种无标度网络的平均最短路径长度和群集系数也较小，但比同规模的随机网络的群集系数要大。

巴拉巴西在《链接：网络新科学》一书中写道："网络并不处于随机到有序的路上，它们也不处在随机性和混沌的边缘。相反，无标度拓扑结构证明了，在网络形成过程中，一直有一些组织原则在起作用。这里毫无神秘之处，因为节点增长和择优链接能够解释自然界网络中的基本特性。不论网络多大、多复杂，只要在存在择优链接和节点增长因素，它就会保持中心节点和无标度拓扑结构。"[17]

八、复杂网络幂律分布的分形结构

如果说巴拉巴西在《链接》中，向大家展示了幂律是如何构造复杂网络空间的，那么在他的《爆发》(Burst)一书中，巴拉巴西则向人们深刻地揭示了幂律在网络传播中如何切割时间的。巴拉巴西在书中提到一个钞票游戏，人们在钞票上标记记号，然后花出去，研究人员追踪钞票传递的路径和时间规律。研究发现，被标记的钞票在长时间的消失之后会出现短时间的密集活动。短时间的活跃和长时间的静默相互交替出现，形成一个时间上精确的规律：幂律。一旦时间幂律出现，就会出现活跃的“爆发”点。本质上，被标记的钞票相当于网络传播中的信息！被花出去的钞票相当于微博上被“转发”出去的信息，只不过钞票“走”得较慢。巴拉巴西在书中阐述“爆发”现象时特别强调这种现象遵循列维飞行理论（Levy Flight），鲍尔·列维（PaulLevy，1886—1971）是法国伟大的数学家，概率论的奠基人之一，是分形之父曼德勃罗特的老师。列维飞行理论是指符合幂律分布的随机运动，而幂律分布是区别列维飞行与其他随机运动的特征。列维飞行的宏观轨迹是一系列折线或者孤立的康托尔尘埃点集。列维飞行的轨迹是典型的分形。列维飞行理论早在爱因斯坦研究布朗运动的原子轨迹时是就发现了，布朗运动轨迹是分形的！列维飞行正是分形理论的创造者曼德勃罗特命名的。[18]

巴拉巴西所说的“爆发”，即时间间断的幂律规律，也相当于“阵发”现象，这在曼德勃罗特早期的噪声研究中就已经发现，“爆发”的实质是“康托尔尘”！是分形的！

幂律与分形有密切关联。幂律分布的结构是分形！幂律指数则是相应的分形维，维数量化的正是分布的自相似与放大倍数的比例关系。复杂网络的无标度伴随着自相似结构向极限延展。人们看到的是连续的有等级的节点，从罕见的中心节点到无数的小节点一级一级分布开来，呈现不同等级具有相似结构的特征，它们在所有缩放尺度上都自相似。最大的中心节点后面紧跟着两三个较小的中心节点，然后是十几个更小的节点，以此类推，真到最后的无数的小节点。少数人的微博客拥有过百万千万的粉丝，而同时又有巨量“僵尸博客”存在。以网页被点击次数的分布为例，尽管中国向近 5 亿网民提供的网站过百万，但只有为数不多的网站，才拥有网民一次访问难以穷尽的丰富内容，拥有接纳许多人同时访问的足够带宽，进而有条件演化成热门网站，拥有极高的点击率，像新浪、搜狐、腾讯、网易等门户网站。80% 的显示广告点击流量来自不足 20% 的网站，2/8 定律在这里也适用。因此，我们可以说，网络的度分布具有分形结构，因为它是自相似的和嵌套的。结论就是，分形几何结构是产生幂律分布的一种方式。

分形几何的主要价值在于它在极端有序和真正混沌之间提供了一种可能性。分形最显著的性质是：看来十分复杂的事物，事实上大多数均可用仅含很少参数的简单公式来描述。其实简单并不简单，它蕴涵着复杂。分形几何中的迭代法为我们提供了认识简单与复杂的辩证关系的生动例子。分形高度复杂，又特别简单。无穷精致的细节和独特的数学特征（没有两个分形是一样的）是分形的复杂性的一面。连续不断的，从大尺度到小尺度的自我复制及迭代操作生成，又是分形简单的一面。

要强调的是，网络的幂率分布模型是过度简化的，因为不管是小世界还是无标度模型，所有节点都被当做是一样的，除了连接度；所有的边的类型和强度也是一样的。而边和节点类型的区别，以及边的强度，对于信息在网络上的传播有很大影响，所以简化的网络模型无法抓住这种影响。

在网络科学中，有两大类图，一类是复杂网络的关系演化图，如前文提到的全球互联网地图；一类是复杂网络中的信息传播路径图。在网络科学的初期，人们并没有把这两类图明确地区分开，这两类图本身有许多相似之处。但如果深刻理解混沌分形的思想，复杂网络中的传播路径图还是非常有特点的。

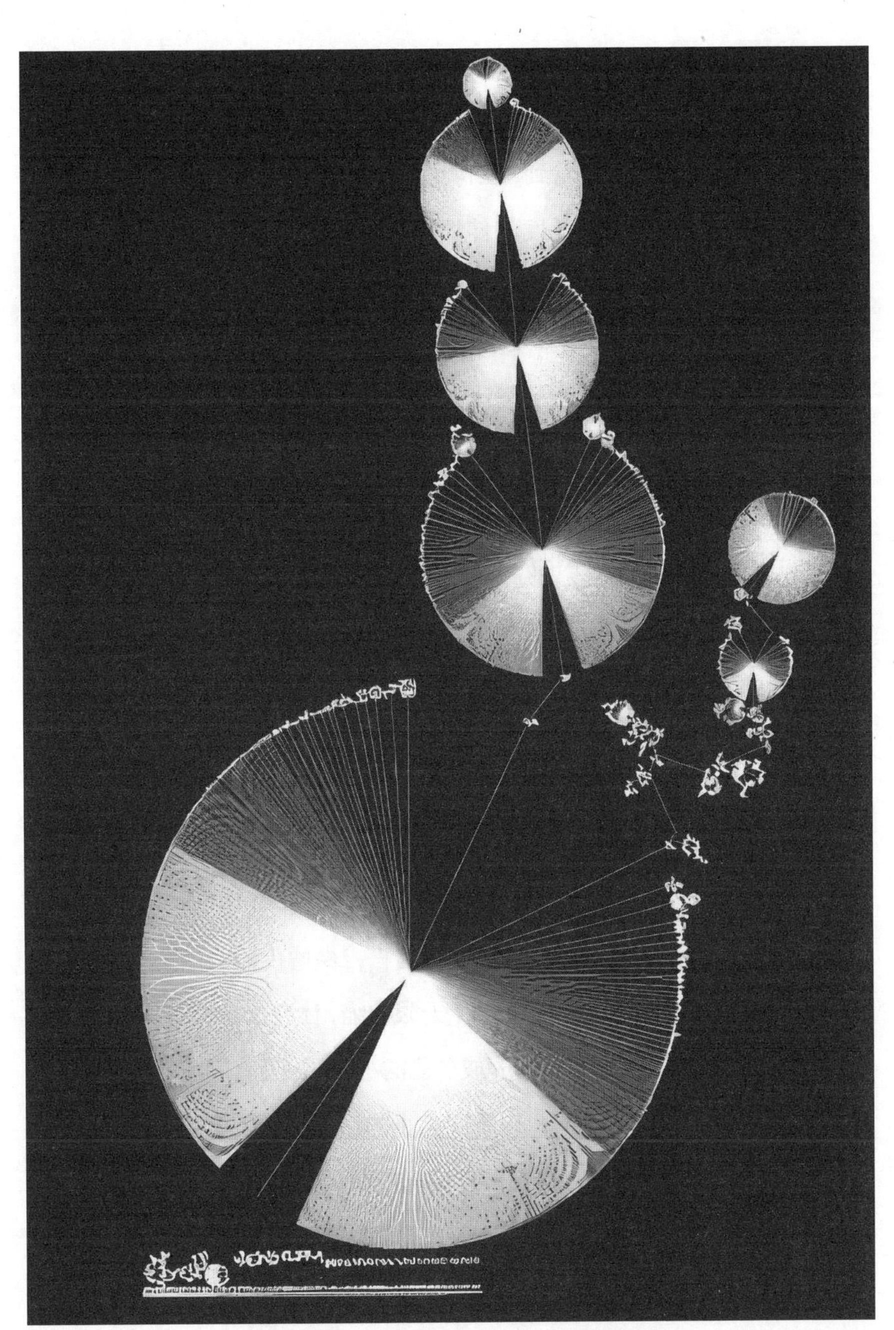

“上帝的指纹”图，中国传媒大学沈浩教授制作

2012中国网络科学论坛上，中国传媒大学沈浩教授根据真实数据制作的杜蕾丝官方微博传播路径图，准确无误地让我们看到网络传播的自相似特点，从图中可以看到，在每个圆形的边界任取一点放大，都是同一个圆的缩小，体现了无标度的伸缩对称性。这是杜蕾丝官方微博发布后，被其他大号微博转发的结果，并且这个过程是无限的！非常具有美感和艺术性。他演讲的题目是“发现数据应用之美：数据挖掘和社会网络分析”，在他的演讲中沈教授亲口确认为抓取自杜蕾丝微博的真实数据，这张图本身具有震撼人心的美。沈教授本人认为这张图有种“六度空间”的感觉，确实，根据复杂网络的特点，这张图中的每个圈都代表着一个中心节点，每个圆盘形成了一个小世界空间，圈与圈之间是弱连接，图中的圆圈无论大与小，形状上是相似的！这叫自相似，并且这种自相似是嵌套的，每圆圈的边缘任意取一点放大，仍然是大图的结构。笔者认为这张图充分体现了微博的碎片化传播，这张图准确无误地显示了微博在幂律分布的复杂网络中传播的分形路径，无标度的伸缩对称性和自相似性。学术上叫“混沌分形图”。

图中，杜蕾丝微博转发是在每一环级无限延展的，体现了传播路径无尺度嵌套结构的无限自相似性！在杜蕾丝官方微博传播路径图“上帝的指纹”中，微博被不同量级的粉丝转发，无限伸缩，体现出微博幂律分布中的长尾特点，而每一个转发中心都形成自己的小长尾，没有固定的尺度，是无标度的，对于同一个分形结构，以不同大小的量尺来量度可观察的区域，分形会具有一致的分形维度。这是分形结构的重要特征。

第九章

网络的碎片化传播

一、复杂网络的碎片化传播

二、复杂网络的传播动力学

三、碎片化传播的蝴蝶效应

四、碎片化传播的对称破缺

五、碎片化传播的路径依赖

六、网络传播的整体涌现性：破碎的聚合

一、复杂网络的碎片化传播

“碎片化”是对当前中国社会传播语境的一个形象描述，它是网络时代最明显的传播特征。在中国，网络信息以“碎片化”的形式传播，每个人都可以利用“碎片化”时间，随时随地自由地表达思想和观点，交流情感和信息，展现自己的聪明才智。所谓自媒体，是以网络上的微博、微信、直播、论坛、短视频等新媒体为载体的个人媒体的总称。当人们可以利用自己的碎片化时间接收信息时，说明信息也以碎片化的形式被传播，信息的碎片化是媒介的破碎化结果。美国著名未来学家阿尔温·托夫勒指出，这是一个碎片化的时代，信息碎片化、受众碎片化、媒体碎片化。在中国，微博、微信、今日头条、抖音、快手、西瓜视频，以及知乎、网络直播等新媒体逐渐成为信息传播的主要工具、舆论的策源地，并逐步影响舆论的走势！“双微一抖”即微博、微信和抖音这类网络传播形式把信息的碎片化传播演绎到了淋漓尽致的地步，简短的视频和语言、平等式交流、裂变式传播、碎片式呈现、即时性发布与搜索、开放式群聊，这些特点使网络上真正形成了网络传播的碎片化信息洪流。

2013 年初，美国耶鲁大学教授大卫·盖勒特在《连线》杂志发表文章称，互联网正在从基于空间的模式向基于时间的模式转变。互联网上的所有信息很快将变成基于时间的结构。基于空间的结构是静态的，而基于时间的结构是动态的。其结构反映了从“平台”向“流”的转变，无论是 Twitter 消息还是 Facebook 时间线，都是以时间来组织的信息流。在网络上，由于一个人对一个人的传播，产生了所有人对所有人的传播。网络传播看似简单，实则复杂。一个人对一个人的传播是简单的，所有人对所有人的传播是复杂的。复杂网络传播系统考察的对象就是有大量自组织、大量自由度的开放系统。网络传播中任何一条信息的传播参与者均是该信息系统的自组织，自组织的互动、跟帖、评论是信息在网络传播生命的动力；一个尺度上组分的相互作用会导致更大尺度上复杂的全局行为，而这种行为一般无法从单独个体的自组织行为中演绎出来。

碎片化传播时代的一个主要标志就是人们可以利用碎片化时间进行信息交流和共享，网络的碎片化传播是利用碎片化时间进行信息传播的主要形式，碎片化传播使信息产生了实时流。网络传播的碎片化实时流信息与手机结合后更为明显，手机微信已成为人们每天必备的传播工具，而微博的信息量百分之七十以上是来自手机！手机更能体现碎片化时间的信息交流方式，手机也让碎片化传播更显著。

网络传播的多样性是随着技术进步和精细化而发展出来的，网络传播的多样性是指传播形式的千变万化，网络传播形式体现了网络媒介本质的媒体表达。媒体是信息的载体，是以各种各样的形式体现出来的，在呈现方式上有文字的、声音的、图像的、视频的，这是基础的呈现方式，但在网络上，无论是文字、图片、声音还是影像，全被“粉碎化”成各式各样的形式，并以复杂的结构嵌套在一起，形成令人眼花缭乱的网络传播生态多样性，互联网上从邮箱到即时信息，从博客到播客，从图片到视频，垂直论坛，搜索引擎，社区人际交流等，移动互联网上手机报、手机杂志、手机电视、彩铃、彩信、短信、二维码、图铃、蓝牙等。网络传播的多样性使传播的信息以各种各样的面貌存在，构织出了一个无处不在的信息海洋。

近几年，网络直播迅猛发展，普通网民的参与度急速攀升，各大网站纷纷开设网络直播平台，网络直播正从“网红时代”进入“全民直播时代”。网络直播提升了新闻现场感，每一部手机都是制造网络新闻和产出舆论的平台，每一个网民都可能成为信息的来源和传播的媒介。由此带来的新变化和挑战，值得重视和研究。

我们正切身感受着网络新媒体带来的冲击，人们已经隐隐地感到一种重大的、由网络引发的改变正在酝酿之中。由于对网络本身的特性还没有完全认识清楚，存在着一种面对网络的“焦虑”感，网络不同于以往的任何传播媒介，表面上纷乱复杂，对其的认知看似无从下手，以传统的思维方式看待网络只是一种权宜之计，对于网络的认识应重新以理性的、科学的眼光来审视。

在网络的碎片化传播的研究中，从科学哲学的视角来解读网络传播的基本规律，通过解读复杂网络的幂律分布特征，深入探讨网络传播的混沌动力学特点；通过详细讨论网络传播路径的分形特征，从而更进一步地理解网络传播规律。这种解读需要颠覆传统的跨界思维，形成新的关于传播的互联网思维。当技术进步不断地颠覆我们的生活方式时，我们的思维方法也必须改变。这种颠覆是在传统理论之上的扬弃。

网络舆论所面临的实际问题是极其复杂的，以互联网和移动互联网为代表的新媒体出现后，传统的思维方式已不能理解数字化时代的传播规律，信息爆炸，网络的破碎化，使传播环境更趋复杂，一些新的传播现象令人费解，人们在莫名其妙和目瞪口呆中眼看着周遭发生的事而不知其所以。这需要构筑全新的互联网思维。

法国伟大的数学家柯西说：“人必须确信，如果他是在给科学添加许多新的术语而让读者接着研究那摆在他们面前的奇妙难尽的东西，那么他就已经使科学获得了巨大的进展。”任何知识要变成直觉意识都必须有一个过程。一门新的科学形成的过程，就是不断尝试对其中心概念进行定义的过程。科学的进步往往就是通过为尚未完全理解的现象发明新术语实现的，随着科学的逐渐成熟，现象逐渐被理解，这些术语也逐渐被提炼清晰。

已有的传播学是从传播的社会功能出发，以系统论、信息论、控制论为基础理论，以社会信息交流尤其是大众传播、人际传播为研究对象的一门交叉学科。相信未来传播理论基础还要加上复杂理论、耗散理论、自组织理论及混沌分形理论等，这将使我们对传播的看法更全面。正像在20世纪控制论对传播学的全面渗透和影响一样，在21世纪，以混沌分形为代表的复杂理论将会使传播学走上一个新的台阶，把混沌和分形思想应用在传播学中将会得出惊人的结论！

虽然网络传播的定量化可以轻而易举地得到各种各样的数据，但是以何种思维和认识方法及信念来理解这些数据是首要的，这里首先是思维和信念问题，而不是技巧和形式问题。虽然我们可以对每一种存在的网络技术形式如微博、微信、微电影、博客、视频、搜索等进行深入的探讨和分析，但在网络传播中一定存在着在所有网络传播形式之下的基本传播性质，这就要尝试去理解网络的最根本属性，这种传播原理应凌驾于所有网络传播形式之上，不论网络技术发展到何种程度，复杂理论和混沌分形的科学哲学可以为网络传播的基础学理分析和研究范例提供一些基本的思想框架。

如果用一句话来表达网络的碎片化传播，就是："网络的碎片化传播是复杂网络的传播，复杂网络传播结构是开放自组织的，网络的碎片化传播过程是混沌的，是通过对称破缺向前推进的，碎片化传播的路径是分形的，碎片化传播的效果是涌现的！"[19]

二、复杂网络的传播动力学

小世界效应和无标度特性等发现标志着网络科学发展的第三个里程碑，表明网络无处不在，并具有普遍的规律，由此诞生网络科学。许多现实网络的实证研究表明，真实世界网络既不是规则网络，也不是随机网络，而是一大类确定性与随机性混合的网络，兼具小世界和无标度两种特性，这样的一些网络被称为复杂网络（Complex networks）。网络系统的复杂性既包括子系统节点的复杂性，也体现在子系统之间互联结构的复杂性。中国的科学家钱学森给出了复杂网络的一个较严格的定义：具有自组织、自相似、吸引子、小世界、无标度中部分或全部性质的网络称为复杂网络。

网络的复杂结构是无标度的，大量的中心节点拥有最大限度的链接，而网络上以“人是万物的尺度”为中心的社区与圈子，使网络的复杂适应性系统构成本身是嵌套的，大尺度包含着小尺度，大网站套着小网站，网站之间互相链接，网络上的百客丛生，网站里的社区，社区里的群，群里的兴趣组，信息以即时的形式、帖子的形式、邮件的形式、跟帖的形式、灌水的形式、专栏的形式等各种“破碎”的形式流动，而形式之间相互包容又相互开放，信息正是在这多元的网络形式中存在和传播传递。由于网络结构在形式上的无法分解与相互黏合，使信息一旦在网络上传播，将以各种网络形式传播。

复杂网络的研究，在大量网络现象的基础上抽象出两种复杂网络：一种即小世界网络，另一种即无标度网络。这两种网络都同时具有两个基本特征：高平均集聚程度、小的最短路径，而无标度网络的度分布又具有幂律分布特征。因此无标度网络的复杂性程度还高于小世界网络的复杂性程度。高平均集聚程度反映了事物在小世界的境况下自发走向有序的态势；小的最短路径特征反映了演化速度快的特征。系统的低层次的因素之间的局部交互作用会更密集，作用会更频繁，在系统层次会涌现出更多的性质。实际网络的复杂性特征。一方面，它具有无序演化的特征，另一方面，它也具有增加有序程度的演化特征。它具有分形和混沌的特征，具有自组织演化的特征，复杂网络的小世界和无标度特性的发现是近年来网络研究的一次重要突破，从此，复杂网络的研究开展得蓬蓬勃勃。网络思想为描述自然界复杂系统的共性提供了新的语言，也使得从不同领域得到的知识能相互启发。就其本身来说，网络科学天是它自己所说的那种中心节点，它使得本来相隔遥远的学科变得很近。

如果说巴拉巴西在《链接》中，向大家展示了幂律是如何构造复杂网络空间的，那么在他的《爆发》(Burst)一书中，巴拉巴西则向人们揭示了幂律在网络传播中如何切割时间的。如果说混沌主要在于研究过程的行为特征，则分形更注重于传播路径本身结构的研究。混沌是产生时空结构的物质非线性运动，分形是指由混沌动力学系统形成的轨迹、路径、标志和形态。混沌与分形是同一问题的两个方面，是有机结合、不可分割的。混沌理论在系统尺度上对系统的演化过程进行研究，以发现影响其变化的内在因素以及在不同时间标度下的变化，并做出描述。而分形，则是以不规则过程和形式作为研究对象，其研究对象刚好与混沌系统中稳定结构相符合。

互联网是一个无标度网络，互联网的拓扑结构限制了我们无法看到网络的全貌。互联网上不是随机连接的，由亿万个中心节点、节点和链接构成。同时，这一大尺度的结构中，还有无数的小尺度结构，幂律隐藏在节点的丛林中，长尾里面套着更细小的长尾，交织在一起，网络的混沌传播就是在这种空间结构中游走，在数学上，把这种空间结构称为：分形。复杂网络传播的过程是混沌的，网络传播的路径则是分形的。

三、碎片化传播的蝴蝶效应

我们觉察不到的极其轻微的原因决定着我们不能不看到的显著结果，但我们却说这个结果是由于偶然性。偶然性是无法预测的现象，它们好像不服从所有的定律。研究表明，当传播网络规模无限增大时，无标度网络的信息扩散临界值趋于零，这意味着在服从幂律分布的复杂网络中，即使很微小的、偶然的信息扰动，也足以在庞大的网络中迅速蔓延和传播。这就是碎片化传播中的“蝴蝶效应”。网络传播中的“蝴蝶效应”无处不在，众多令人瞠目结舌的网络事件，不断地见证着“蝴蝶效应”的巨大威力。网络碎片化传播中的“蝴蝶效应”一般可从两个方面来理解，一个是微小的因素引发的巨大结果，一个是由偶然因素引发的传播规模和声量的巨大无比。

谣言几乎与人类历史同龄。随着网络的兴起，谣言满地都是。碎片化传播时代，散布任何有关虚假的、具有误导性的谣言都变得十分容易。谣言的传播最易产生传播上的蝴蝶效应。人民网评论谣言的危害：“网络谣言的盛行，网络暴力的滥用和频现，也正将全民舆论推向暴力化、情绪化甚至极端化的歧途。网民在‘围观’的名义下，不负责任地转发，甚至摇旗呐喊，更多的并非出于理性思考，而是蓄意发泄。”

美国人卡斯·R·桑坦斯的《谣言》一书认为谣言通过两个部分重叠的过程进行传播：信息流瀑现象和群体极化效应。信息流瀑现象是指一旦有人开始相信谣言，相信的人就会越来越多。信息流瀑之所以发生，是因为我们倾向于相信别人的所信和所为。当人们追随一些“意见领袖”的言行时，信息流瀑现象就会更容易发生。群体极化效应指当想法相似的人聚在一起的时候，谣言经群体讨论后，更容易剑走偏锋，他们最后得出的结论会比交谈之前的想法更加极端。如果我们认识的大多数人都相信一则谣言，我们就会很容易相信那则谣言。桑坦斯认为人们通常并不是中立地处理信息，其偏见会影响他们对信息所作出的反应。偏颇吸收（biased assimilation）指人们以一种有偏见的方式来吸收和消化信息。那些已经接受了虚假谣言的人不会轻易放弃相信谣言，特别是当人们对这种信仰有着强烈的情感依赖时，谣言就更加不容易被放弃。在这种情况下，要驱逐人们头脑中的固有想法，简直困难至极。

网络的碎片化传播过程是网络自组织互动传播产生涌现的混沌动力学过程。我们的经验告诉我们，网络的信息传播不存在确定的因果关系，网络的碎片化传播存在着大量无处不在的随机因素，正是因为网络的复杂耗散的特点，使众多细小的随机因素可以引发大量的转发，产生网络碎片化传播的蝴蝶效应。

在没有大事件发生时，网络上并不是风平浪静的，而是在各个“小世界”的局部范围内产生“爆发”式的信息波浪。巴拉巴西的《爆发》一书向人们深刻地揭示了幂律在网络传播中是如何切割时间的，幂律是把时间切成碎片的一把快刀，碎片化时间在幂律分布中的信息“爆发”点，是网络的碎片化传播产生蝴蝶效应的对称破缺点，这些对称破缺点是“初始条件敏感”节点。复杂网络的幂律空间结构，让能产生“爆发”的对称破缺点无处不在，这些无处不在的“爆发”点能否产生蝴蝶效应取决于这些点的“敏感”性。在网络的碎片化传播中，产生蝴蝶效应的点一定是来自“爆发”点，但以幂律分布的“爆发”点却不一定能产生蝴蝶效应！

网络上，网络传播系统一旦触动某敏感的传播点，或者进入到某传播路径，该传播系统的传播路径便会依赖于以前的路径和状态。网络传播的路径依赖是从对初始条件敏感开始的。

我们在网络的碎片化传播中经常看到一个微小的原因导致了巨大的结果，或者说任何巨大结果的产生都有可追溯的路径根源，无论它可能多么微不足道，这就是混沌传播过程蝴蝶效应的路径依赖。路径依赖的概念叙述了小历史事件发生对于演化结局的影响，发生、放大、锁定，这就是路径依赖的复杂隐喻意义。第一个使路径依赖理论声名远播的是美国经济学家道格拉斯·诺思。由于用路径依赖理论成功地阐释了经济制度的演进,道格拉斯·诺思于1993年获得诺贝尔经济学奖。路径依赖的思想可以在网络传播中解读碎片化传播。

蝴蝶效应的本质是说一切事物都是相互关联的,都处在一个巨大的相互关联的复杂网络系统中。蝴蝶效应的机制可通过路径依赖这个概念进一步解释。路径依赖是指系统演化的路径敏感地依赖于系统的初始条件或初始状态。路径依赖主要强调偶然性的历史事件对于传播的影响、作用以及它的后续性效应,路径依赖更多是从时间的宏观尺度描述复杂网络系统的传播行为。网络传播中的路径依赖还指传播路径的不可分割性,我们已经知道复杂网络的无标度性,中心节点是构成网络的有机构件,它们的实际数量很少,但却高度连通,使它们将所有节点连成一体,不可分割。网络信息只要一触网,即不可与网分离,自行蔓延。

度大的节点不一定是最有影响力的节点。大家一般认为Hub节点一定影响大,未必如此,度大不一定影响力大!传播的行为需要多次强化才能产生效果!高聚类网络更适合行为传播。衡量网络中一个节点的影响力大小使用三个变量:度,中心度(key shell ,剥洋葱般能够得到的一个节点所处的网络层次),介数。所以,虽然复杂网络有中心节点,但不一定是最有影响力的节点!因为从混沌动力学来看,产生蝴蝶效应的点不一定是中心节点,在网络的碎片化传播中,每个节点都可能是引发巨量传播的初始条件,处处都可能是中心节点!网络的碎片化传播更多的是普通节点产生的巨大影响力。

网络传播的因果关系中包含了过去和未来的不对称性,在对应于过去的一端,存在着可以打破对称性的触点,可以看做是传播的初始条件。初始条件也是相对于传播效果而言的，网络传播的初始条件可以是与传播信息相关的任何一个微小的点，由于网络的耗散互动性，使得那些看起来微不足道的点极其“敏感”，可以轻易地被触发和扰动。网络传播过程是不可预测的，就是运动的路径初始条件有微小的变化，也会产生巨大的路径变化。网络传播中的信息传播条件极其敏感，对信息的微小干扰都会产生巨大的信息传播动荡，众多的网络传播个案均说明了这一点；初始条件指能够启动系统演化确定系统路径选择的那些随机偶然事件的发生，一般是无法预料的。一些系统外部偶然性事件的突然出现，如许多网络红人可能会因为一张照片、一个评论、一个短视频而出名。网络传播的初始条件不仅是指这种事件本身，更重要的是能够引发快速传播的“环境”，比如微博、微信、抖音等就是一个个巨大的“敏感池”，许多网络传播事件的初始条件都是在这类“敏感池”中引发了巨量的传播。所以，网络传播的蝴蝶效应具有四两拨千斤的效果。网络状态变化的轨迹敏感依赖于网络的初始状态。

网络传播系统中存在的互动机制对传播中敏感的初始条件的触发而产生传播的引爆点。网络传播中的启动机制通过“蜂拥控制”“关键标志”展开，通过点击产生流量，使信息迅速变“热”，信息在传播路径的各个分叉节点被“分流”出去，引爆流行。由此，网络推手更可以系统地建立启动机制，使网络传播的效果最大化。网络的互动使传播的正负反馈机制开始启动，网络传播便按照给定的条件和启动的正负反馈机制一步一步地在某种道路上演化起来，假如原来系统朝何方向演化还不确定，那么这时，系统的演化路径和方向便越来越确定了，其演化方向的不确定性此时变得越来越小，传播的整体涌现性开始形成。

在网络传播中，任何事件都有无数的“初始敏感条件”等待着人们去触发，任何一个看似无关紧要的细节，都有可能成为网络传播的引爆点！一个小小的“过失”可以引发一个“巨大”的结果。网络传播的力量在不同层面、不同角度向我们展示其威力，无论在社会层面还是市场层面，网络碎片化传播所带来的效应都不能忽视。

四、碎片化传播的对称破缺

一条信息的网络传播系统是由信息的发布者对网络传播路径的秩序进行安排，如对发布信息的博客、播客、网站、SNS 等网络传播组分进行组织、整合，未曾组织或整合不当的网络传播系统，其结构是混乱无序的，这主要体现在信息在网络发布后出现的转载、评论、关注、跟帖等的蔓延和渗透。

网络上，一条信息被放在网站上，或以博客的形式，或以播客的形式，或以跟帖的形式，等等，如果这一信息只是以其最初的形式存在，没被以另外的形式传播出去，这一信息是对称的；如果该信息以点击链接的形式被转发，或转帖，或转载，信息存在状态的对称性就被打破了，形成了这一信息的对称性破缺，其传播路径及参与互动的网友与该信息产生围绕着这一信息传播的复杂系统，形成网络信息传播。

网络的碎片化传播过程是对称破缺式的裂变传播：“双微一抖”的用户通过手机或者计算机等终端将信息发布到自己的账号首页上，其关注者通过各自的终端获取到这一信息，如果信息被认为有传播价值，就可能被转发到自己的自媒体上，与自己的关注者分享，新的关注者又可以再度转发……每一次转发都是对信息平衡状态的一次打破，网络信息的存在是一种动态的对称状态，转发是对称的破缺。如果网络是绝对均匀的、静止的，信息状态也是对称的，那么每种传播方式都可以被视为一个内部竞争现象，与此同时，这个传播过程又被邻近的与之竞争的过程所抑制。传播在空间和时间的对称破缺在形态上是多样化的。

在网络的碎片化传播中，从一个个众群体到另一个个众群体的信息传播，主要就靠转发。比如微博的“转发”这一功能可以将原始微博的全文在传播过程中保存下来：当关注者点击“转发”，再添加上自己的评论，就能在自己微博主页上形成一条“评论+原始博文”的新微博；如果此微博被再次转发，原转发者的评论还能被保留下来，成为再转发者新微博中的一部分内容。与早已存在的网络社区的帖子转发不同，微博的转发是横向、浅显、轻快、碎片式的，而社区的帖子转发是纵深、垂直、完整、集中式的，微博的转发加评论更加明快和多点式，微博的碎片式转发能引起巨大的传播效应，其传播速度异常快速，是一种成几何倍数增长的网络传播。大多数的微博信息都是转发的产物。这种转发机制更容易促使围观的产生，人们对一条有争议的微博可以广泛转发，并且加注自己的态度和观点，论点的争锋和意见的碰撞很容易就聚合起人们的注意力，形成围观效应。

网络信息的每一次被转帖、被链接、被评论使网络信息系统产生了多样性和复杂性，形成信息传播的分叉节点。网络传播的结构错综复杂，互相嵌套，社区套社区，组群套组群，朋友圈套朋友圈，互相包含，互相被包含，互相搜索，互相被搜索，相对封闭又完全开放，是畅通无阻的连通系统，所以网络信息传播的对称性破缺处在信息被传递的每个分叉节点“附近”，一个小小的评论或跟帖，通过互动反馈和反复迭代，可以放大到出现岔道的程度，网络信息传播系统可以沿着一个新的方向发展，所以网络传播系统的分叉是至关重要的一刹那。在此期间，网络信息传播的分叉点要么使该信息系统瓦解、冷却，要么经过周期倍化通向混沌，要么经过一系列的将新变化与其环境互动使信息的注意力达到稳定，一旦为其互动反馈所稳定，通过信息内部分叉的系统会抵御长时间的进一步变化，直至某个新的临界扰动把反馈放大，产生新的分叉点。

在分叉点处，与环境有能量流通的系统实际上正赋予秩序一次“选择机会”。有些选择的内部反馈过于复杂，结果实际上存在无穷多的自由度。换言之，所选择的秩序太高了，它简直就是混沌。另一些分叉点提供耦合反馈在此产生较少自由度的选择机会。这些选择会使系统表现得简单且规则。但这是虚伪的，因为在像孤波那样的貌似简单的秩序中反馈亦难以捉摸的复杂。

网络传播信息系统在出现分叉的时刻，蕴涵了精确的环境条件。时间是无情的，但在分叉中，信息被不断轮回，信息在一定意义上被没完没了地保持，因为它靠反馈、互动、关注、被关注、转发等所取的岔道得以稳定，分叉节点是网络信息传播系统演化中的里程碑，它们“记录”了网络传播系统的历史。

网络的碎片化传播往往是一个看似平常的信息，经过反复的互动“加热”，使其意义被丰富，信息在“冷”“热”转换过程中创造出全新的传播意境，充满了“意外”和“惊奇”。可以把网络的碎片化传播过程想象成一棵树的不断分叉，从树根到树叶，树的每一次分叉就代表了将一个节点团做展开生成更细节的节点。原则上，一棵树可被视为一个移动极为缓慢的闪电。它的时间尺度慢了 10—12 倍，网络上信息的传播速度是瞬间的、跨越时空的。本图被旋转了 90 度。横着看，从左到右，树干相当于不动点，然后是清晰可见的周期性和倍周期分叉，越往右边随机性分叉随处可见，最终形成混沌。碎片化传播中的转发好像树的每一分叉，都有一个对称破缺点，形象地表现了一条信息被不断转发产生混沌的“涌现”性。

"不断分叉的鸡蛋花树"（笔者拍摄）

五、碎片化传播的路径依赖

网络的混沌传播是一个在确定性网络信息系统中存在的内在的随机传播现象，是初始条件敏感的，是确定与随机相融合的现象。网络传播的确定性，是指它的产生是由其内在因素所导致，而非外界的随机干扰。网络传播的随机性是指其传播行为的不可预测与不规则性。在网络传播的混沌现象中，既体现了确定性系统中的随机性，又表明了随机性中的确定性。

网络的碎片化传播路径是按时间分布的，前文提到巴拉巴西所说的"爆发"，即时间间断的幂律规律，长时间的消失之后会出现短时间的密集活动。短时间的活跃和长时间的静默相互交替出现，形成一个时间上精确的规律：幂律。一旦时间幂律出现，就会出现活跃的"爆发"点。我们已经知道幂律与分形密切相关。所以，网络传播的混沌过程是以分形的形式传播的。

如果说网络的碎片化传播过程是混沌的，那么任何一条网络信息的传播必有其传播的结构和路径。巴拉巴西在《链接：网络新科学》中，向大家展示了幂律是如何构造复杂网络空间的，在《爆发》一书中，则向人们揭示了幂律在网络传播中是如何切割时间的。巴拉巴西所说的"爆发"，在网络的碎片化传播过程中，是指任何一条信息在产生蝴蝶效应之前的时间分布状态，即间断的幂律规律。我们得到的启示是，网络的传播路径是分形的！如果说混沌主要在于研究过程的行为特征，则分形更注重于传播路径本身结构的研究。混沌是产生时空结构的物质非线性运动，分形是指由混沌动力学系统形成的轨迹、路径、标志和形态。

由前文我们知道复杂网络的幂律与分形密切相关。互联网是一个无标度网络，互联网的拓扑结构限制了我们无法看到网络的全貌。互联网上不是随机链接的，而是由亿万个中心节点、节点和链接构成的。同时，在这一大尺度的结构中，还有无数的小尺度结构，幂律隐藏在节点的丛林中，长尾里面套着更细小的长尾，交织在一起，网络的混沌传播就是在这种空间结构中游走，在数学上，把这种空间结构称为分形。复杂网络传播的过程是混沌的，网络传播的路径则是分形的。

在网络的碎片化传播研究中，出现了大量的可视化路径图，这些图千姿百态，但总体来说是分形的。分形具有任意尺度意义下无法测量的自相似性和标度不变性。这种局部和整体的特殊的、不可微的、无穷嵌套的自相似性，为人类认识自然和控制自然提供了新的工具。

碎片化传播的分形结构是不规整的：网络传播信息的条件并不是完整和规矩的，传播的维度是碎片化的，出其不意的，网络信息存在的结构多种多样，朋友圈，短视频，群，空间，社区，网站，一条网络信息游离于这些错综复杂互相嵌套的网络结构当中，这些不规整的网络传播结构只是信息存在的不同网络时空状态，是复杂网络进行混沌传播的网络路径。以分形的思想来考察网络传播，网络传播的时空不是规整的，而是“破碎”的，也就是分形的。所以网络的碎片化传播是有着深刻的数学和几何意义的！

网络传播的自相似性：对于同一个信息在网络传播中的分形结构，信息的自相似性就是传播的结构尺度一层一层缩小的嵌套重复性，它们不仅在越来越小的尺度里重复细节，是以某种固定的方式将细节缩小尺寸，造成某种循环重现的复杂现象。信息在门户网站和社区交流以及在微信或微博上传播，就是同一信息在传播尺度上的缩小，但经反复的互动振荡，逐渐蔓延开来。

分形的自相似性揭示了一种新的对称性，即系统的局部与更大范围的局部的对称，或说局部与整体的对称。这种对称也称伸缩对称性。

我们知道自相似是一种特殊的对称性。所谓自相似性，就是指局部与整体相似，是指某种结构或过程的特征从不同的空间或时间尺度看都是相似的。另外，在整体与整体或局部与局部之间，也会存在自相似性。由于局部中又有其局部，而它们都是相似的，这样整体与局部都具有无穷尽的相似的内部结构，且在每一小局部中所包含的细节并不比整体所包含的少。因此，分形是有无穷自相似性的图形或集合。一般情况下，自相似有比较复杂的表现形式，而不是局部放大一定倍数以后简单地与整体重合。

人们发现在我们原来看不见的网络空间中，信息的传播路径是如此之美，不禁令人赞叹网络的科学魅力。网络的碎片化传播所形成的路径图，是自然规律在人类社会化网络实践的投射。大自然中的所有形状和人们考虑的一切图形，可以分为两大类。一类是具有特征尺度的，例如人的身高，球的半径，建筑物的长、宽、高等。具有特征尺度的几何体有一个重要性质，即构成几何体的线或面都是光滑的。另一类是没有特征尺度的，即必须同时考虑从小到大的许许多多尺度（或者叫标度），例如夏季天空中翻滚的积雨云，北方冬季玻璃上的冰霜，以及极为普遍的湍流现象，小至静室中缭绕的青烟，大到木星大气中的涡流。这些所谓“无标度”的几何体，其实是分形的一个重要特征。标度不变性指在分形上任选一局部区域，对它进行放大后，得到的放大图形又会显示出原图的形态特性。在杜蕾丝官方微博可视化传播路径图“上帝的指纹”中，我们看到的正是这一特征！因此，对于分形，无论将其放大或缩小，它的形态、复杂程度、不规则性均不会变化，所以标度不变性又称为伸缩不变性。

2011 年 5 月 8 日，美国特种部队在巴基斯坦击毙恐怖大亨本 · 拉登，轰动世界，Twitter 成了这一新闻的主要来源。为了理解 Twitter 是如何传播本 · 拉登之死消息的，美国一家名为 SocialFlow 的研究公司对近 1500 万个与本 · 拉登事件相关的 Twitter 信息进行了分析，并制作了可视化传播路径图。图中最显眼的是传播本 · 拉登死讯的第一个人是美国前国防部长拉姆斯菲尔德的总参谋长凯斯 · 厄本(Keith Urbahn)，本 · 拉登被击毙正式消息发布前的一小时，凯斯 · 厄本率先通过 Twitter 证实了本拉登被击毙的猜测。他的微博发出一分钟内，Twitter 有五万个关注者的纽约时报的记者布兰 · 斯特尔特(Brian Stelter)进行了转发，随即产生“蝴蝶效应”。随之而来的转发和评论超过了主流媒体，也超过了白宫正式发表的声明。引发了 Twitter 新闻传播的大爆炸。

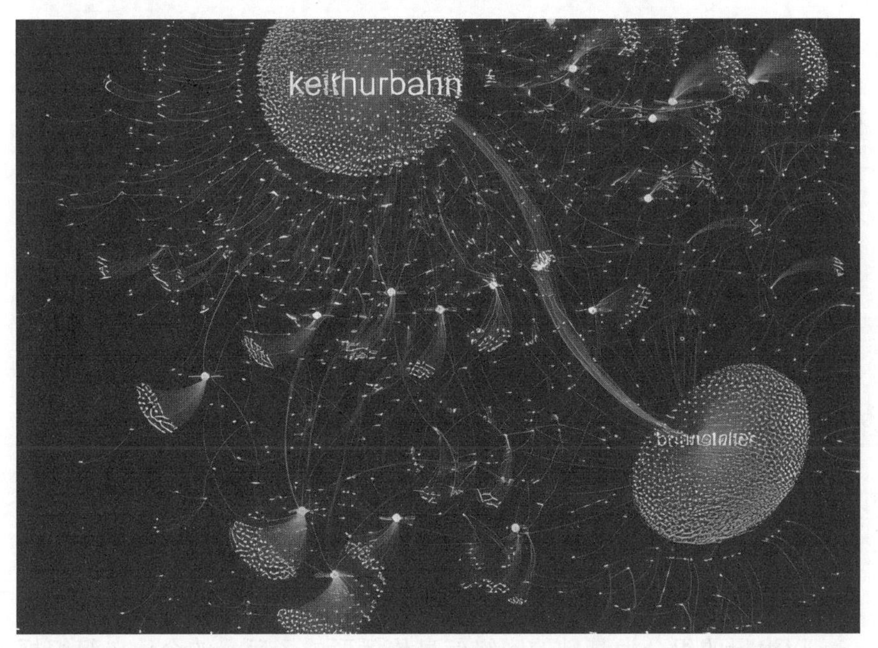

SocialFlow

这张水泄银河般的微博传播路径图看起来很美，它也有一个学术上的名字叫混沌分形图。图中每个转发的人均是其传播圈子的中心节点，这些大大小小的传播转发是“自相似”的，不同数量级的关注数量的微博转发的“尺度”没有固定的，是无标度的，并且是层级嵌套的，他们之间通过“弱连接”连成一片，使传播信息“遍历”尽可能多的节点账号，产生了“蝴蝶效应”。

从微博路径的可视化研究，可以证实网络传播中的蝴蝶效应和路径依赖，让我们直观地看到网络传播规律，开启了网络传播规律的大门。分形图通常是计算机迭代出来的，是通过简单的数学公式算出来的，而微博的传播路径可视化图，可以启发我们反过来通过微博的可视化图，探究出生成此类图的数学公式，使网络的碎片化传播走向定量化研究之路。

六、网络传播的整体涌现性：破碎的聚合

网络传播中无数的关联节点、众多的网友形成了海量的组分效应，为网络信息传播的涌现性打下了基础。所谓涌现，就是一种新体系的产生，但却又无法根据先前的条件加以预测或解释。涌现是一个自组织的层次跃迁过程。一条网络信息通过博客发布，是单个自组织的行为，当被转帖、转载、跟帖之后，到群、部落、社区等网间的层层跃迁，经过持续的互动，不断地漫延，开始涌现出全新的特征。涌现的机理实质上就是实现跨层级，即从局域的、低层次的行为主体到更高层次的整体模式的跨越，涌现机理揭示了复杂系统层次之间的因果关系脉络。

以海量的组分为基础的网络信息传播形成了巨量的个体自组织规

模，自组织规模是形成网络传播系统整体涌现性的必要根据。而网络传播结构的开放性，为信息在线上和线下相互缠绕的互动式交流创造了环境条件。网络复杂系统的嵌套分形结构，使网络信息传播过程中产生无数的分叉，持续的对称性破缺，让信息在网络上的传播充满了新奇性和创造性。

涌现是在宏观层次上出现的现象。涌现性是一个自组织系统中的显著性质。涌现现象的本质体现在：复杂的事物是从小而简单的事物中发展而来的。涌现最基本的特征就是系统具有了其组成部分所不具有的一种整体性质，复杂系统涌现的这种整体性则主要表现为一种全局模式的整体序。复杂系统涌现的这个特征与一般系统涌现的整体特征是一致的，只是在复杂系统中表现得更加突出。

网络的碎片化传播涌现性是自组织网友对所传播信息自身的信念、态度、意见和情绪表现的总和，是碎片化信息的聚合。"就一种舆论而言，它的较为明显的存在形式当然是公开的言语意见，但是有时人们感觉到的存在的舆论并不是明显而清晰的的言语，而是一种情绪，由体态语、行为语和流露的冲动性只言片语等形式来表现。"（陈力舟《舆论》P14）

网络信息传播系统各种涌现特性的呈现和消失仅仅是信息的创生、传送、转换、增殖、损耗、消除的结果。网络传播整体涌现性的来源和奥秘在于信息可生可灭的这种不守恒性，网络传播新系统的生成，旧传播系统的衰亡，网络传播系统的维持、演化、发展，一种传播系统转变为另一种传播系统，归根结底是信息的创生、传送、转换、增殖、损耗、消除。网络信息代表传播系统的整合力和整合方式，牵动着传播系统的组织力和组织方式，信息的一切运作都不可能造成物质和能量的增减、生灭，却可能改变物质存在和能量转换利用的方式。

网络传播的整体涌现性是网络舆论形成的结果。现代科学认定系统具有整体涌现性。整体涌现性是指，系统整体具有而它的元素或组合及其总和却不具有的特征，称为系统的整体涌现性。整体涌现性归根结底，依赖于源于四种效应：组分效应、规模效应、结构效应、环境效应。

“整体大于部分之和”强调了宏观系统中形成的一种强大决定关系，自上向下地决定其微观部分。强调从结构低层次到高层次的自主性，以及整体结构对部分结构的宏观决定性。在网络分析中，整体论强调整体组织结构独立于组成网络的特定个体，同时认为网络结构影响着网络中个体的行为。(《传播网络理论》P14)

网络传播中无数的关联节点，众多的网友形成了海量的组分效应，为网络信息传播的涌现性打下了基础。经验表明，通过网络群体中网友们个体之间的相互作用，个体在低级组织中的集合常可产生新的特征。该特征不仅仅是个体的叠加，而是总体上新“涌现”的特征。以海量的组分为基础的网络信息传播形成了巨量的个体自组织规模，自组织规模是形成网络传播系统整体涌现性的必要根据。而网络传播结构的耗散性，为信息在线上和线下相互缠绕的耗散式交流创造了环境条件。网络复杂系统的嵌套分形结构，使网络信息传播过程中产生无数的分叉，持续的对称性破缺，让信息在网络上的传播充满了新奇性和创造性。

网络的碎片化传播的涌现性由涌现性的主体、涌现性的客体、涌现性本身、涌现的质量、涌现的强烈程度、涌现的持续性和涌现的功能表现。涌现的数量即网络舆论的一致性程度。涌现的质量是指网络舆论所表达的价值观、具体观念及情绪的理智程度。舆论的强烈程度有两种表现方式，一种是用行为舆论来表达，通常行为舆论比言语舆论的强烈程度大些，例如静坐、游行示威。另一种除了部分通过言语表达外，相当程度上表现为没有用言语表达的内在态度，其强烈程度需要通过舆论调查来测量其量级。碎片化传播的涌现存在时间或持续性是网络舆论存在的另一标志，短则几小时，长则多少年。传播涌现的功能表现是自在的，而引导网络舆论则是自为的。

总之，复杂系统的涌现性表现为“从简单中生成复杂”的新颖性。对于复杂系统来说，涌现就是从个体的、简单的行动主体产生出整体的、复杂的新系统的过程。整体性与新颖性是涌现的最基本的特征。

系统的复杂性是由简单生成的，传播的复杂适应性系统的初始条件均为简单条件，初始条件敏感性可以触发复杂的传播涌现性，而涌现性表现为一种进化中的新颖性。新颖性包含两个方面，一个是共时性上，表现为组成部分所不具有的一种新颖整体性。另一方面，从历时性上看，新颖性常常指传播过程中“真正新事物”的范例会一而再、再而三地出现。现已

本书作者朱海松先生在网易博学堂讲解网络传播的“蝴蝶效应”（网易提供）

存在的实体可能形成新的组合，产生新的结构，从而形成具有新性质和行为的新实体。复杂系统涌现的新颖性主要是在历时性的意义上，复杂系统涌现的新颖性是不断创新的。

第十章

中国的整体哲学观

本章重点

一、量子纠缠：世界是整体的

二、中国整体观哲学对西方的影响

三、生命问题：生命是什么

四、中医的整体生命观

五、中国人的“自然、人、心灵”的思维范式

六、文化自信是软实力的基础

一、量子纠缠：世界是整体的

2022 年 10 月 5 日，诺贝尔物理学奖颁给了三位科学家——法国科学家阿兰 · 阿斯佩、美国科学家约翰 · 克劳泽、奥地利科学家安东 · 塞林格，他们通过开创性的实验展示了处于纠缠状态的粒子的，这三位获奖者探索了纠缠的子态，他们的实验为基于量子信息的新技术扫清了障碍，为目前正在进的子技术革命奠定了基础。

所谓量子纠缠，简单说来是指，在多粒子的系统中，两个曾经相互作用过的粒子，在分开之后，不管相距多远，它们都不是独立事件，都彼此神秘地联系在一起，其中，当你对一个量子进行测量的时候，另外一个相距很远的量子居然也可以被人知道它的状态，是非常不可思议的客观现象。

2017 年 6 月，中国科学家利用“墨子号”量子科学实验卫星在国际上率先成功实现了千公里级的星地双向量子纠缠分发，并在此基础上实现了空间尺度下严格满足“爱因斯坦定域性条件”的量子力学非定域性检验，在空间量子物理研究方面取得重大突破。这意味着量子通信向实用迈出了一大步。

薛定谔最早在 1926 年创立他的波动力学时就已经意识到，从薛定谔方程推论出的量子力学的一个重要特性是量子态叠加原理。态叠加原理为量子力学带来了非常怪异的特征。大家熟知的量子力学思维实验“薛定谔的猫”就是薛定谔形象描述叠加态原理的。

“薛定谔的猫”最初是由薛定谔用来解释量子力学中叠加态而提出的一个假想的例子。在量子力学中，一个粒子（猫）被关在盒子里处于或生或死的“叠加”状态，当对其进行观测时（打开盒子），处于量子态的该粒子（猫）会迅速坍缩到或者活着，或者死亡的确切状态，并不再变化。这本是量子力学的特有现象（观测会对量子态产生影响，即坍缩），所以这种意义上，生活中（宏观世界）几乎不可能见到宏观化的量子效应。

这个思维实验试图从宏观尺度阐述微观尺度的量子叠加原理的问题，巧妙地把微观物质在人的意识参与观测的情况下是粒子还是波的存在形式和宏观的猫联系起来，以此求证观测介入时量子的存在形式。量子纠缠与“薛定谔的猫”是类似的，量子纠缠讲的是如果有两个以上的东西它们都处于不同的状态的叠加，它们彼此之间一定有明确的关系，这就是量子纠缠。理论上，任何物体都可以纠缠，但是事实上，物理学家只证实了原子、光子和一些基本粒子的纠缠。薛定谔曾评论说：“纠缠，不是量子力学的一个普通特征，而是一个标志性的特征，正是它迫使量子力学和经典的思维方式彻底分道扬镳。”如今已经证明，量子纠缠现象在量子通信、量子计算和量子隐形传输有广泛的应用。但是对于这一现象的理论基础仍然处于争论之中。

早在1935年，量子力学理论的“反对者”爱因斯坦最先指出“量子纠缠”的“荒谬之处”，这种鬼魅一般的“传递”作用不但有违常理，也“违背”了爱因斯坦的相对论，但这偏偏又是无可辩驳的事实，爱因斯坦据此认为量子力学仍然存在缺陷，是不完备的。根据量子力学的“不确定性原理”，处于纠缠态的两个粒子，在被“观测”之前，其状态是“不确定”的，如果对其中的一个粒子进行观测，在确定了这个粒子状态的同时，另外的一个粒子的状态瞬间也会被确定。爱因斯坦假定，对一个粒子进行观察或作用，不能对远处的另一个粒子瞬时产生作用，因为其无限大的速度超过了光速！要想对一个系统的作用能够影响远处的另一个系统，唯一的途径就是在它们之间传递某种波、信号或信息，而且这一过程必须遵守光速限制。

爱因斯坦认为这反映了量子力学不完备性，因为它违反了可分离性原则，即两个在空间中分离的系统是独立存在的。它也违反了与之相关的局域性原理，即对一个系统的作用不可能瞬间影响另一个系统，作为用时空连续区来定义实在性的场论的拥护者，爱因斯坦相信可分离性是大自然的一种基本特征。作为相对论的捍卫者，他主张将幽灵般的超距作用从牛顿的宇宙中清除出去，规定这些作用必须遵从光速限制，因而也相信局域性。

自爱因斯坦开始，物理学将大自然描述为一个只能在空间中进行连续的、逐点相互作用的局域性实体的集合。这个观点符合我们对世界的直觉，也符合牛顿的观点。局域性（Locality）指的是，在某段时间内，所有的因果关系都必须维持在一个特定的区域内，而不能超越时空进行瞬间作用和传播，就是说不能有超光速的超距作用。如果从全域性来看，局域性通俗地说是局部性，这是相对于整体性来说的。局域性是一种非常显而易见的原则，我们通常在下意识中肯定着这个原则。如果我们想要对与我们没有直接联系的事物施加影响的话，必须经过一个个局部的过程，或者某种介质来达到效果。而人与生俱来的直觉是对远距离能够瞬间产生作用力和施加影响是无法接受的，是反直觉的。但量子纠缠正是在挑战着人们的这种与生俱来的直觉。

1964 年，北爱尔兰物理学家约翰 · 贝尔（John Bell）把量子纠缠引入到实验哲学的争论当中，他所建立的著名“贝尔不等式”理论，可以通过实验证明，以玻尔为代表的哥本哈根解释的量子纠缠和以爱因斯坦为代表的局域实在论解释到底哪个需要被抛弃。贝尔不等式的证明过程非常简洁，但在量子力学基础方面扮演着至关重要的角色。1982 年的具体实验证明，爱因斯坦错了！局域实在性需要被抛弃，世界是整体的！实验证明存在超距作用。那种认为相隔遥远的物质之间不能“互相作用”的观点是错误的。量子物理本质上是随机的，而相对论则具有确定性，量子物理预言，存在确实不能用局域变量描述的关联，而相对论中的一切在根本上都是局域的。2000 年，中国的科学家潘建伟和国外科学家合作实验，结果也否定了局域实在性。世界的局部性丧失了，世界是整体的！

量子理论打碎了人们的常识所珍视的关于实在性质的概念。它使得主体与客体、原因与结果之间的界限模糊了，将强烈的整体论观念引入了我们的世界观。2017 年 2 月 7 日的《物理评论快报》（Physical Review Letters）发表了最新验证量子纠缠实验的结果，潘建伟的博士导师、维也纳大学安东 · 蔡林格（Anton Zeilinger）是国际量子纠缠研究领域的领军人物，他正是 2022 年诺贝尔物理学奖得主之一。他率领的团队与中国、德国、美国的合作者一同设计出了一个新的量子纠缠检验方法，他们使用遥远恒星在 600 年前发出的光来选择对量子纠缠粒子对进行测量（他们观测的恒星中离我们最近的也在 575 光年之外），实验证明光子的确是互相纠缠，并产生了“幽灵般的超距作用”！

量子力学和经典物理学的本质区别是从连续性的丧失开始，再到确定性的丧失、因果性的丧失，再到局部性的丧失、实在性的丧失，量子力学就是以这些直觉知识为基础的。普朗克常数 h 完全是通过波粒二象性得出的，是对自然规律中存在的不确定性的普遍测量。实际上，如果没有物质和辐射的波粒二象性，就不会有普朗克的常数，不会有量子力学。

量子力学中的概率是根本性的科学范式，是研究问题的出发点，是前提与基础，是所有的量子力学解释都必须承认的事实之一。与经典概率范式不同，量子概率并不反映我们对于某种潜在的物理实在固有细节的无知。量子概率表示的，是量子系统与测量器件间的相互作用“实现”或“产生”特定结果的可能性大小。这是量子力学的第一个哲学前提。这种概率性预言的变化也是一种因果性的变化，与决定论的因果性不同的是，这是一种统计因果性。这是量子力学的第二个哲学前提。量子纠缠现象暗示了一种整体性的存在，量子系统的这种整体性是任何一种量子力学解释不可忽视的。这是量子力学的第三个哲学前提。量子世界在本质上是随机性的，也是整体性的，微观粒子是抽象空间中的存在，它的演化遵守的是统计因果性的规律。这就是量子力学的基本假设所蕴含的三大哲学基础。

2022年诺贝尔物理学委员会主席安德斯·伊尔贝克这样总结道：“越来越清楚的是，一种新型的量子技术正在出现。我们可以看到，获奖者在纠缠态方面的工作非常重要，甚至超出了关于量子力学解释的基本问题。”量子力学现已开始得到应用，并产生了很广阔的研究领域，其包括量子计算机、量子网络和更为安全的量子加密通信。

二、中国整体观哲学对西方的影响

《混沌七鉴——来自易学的永恒智慧》一书的作者、两位美国的博士约翰·布里格斯和F·戴维·皮特在中文版序中说：“我们认为《混沌七鉴》出中文版甚为合适。因为在我们思考混沌和复杂性科学理论的社会意义时，中国古代哲学思想给我们以巨大的灵感。在本书中，读者将会看到我们援引道家、佛学、太极、变易等中国概念。”两位美国作者在《混沌七鉴》中指出：混沌是创造性的别名，是对宇宙创造生命并不断生发变易的丰富性的别名。两位作者在序中特别强调:“《易经》对我们特别有启示。混沌的科学思想,源于研究人员对气象学、电路、湍流等复杂物理系统的研究。在本书中,我们试图(至少在隐喻意义上)将混沌运用于社会活动中。《易经》在此是个先例。很明显,《易经》的作者和注释者曾经长期深入思考过自然界和人类活动中的秩序(order)和无序(disorder)之间的关系。史学家告诉我们,他们最终将这种关系称为‘太极’。《易经》的一位英语译者布洛菲尔德(John Blofeld)将‘太极’概念描述为:普遍真理,终极原因,至高无上,永垂不朽,万古不易,变化万千,独一无二,无所不包。万物归此,无物归此。此为万物,此非万物。此即太极。太极至显于易——变易。”两位美国作者把中国人创造的“龙”比喻为“混沌”的创造性,他们在书中说:“在中国,人们将龙与创造力联系在一起。”“混沌理论代表了自然界的创造性。”[20]

这两位美国作者在他们的另一部也在中国出版的科普图书《湍鉴——混沌理论与整体性科学导引》一书中则大量引用了中国《庄子》的思想,来反复论证混沌科学的整体性思维。他们是对的!当西方人的还原论思维与整体论思维碰撞时,东方的整体性思维范式开始显现其中的大智慧。《易经》非常有代表性。《易经》表达了混沌中的秩序,创造中的机遇。

诺贝尔化学奖得主普利高津在他的名著《从混沌到秩序》为中译本写的序言中说:“近代科学的起点确实是在17世纪,即伽利略、牛顿和莱布尼兹的时代,但这同时也是欧洲面对中国文明与之相争的时代,中国文明具有了不起的技术实践,中国文明对人类、社会与自然之间的关系有着深刻的理解。近代科学的奠基人莱布尼兹,也因其对中国的冥想而著称,他把中国想象为文化成就和知识成就的真正典范,这些成就的获得并没有借助于上帝,然而在欧洲的传统中十分流行着对上帝的信任,把上帝比作造物主和立法者。因此，中国的思想对于那些西方哲学家和科学家来说，始终是个启迪的源泉。”“我们特别感兴趣的有两个例子，李约瑟用其毕生精力去研究中国的科学与文明，他的著作是西方了解中国的独一无二的资料。第二个例子是玻尔，他对他的互补性概念和中国的阴阳概念间的接近深有体会。”[21]

1937年，量子理论之父玻尔来到中国，玻尔的量子理论的核心是物质在料子层面表现出粒子性和波动性两重性，即著名的“波粒二象性”，玻尔认为物质是以看来互孙相容的方式来表现自己的，物质的存在方式就是如此，西方的物理学家花了很长的时间才接受这种理论，玻尔在访问中国期间，接触到了中国的阴阳思想，他大为震惊.

当时中国理论物理学家周培源(1902—1993)陪同玻尔看电影《封神演义》。当玻尔看到姜子牙出示号令，打出一面带有太极图的令旗，顿时指着上面的太极图大加赞叹，自称他的基本粒子原理，波粒二象性等原理均可以用太极图作为基本模式来阐释。

中国传统阴阳理论的对立、制约、互根、依存，互用、消长、平衡、转化、升降、出入、标本、表里等理性思辨的精彩学说把波尔征服了！他没有想到多年来通过最尖端的物理思想所作出的举世闻名的理论，竟然会与几千年前中国圣贤的智慧如此相似，他陷入深深的沉思中，这个沉思导致了他的一个结论，古老的东方智慧与现代西方科学之间有着深刻的协调性，从此波尔一直对中国文化保持着浓厚的兴趣。

1947年，丹麦政府为了表彰玻尔的功绩，封他为“骑象勋爵”。波尔自行设计的族徽样式，采用的就是中国的太极图，红黑二色。他认为阴阳太极图是他互补理论的最佳象征和表述，同时在他的爵士纹章上刻上了这样几个字：对立即互补！

普利高津在他的著作《确定性的终结——时间、混沌与新自然法则》中文版序中写道:“西方科学强调‘自然法则’思想,这与中国的传统形成鲜明对照,因为,自然之中文字面意义是‘天然’。西方科学和西方哲学一贯强调主体与客体之间的二元性,这与注重天人合一的中国哲学相悖。”,“本书所立柱的结果把现代科学拉近中国哲学。自组织的宇宙也是‘自发’的世界,它表达一种与西方科学的经典还原论不同的整体自然观。”,“我们愈益接近两种文化传统的交汇点。我们必须保留已证明相当成功的西方科学的分析观点,同时必须重新表述把自然的自发性和创造性囊括在内的自然法则。”

国学大师陈寅恪先生早年游学西方,从德国到瑞士,从法国到美国,再加到德国,十三年的游学中他学习物理、数学、《资本论》,他也学习希伯来文、梵文、印地语等二十二种语言,形成了自己宽阔的学术视野,他一心向西学,却带回来东方学。“五四”以后到西方留学的中国学者发现,中国传统在西方学术地位非常之高，与在中国内地传统文化不断贬低形成强烈对比。陈寅恪主张中国学术要吸收外来之学说，但不能忘了本来民族之地位。这涉及学术世界主义与学术民族主义之间的关系，所谓世界的学术主义是指一定要参与到世界学术的大潮流之中，否则中西方对话的基础和渠道不存在，同时要坚信民族的也是世界的。陈寅恪毕生主张“独立之精神，自由之思想”。陈寅恪虽然是国学大师，却对数学情有独钟，他喜欢的学生一定是数学非常好的。

三、生命问题：生命是什么

英国突现主义学派代表人物摩根曾说：“没有心灵是不包含生命的，没有生命是不包含物质的。”

复杂性研究作为一门科学，肇始于奥地利一位具有哲学气质的生物学家路德维希·冯·贝塔朗菲的工作。奥地利生物学家贝塔朗菲（1901—1972）是一般系统论的创始人，被誉为一般系统论之父。贝塔朗菲在1948年出版了一本名叫《生命问题：现代生物学思想评价》的书，标志着“系统思维”的诞生，同时也标志着系统论的问世。在《生命问题》一书中，他广泛考察了20世纪上半叶物理学、生物学、心理学等领域的最新成果，如量子力学的波粒二象性、测不准原理等前沿理论。从科学历史的角度看，贝塔朗菲见证了现代物理学的革命和现代生物学的革命，启发了他对科学方法论的思考。在当时关于生命体的本质问题，有活力论和机械论之争，活力论认为生物有机体存在一种特殊的、非物质的、不可认识的活力，不能还原为物理化学规律。机械论认为生物体本质上是一部机器，可以还原为低级和简单的机械运动。活力论具有神性气质，机械论带有理性气质。贝塔朗菲在谈生命科学中的系统论的同时，对两种论点都进行了批判，他认为活力论用灵魂之类的因素作用来解释生物有机体的问题，是宣告科学的无能，是放弃理性。生物有机体的特征应从生物学定律给予说明。他同时也批判了生命科学中的机械论思想和还原论思想。因为活的生命体和死的非生命之间存在着本质的区别，机械论对生命体和非生命体之间的区别不能做出令人信服的解释，因为二者还原为简单的物理化学规律时并没有什么两样。机械论把生命等同于机器，忘记了生命的一个重要特征——新陈代谢，即不断消耗自身，又不断维系自身的生命，这是机器所没有特征。一般系统理论开始，"系统""整体"成为科学研究的对象。贝塔朗菲说："我们被迫在一切知识领域中运动'整体'或'系统'概念来处理复杂性问题。这就意味着科学思维基本方向的转变。"一般系统理论是第一个反对还原论的科学理论。他认为传统的还原论仅能认识系统的各组成部分，而不适用于研究系统的"关系"。

由于还原论不能很好解释生命世界中的秩序、目的性和精神等问题，因此以整体和系统的思维方式来审视生命问题就是必然的选择，贝塔朗菲提出了他的生命观，有机整体观的"机体论"理论，这个理论认为有机体是一个独特的组织系统，是具有复杂结构的、不可分割的整体，其个别部分和个别事件受整体条件的制约，遵循系统规则；有机体结构产生于连续流动的过程，具有调整和适应能力；有机体是一个原本具有自主活动能力的开放系统。整体取决于部分，部分又依赖于整体，如果关键的部分死亡，一个有机体也就死亡了，如果这个有机体死亡，那么所有部分也都死亡，可以看出，这种"有机整体观"的观念在中国的中医之中早已存在。贝塔朗菲创立的一般系统论标志着复杂性科学的诞生。复杂性科学的一个总特征是对传统还原论持批判态度。

在有机体的生命周期里，显示出一种美妙的规律性和秩序性，我们碰到过的任何一种无生命物质都是无法与之相比的。其实在贝塔朗菲之前，他的老乡、同样也是奥地利的伟大物理学家薛定谔就发现，对于像生命物质这样的结构，当时现有的物理学普通定律是无法解释的。伟大的物理学家薛定谔写的《生命是什么》这本书把目光投向了生命科学，期待在这个领域也能发现大自然的基本规律。

薛定谔在《生命是什么》一书中问道：一个生命有机体的范围内在空间和时间中发生的事件，如何用物理学和化学来解释？他进一步说，今天的物理学和化学在解释这些事件时显出的无能，绝不应成为怀疑它们原则上可以用这些学科来诠释的理由。我们知道，热平衡无序和混沌态的无序是本质上两种不同的无序。在热平衡无序中，空间和时间的特征量级为分子的特征量级，而在像湍流这样的混沌无序中，空间和时间的尺度有宏观的量级，从这种观点看，生命是存在于这两种无序之间的一种有序，它必须处于非平衡的条件下，但又不能处于过分远离平衡的条件下，否则混沌无序态的出现将完全破坏生物有序。

由于生命组成部分之间的相互依赖性，我们不能对这个生命整体进行还原论式的分析。生命不是一个力学问题，而主要是一个能量问题。生命系统如何能够在能量方面保持自身的稳定？生命如何保存和传递为它们的秩序所必要的信息？能量的传递由第二定律支配。按照热力学第一定律，不同形式的能量之间可以互相转换。按照第二定律，能量转换必然伴随着能量损失，熵是那些不可避免要损失的能量的量度。熵不仅仅是能量损失的量度，也时也是一个过程之不可逆性的量度。生命，必须用系统整体的视角来看待，生命是一个有序和衰退之间的动态平衡。生命就是有序和衰退。生命体的有序得到维持，至少在一个人生存的时间尺度内是这样。生命体需要消耗能量，这些能量使得生命产生出远离平衡态的结构，就是普利高津提出的耗散结构。生命体使用了以下策略来避免混沌的发生：即通过能量的消耗来使混沌转变为有序。

简单的生物化学响应揭示了生命系统的一个重要特征，即它们的适应性。这些系统善于适应环境，因为它们远离平衡态。远离平衡的物质——生命物质就是如此——具有全新的性质，它变得关于适应、敏感，甚至具有智慧。

总而言之，生命向我们显示为不仅是事件化的现象，而且是在其中发生随机事件的事件化的系统。作为开放系统的生物组织与包含其他生物组织的环境之间的生态学关系，是一种事件和系统在其中不断地相互关联的关系。

《生命是什么》这本书主要谈了三个问题：一是从信息论的角度（尽管那时香农的信息论还没有诞生）提出了遗传密码的概念，提出了大分子——非周期固体——作为遗传物质（基因）的模型；二是从量子力学的角度谈了基因的持久性和遗传模式长期稳定的可能性；三是提出了生命“以负熵为生”，从环境中抽取“序”来维持系统的组织的概念，这是生命的热力学基础。[22]

虽然薛定谔想用还原论的分析方式来解读生命，但他也开始认识到生命问题是一个非常特别的研究对象，这是因为认为生命有机体的活性部分的结构非常特别，和物理学家或化学家在实验室里用体力或在书桌边用脑力所处理的任何物质完全不同，这种看法同统计力学的观点有关系。他说有机化学家对生命问题已做出了重大贡献，而物理学家却几乎毫无建树，也就一点也不奇怪了。他打算解释一下什么是“一个朴素物理学家关于有机体的观点”。物理学定律是以原子统计力学为根据的，因而只是近似的。

所有的原子每时每刻都在进行着毫无秩序的热运动。这种混乱的运动抵消了它们的有秩序的行动。只有在无数原子的合作中，统计学定律才开始影响和控制这些集合体（系统）的行为，它的精确性随着系统包含的原子数目的增加而增加。

在薛定谔时代，还原论仍是正统的科学思维方式，但在这本书中薛定谔明确地认为，把本质上是统一"整体"的有机体模式，分割成个别的"特性"，看来既是不妥当的，也是不可能的。

薛定谔尝试用热力学和统计力学的思想来寻找解答生命有机体的奥秘。他首先对"熵是什么"和"熵的统计学意义"进行了阐述，熵是什么？首先必须强调，这不是一个模糊的概念或思想，而是一个可以测量的物理量。在温度处于绝对零度时，任何物质的熵都等于零。通过缓慢的、可逆的、微小的变化使物质进入另一种状态时，熵增加量可以这样算出：在过程的每一小步中系统吸收的热量除以吸收热量时的绝对温度，然后把每一小步的结果加起来。而"熵的统计学意义"，它所表示的无序，一部分是热运动的无序，另一部分是来自不同种原子或分子杂乱不可分的随机混合。所以，一个孤立的系统或一个在均匀环境里的系统，它的熵在增加，并且或快或慢地接近于最大熵的惯性状态。这个物理学基本定律正是事物走近混乱状态的自然倾向。

统计力学让我们看到活体生命现象背后的东西，从原子和分子的无序中可导出精确的物理学定律的严格有序性；它还向我们揭示了无须特殊的假设就可以导出的最重要的、最普遍的、无所不包的熵增加定律，因为熵并非别的什么东西，只不过是分子自身的无序性而已。

薛定谔认为，生命像是物质的有序和有规律的行为，它完全不是以从有序转向无序的自然倾向为基础，而是部分地基于现存秩序的保持。

而生命有机体之所以能保持现有的秩序，其主要原因是生命有机体从环境中抽取“序”来维持组织，一个生命有机体具有推迟趋向热力学平衡（死亡）的奇妙的能力。生命的特征是什么？一块物质什么时候可以认为是活的呢？答案是当它继续在“做某些事情”、运动、和环境交换物质等等的时候，而且期望它比一块无生命物质在类似情况下“保持下去”的时间要长得多。当一个非活的系统被孤立出来，或把它放在一个均匀的环境里，由于各种摩擦阻力的结果，所有的运动都将很快地停顿下来。此后整个系统衰退成死寂的无生气的一团物质。这就达到了一种持久不变的状态，其中不再出现可观察的事件。物理学家把这种状态称为热力学平衡，或“最大熵”。于是，薛定谔得出了一个著名的结论，“生命以负熵为生”，就像是活有机体吸引一串负熵去抵消它在生活中产生的熵的增量。比如说，对于植物来讲，太阳光是“负熵”的最有力的供应者。薛定谔进一步解释说，“负熵”的一笨拙表达可以换成一种更好的说法：取负号的熵正是序的一个量度。这样，一个有机体使它自身稳定在一个高度有序水平上（等于相当低的熵的水平上）所用的办法，确实是在于从周围环境中不断地汲取“序”。一个有机体避免了很快的衰退为惰性的“平衡”态，因为不断地从开放的系统环境中汲取“序”。生命有机体是怎样避免衰退到平衡的呢？显然这是靠吃、喝、呼吸以及（植物的）同化。专门的术语叫上“新陈代谢”。这词来源于希腊字，意思是变化或交换，即物质的交换。通过新陈代谢，生命物质避免了向平衡衰退。

薛定谔认为，一个有机体在它自身上集中了“序的流束”，从而避免了向原子混沌的衰退，从而在合适的环境中“汲取序”。而产生“序”则有两种方式，一种是“有序来自无序”，另一种是“有序来自有序”。在生命展开过程中遇到的序有不同的来源。一般说来，有序事件的产生似有两种不同的“机制”:“有序来自无序”的“统计学机制”和“有序来自有序”的新机制。对于普通人来说,第二个原理似乎简单合理。但是自然界更倾向于第一个“有序来自无序”的原理。我们现有的物理学定律都是在“有序来自有序”的基础之上的,所以到目前为止我们还不能找出解释生命活体行为的物理定律。

薛定谔相信在生命有机体中可能有新的定律!这本书可以看作是分子生物学的开端。在这本书中,薛定谔提到了“耗散”这个词,他说“耗散”只出现在一个方向,我们把这个方向称为从过去到未来。换句话说,必须允许热统计理论通过定义来自行决定时间流逝的方向。几乎很少有例外,自然界中事物的过程是不可逆的。一切事物的总的“方向性”可用力学或热统计学理论来解释,这个解释是玻尔兹曼理论最令人钦佩的成就。

在《生命是什么》这本书中,薛定谔提到了“有序”“无序”“机遇”“负熵”“混沌”“不可逆”“开放系统”“封闭系统”“整体”“分割”“耗散”等等后来非线性科学复杂理论中的重要概念,这无疑启发了普利高津等非线性科学家们。

四、中医的整体生命观

薛定谔在《生命是什么》一书中强调了,还原论的思维范式已经不能处理生命的科学,而必须要用一种“整体”的系统观来探索生命的奥秘。薛定谔所不知道的是“系统观和整体观”这个思想早已相当完善地体现在中国2500年前的一部著作中,这部著作便是《黄帝内经》。可惜的是,薛定谔不了解中医,没看过《黄帝内经》,不然的话,他也可能会像当年莱布尼茨看到《易经》时感到震惊。《易经》中的阴阳思想与二进制有异曲同工之妙，这让当年的莱布尼茨大为惊奇。生命是简单还是复杂？混沌理论说它两者兼具，而且可能同时存在。对于生命这样复杂、相互关联的整体，不可能用静态观点加以理解。它们是不断向前发展的动态过程的一部分。一个有序等级在另一个有序等级的基础上产生，而生成的动力学系统却产生无序。不管有序的各等级在何处持续地生成，结构、分子和燃料的降解和衰退就在那里持续地进行。但它们并非自发地和无可选择地衰退下去。它们所包含的能量被转而是用于构造新的结构。生命是一个网络，它的每部分都影响着整体。而且，生命是一个在时间和空间上不断变化的动态网络。在同样的条件下，在空间的同一点上，出现不同的时间事件是可能的。同样，在同样的条件下，在时间的同一点中，有可能发生不同的空间事件。对系统而言，它们不完全为自己所理解。

中医思维方式就是中国文化、中国哲学的思维方式，就是整体、系统的思维方式。过去一百年，由于我们的文化自卑心理，在评价传统的阴阳文化时，喜欢用“朴素”来概括其中的文化特征，实际上更应该用“高级”来评价中国的传统智慧。

中国人的“整体观”思维范式相当完善地体现在中医学说之中。中医的系统和整体观，是依靠阴阳五行哲学体系构筑起来的。“中医学是中国传统文化保存最全面的一份遗产。它和中国人的心理，中国人的性格，中国人的文化积淀密切相关。”中国人的“天人合一”的思想，“阴阳五行”的思想，“气”的思想，等等，都被融会贯通于中医之中。“天人合一”就是人与自然的整体观。中国的儒、释、道文化在中医中都得到了具体的表现和应用。北大哲学教授楼宇烈先生说：“不懂中医，就不懂中国文化的根本精神。”

中国人的“天人合一”的思想，“阴阳五行”的思想，“气”的思想，等等，都被融会贯通于《黄帝内经》之中。其中所表现出来的智慧是与西方自然科学完全不同的框架和道路，中医学说的系统和整体观，是依靠阴阳五行哲学体系构筑起来的。《黄帝内经》曰:“阴阳者，天地之道也，万物之纲纪。故清阳为天，浊阴为地。”起源于春秋战国时期的《黄帝内经》凝聚了无数先人的经验和智慧，它不仅是中医学思维方式和理论体系的奠基之作，也是一部具有人文科学特色的医学巨著。

中国的阴阳观念，经历了极其漫长的历史。中国的阴阳观念走到《易经》时代，已经差不多尽善尽美。《易经》的阴阳思想，天人同构思想，以及系统结构，无疑对《黄帝内经》产生了深刻的影响。《周易》体现了一个对生命的一个重视，对生命演化的一个描述。阴阳学说，是中国古人用以认识自然和解释自然的世界观和方法论，是我们中华民族传统的唯物论和辩证法。进入《黄帝内经》之后，则更以彻底的唯物主义姿态，大可经天纬地，吐纳山川，微可洞察人体的气血经脉，形成最完整，最系统，最深刻的生命科学学说。

以《黄帝内经》为指导的中医学支撑了中国人两千五百多年的医疗和保健，为中华民族的繁衍作出了巨大贡献。并且至今仍发挥其纲领作用。《黄帝内经》的阴阳学说，是中医整个体系的总纲。它贯穿人体的生理、病理、诊断和治疗，贯穿中医藏象、经络、药物、心理、地理、气象、时间，等等全部理论。离开了阴阳，我们将会在神奇而又复杂的中医道路上迷失方向。同时《黄帝内经》认为，世界上的一切事物都是木、火、土、金、水五种属性的基本物质生成的。这五种属性，又可理解为事物的五种功能，作用。五行的运动变化，构成了整个物质世界。中国的五行观念，源远流长。由中华民族的生命意识凝聚而成。

从某种意义上说，以阴阳五行思辨为核心的《黄帝内经》铸就了中华民族的生命意识和心理构造。特别显著的是，辅助了中华民族传统文化的心理特征的形成和巩固，这就是中庸之道。

比如用《黄帝内经》的整体观来描述五脏，可以说，一切生命活动的调控过程，都可以归属于‘肝’；一切生命活动的动力过程，都可以归属于‘心’；一切生命活动的演化过程，都可以归属于‘脾’；一切生命活动的传送过程，都可以归属于‘肺’；一切生命活动的发生过程，都可以归属于‘肾’。这是一种横贯人的整体生命过程，这种眼光是系统的、整体的。

人和大自然是一个整体，人体本身也是一个统一的有机整体，这种整体联系是以五脏为中心的，包括脏与脏，脏与腑，脏腑与外在体表组织等。在人体的生命活动中，五脏相互联系，相互协调，相互作用，构成了一个天衣无缝的绝妙的生命系统。这种整体观念贯穿《黄帝内经》始终。

中医名著《思考中医》作者刘力红教授认为中医就是“对自然与生命的时间解读”。中医就是给时间开方。《黄帝内经》的时间医学，是极其天才精辟的学说。《黄帝内经》强调“因时而治”。《黄帝内经》认为，人的各种生理活动，病理变化，以及对疾病的诊断、治疗，与时间的关系（都）非常密切，时间在医学上意义重大。《黄帝内经》特别说明了斗转星移，日落日升，潮水涨落与人体密切相关。月亮圆缺的时间周期，不仅引起潮汐起落，也是人体虚实的外界自然因素之一。《黄帝内经》认为，人体气血阴阳的生理活动，是与时间因素息息相关的，并且具有周期性，规律性的变化。人体阴阳的消长受季节变异的影响，具有一定的规律性。人体内正气与脏腑的关系，也具有周期性的变化。

钱学森先生曾说过：“中医的理论和实践，我们真正理解了，总结了以后，要影响整个现代科学技术，要引起科学革命。”

以非线性科学的眼光看，在生命科学中，人们在对人体器官的研究中发现，自相似性、分形、混沌的影子几乎无所不在：人体的脑部、肺部、小肠结构、血管、神经元分布等等，都有明显的分形特征。中医的望、闻、问、切和针灸等治疗方式，可以说是混沌理论中“蝴蝶效应”的经典应用。

在生命这样的动力学系统中，高度的有序性只有通过新结构的持续形成才可能维持。新结构的形成就必须与环境进行高度的互动，这一定是开放的系统，耗散的系统。这些对衰退的补偿总是与生命紧密相连，只有从其表面上看生命之流才是稳定不变的。在这宏观表面的下面，隐藏着物质和能量的循环，没有它们，生命将不复存在。生命既流转不止，又静息不动。

中国人的整体系统观强调的是和谐共生，这一点诺贝尔奖得主、复杂理论大家普利高津看得很清楚，他说：受确定性时间可逆定律支配的被动自然概念对西方世界来说是非常明确的。在中国和日本，自然意味着‘天然’。李约瑟在其杰作《东方与西方的科学和社会》中用反语告诉我们，中国学者欢呼耶稣会士宣告现代科学胜利。对他们来说，自然受简单、可知的法则所支配的思想简直是人类中心蠢行的范例。按照中国传统，自然是自发的和谐；所以，谈论‘自然法则’就是让某种外部权威凌驾于自然之上。

中国人的自然观是以自然为师的，相信万物皆备于我，道家讲“天之道，利而不害。圣人之道，为而不争”。自然是生生不息的，尊重自然是中国人的内在基因。在长达五千年的中华文明史中，先哲们不但在处理社会问题时非常关注“和谐”，把它视为政治学、伦理学的重要原则；而且在处理人与自然的关系时也非常关注“和谐”，把它视为尊重自然、保护环境的长远之计。这种人与自然互相和谐的理论不断得到充实、提升和发展。中国儒家面对自然会从道德层面去观察，形成儒家对“自然的比德化”；而道家面对自然则是从逍遥的层面去观察，形成道家对“自然的审美化”；而佛家面对自然则是从解脱的层面去观察，形成佛家对“自然的心灵化”，这种对自然的道德的、审美的、宗教的观察形成了坚固的文化传统，而这其中“自然的科学化”更多地体现在中国的中医之中。

中医思维方式就是中国文化、中国哲学的思维方式，就是整体、系统的思维方式。中国人的“整体观”思维范式相当完善地体现在中医学说之中。中医的系统和整体观，是依靠阴阳五行哲学体系构筑起来的。“中医学是中国传统文化保存最全面的一份遗产。它和中国人的心理，中国人的性格，中国人的文化积淀密切相关。”中国人的“天人合一”的思想，“阴阳五行”的思想，“气”的思想，等等，都被融会贯通于中医之中。“天人合一”就是人与自然的整体观。中国的儒、释、道文化在中医中都得到了具体的表现和应用。北大哲学教授楼宇烈先生说：“不懂中医，就不懂中国文化的根本精神。”

近代自然科学体系浸透欧美思维！使得我们对于科学的理解是以西方科学的定义为标准的，实质上我们要看清东方的农耕文明和西方的海洋文明孕育了两种科学体系、两种思维体系、两种评价标准。中国中医的发展应走中西医结合的道路，但在体用之上却有以“西医为体、中医为用”和“中医为体、西医为用”的两种范式，而现实中“西医为体、中医为用”具有碾压的优势，这是由许多因素造成的，其中重要的一条就是文化自信不足。

美国科学哲学家费阿本德在他的《反对方法》中认为科学的定义是“怎么都行”，他特别强调说：“中国的中医是科学！”，如果按照西方对科学定义的标准来看，中国的中医是非线性科学！

五、中国人的“自然、人、心灵”的思维范式

西方的科学文化传统是围绕着“人、神、自然”之间的关系进行讨论，

西方科学的定义是以理性为起点的，以自然为对象的，以人类为中心的，以形式为逻辑的，以数学为语言的，以实验为手段的自由探索。科学定义的逻辑基础是数学。西方哲学的起点是不断地追问事物的本质，其结果是“眼见不一定为实”，导致人与自然是紧张的关系；而中国智慧的起点是不断地联想事物的关系，一开始就承认眼见为实，导致中国人是与自然和谐相处的关系。由此可见西方的思维范式与中国文化传统的思维范式是多么的不同！中国东方智慧是与西方自然科学完全不同的框架和道路，不论它们在立场、观点、思想方法、意识形态等种种方面都不相同。中国人是紧紧围绕着“自然、人、心灵”之间的关系，展开精妙绝伦的思辨。中国传统思维注重直觉和唯象、整体和综合、系统和定性；西方科学思维注重归纳和演绎、分析和实验、逻辑和定量。[23]

对人与自然的关系的认识，西方的认知是“人与天地相对立”，拷问自然，征服自然。在中国哲学里面没有“改造自然”的提法，中国人心目中的“自然”是天与地之间的山川河流，花虫草木，星辰大海，是没有边界的万事万物。中国人的“天人合一”思想是把“人和天地浑然一体”“天人感应”“天地人三才”“畏天命”“奉天”理解为天是绝对不可侵犯的，人在天的自然面前是无为的，天地就是自然。中国儒家面对自然会从道德层面去观察，形成儒家对“自然的比德化”；而道家面对自然则是从逍遥的层面去观察，形成道家对“自然的审美化”；而佛家面对自然则是从解脱的层面去观察，形成佛家对“自然的心灵化”，这种对自然的道德的、审美的、宗教的观察形成了坚固的文化传统，

《易经》中说：“观乎天文，以察时变，观乎人文，以化成天下。”中国道家的老子说：“人法地，地法天，天法道，道法自然。”道就是一，一就是太极，太极则是阴阳变化的平台，中国人灵魂深处是效法自然，向自然学习，

以自然为标准，符合自然的就是“仁义”，不符合自然的就是“不仁”。天有阴阳，地有刚柔，人有仁义。虽然道家强调“我命由我不由天”，但其基本前提是相信人类是自然之子，在尊重自然的框架下，充分挖掘人的潜能。

西方人的精神生活外化于上帝，中国人的精神生活内在于心灵！中国文化的儒释道三家，各有三句话需要了解的，就是佛家讲“明心见性”，儒家叫“存心养性”，道家说“修心炼性”。实际上，这就是生命的大科学。最有代表性的是中国的禅宗，经过中国儒家消化吸收禅宗后改造成了新儒学，周敦颐的无欲，朱熹的致知和专心，王阳明的知行合一，这些便是达到真理标准的主流道路。

中国人的“自然、人、心灵”的思维范式，实质上就是中国人的三个重要文化根基：儒、释、道。儒家关注“人”，道家关注“自然”，佛家关注“心灵”。中国传统思维以人为中心，用人的意识去认识世界，是一个世俗的、讲求实效、带有功利性的世界观。中国的传统思维认为我们的物质世界，不是牛顿所描绘的机械的世界，它是一个相互联系、相互作用，不可分割的整体，这就是系统观、整体观！中国人的整体观，有简单、直观、多维的特点，在“天人合一”的思维范式之下，主要体现在几个大的维度之上，阴阳的维度，五行的维度，气的维度，精神的维度，藏象的维度，经络的维度，时间的维度，它们环环相扣，互为因果，形成一个无与伦比的整体思维和叹为观止的直觉主义。

中国人“天人合一”的整体观哲学体现在生活中的方方面面，除了中医外，最有特色的是中国建筑中的“榫卯”技艺。榫卯，是古代中国建筑、家具及其他器械的主要结构方式，是在两个构件上采用凹凸部位相结合的一种连接方式。凸出部分叫榫（或叫榫头）；凹进部分叫卯（或叫榫眼、榫槽）。北京故宫、山西应县木塔、湖北武当山金殿、广西程阳风雨桥……

这些中国古人建筑智慧的结晶，虽然分布在中国各地，却有着同一个特点——没有用一颗钉子。榫卯是中国古代的一项重大技术发明，也是中国建筑最早具有科学设计意义的语言，它代表着比汉字更早的民族记忆，体现了古人深邃的整体观哲学思想以及天人合一的世界观，凝聚着中国人追求完美、精益求精的工匠精神，是古代科学技术与文化艺术的美妙结晶。俗话说“榫卯万年牢”，不用一颗铁钉，仅靠榫卯工艺，便可做到扣合严密、间不容发、天衣无缝，使用百年而依旧坚固美丽，榫卯结构在我国建筑史上起到了至关重要的作用。榫卯结构历经数千年发展成为中国建筑文化中的一种巅峰技艺。

榫卯是我国劳动人民智慧的结晶，含而不露，蕴含着中国古人的阴阳互补、虚实相生的哲学思想，透露着儒家思想的平和中庸；内蕴阴阳，相生相克，以制为衡，又闪耀着道家思想的光辉。由此可见，榫卯技术表象背后隐含着古人对世界的理解，是意识形态和价值观的一种体现。

六、文化自信是软实力的基础

2022 年 7 月 24 日，中国航天工程最重要项目——“天宫”空间站重要舱段“问天”实验舱在我国文昌航天发射场成功发射，随着“问天”实验舱的成功发射，我们的国际空间站也上了热搜，上热搜的原因，竟然是因为中国空间站里面的操作界面全都是中文！

美国曾想对中国空间站进行“审查”，同时还提出一个无理的“批评”：空间站不应该使用中文。中国空间站是中国独立建造的空间设施，我国拥有 100% 的科技自主权，为了方便航天员在遇险或者紧急情况下快速做出判断和操作，选用中文作为第一工作语言供中国航天员使用是顺理成章的。

但是这不代表着中国排斥他国参与中国空间站。就像美国航天飞机退役后，美国宇航员必须学习俄语才能乘坐俄罗斯联盟号飞船一样，想参与中国空间站的外国人，自然也必须学习中文。其实欧洲宇航局早在2015年的时候就对宇航员们进行中文训练，到时候他们进入空间站就能得心应手的操控仪器，除欧洲外，像印度，日本，法国，西班牙等国家都已经成功入选，现在这些国家的宇航员们也在紧锣密鼓地学习中文，为后续登上空间站做准备。

比亚迪是知名国产汽车品牌，比亚迪的“唐”车系列，它的外观既漂亮有硬朗，内饰设计简洁高雅，超凡脱俗，奢侈中带着内敛，有着浓郁的中国传统文化气息，这主要是因为这套车的表盘按键全部用中文。由于比亚迪坚持使用中文按键，曾经引起热议。亚迪使用中文按键被一些中国用户吐槽，认为中文标识不如用英语简洁大气，还认为比亚迪这样做太土了，比亚迪的老总王传福针对这个质疑，发表了自己的看法，他说：“我们车的按钮都是中文字，如果我们连一个很简单的中国字都不去传承的话，我们谈何去实现中国梦。”他强调之要坚持这么做，因为这个坚持是对的，所以说比亚迪在起步的时候就是继承着中国文化。

学过五笔字型的都知道，这是一种将汉字输入计算机的方法。“五笔字型”输入法是一种完全依照汉字的字形，不计读音，不受方言和地域限制，只用标准英文键盘的25个字母键，便能够以“字词兼容”的方式，高效率地向电脑输入汉字的编码法及其软件。1983年通过国家鉴定，该输入法将汉字分为5种笔划类型（横、竖、撇、捺、折）和3种字形类型（上下型、左右型、杂合型）。从字形入手，即使不会读音，也能将汉字输入计算机。经过训练，每分钟可以输入百字以上。而这一切都要归功于一个人，那就是五笔字型的发明人王永民教授。

当初，面对汉字计算机输入难的问题，人们认为汉字信息化是不可能的，中国一些汉字领域的专家甚至提出废除汉字的主张，这当然受到了国人的抵制，于是有专家竟然提出“电子计算机是方块汉字的掘墓人”这样的预言。直到“五笔字型”输入法的出现，让那些唱衰中国汉字的专家集体沉默。

“五笔字型”的重要意义，正如新华社记者当年报道中所说，在中国文化史上，“其意义不亚于活字印刷术”的重大发明，它开辟了我国计算机时代汉字应用的新纪元！1999年，中国科学院院长路甬祥院士在其主编的《科学改变人类生活的100个瞬间》一书中写道：“1983年8月，中国南阳有一位叫王永民的奇人发明了五笔字型，汉字输入计算机的难题得到了根本解决。”

如何将汉字输入计算机？这是一个大问题，当时的主流十法界为汉字输入设计一个大键盘，但不难想象：假如每一台PC都需要配上一个特制的汉字大键盘，那么，汉字必将在计算机领域被淘汰。这使得人们认为是汉字本身问题，于是那种深刻的文化自卑心理认为汉字就是阻碍信息化的主要障碍。

这种文化自卑心理的形成主要是从中日“甲午”战争之后开始的，大家推究中国失败的原因，一致认为“汉字不革命，则教育决不能普及，国家断不能富强。”当时，被称为“思想界之彗星”的谭嗣同就首先带头呼吁废除汉字，改用拼音文字。民国时期的文人痛定思痛，纷纷深刻反思，寻找救国救民的方法，他们认为：中国的贫弱，显然不是推翻某个皇帝就能解决的，其中一定有什么根深蒂固的东西，限制住了中国的发展。在这种思想之下，时任北大讲授的钱玄同，将这一切的原因归结到汉字身上，正是汉字的存在，才导致几千年来中国文化一直被固定，得不到有效发展与突破。因此在思索之后，他提出“汉字乃中国落后之根本，必须废除”的言论。而钱玄同的这一理论，获得了胡适、谭嗣同、鲁迅等文豪们的支持，在他们的商议之下，一致认为汉字确实需要废除，然后转用拉丁文进行替代。于是，汉字成了中国落后的替罪羊，并展开了长达近半个世纪的废除汉字运动。废除汉字运动最终失败，但在国人的心理上还是产生了影响。

汉民族标准语是在19世纪末期兴起的对中华民族的社会、科学文化的发展产生过巨大影响的语文现代化运动中逐渐建立起来的。最初汉语拼音的发明是明朝时西方传教士为了“使中国人能在三天内通晓西方文字体系”而用拉丁文创造的。1958年，第一届全国人民代表大会第五次会议正式批准公布《汉语拼音方案》，中华人民共和国法定的汉语拉丁化拼音方案从此诞生。

进入信息化时代，在王永民看来，汉语拼音原本是为汉字注音的，如果推行“用拼音代替汉字”，汉字必然会“安乐死”，实际上拼音输入是汉字文化的掘墓机。而语音输入同样避开了汉字的字形，必然使人提笔忘字，给人们带来某些方便的同时也让人们越来越不知道汉字的内涵，离开了汉字的字形，实际上是给汉字文化挖坑。王永民敏锐地洞察到成千上万的汉字都是由基本的字根构成的！从这一思路出发进行科技攻关，终于发明了“王码五笔字型”，有效解决了进入信息时代的汉字输入难题，并实现了汉字输入技术的登顶一跳。

王永民发明五笔字型的意义绝不仅仅在于发明了一种新的输入方法，而是他开创了汉字输入能像西文输入一样方便的新纪元。从某种意义上讲，王永民解决了汉字输入问题，直接影响和推动了计算机在中国的普及，因而也有人把王永民视为”把中国带入信息时代的人”。王永民发明的五笔字型极大地增加了中国人的文化自信。

1976年，美籍华裔实验物理学家丁肇中被授予诺贝尔物理学奖，丁肇中提出用中文发表获奖感言，当时遭到了美国驻瑞典大使的强烈反对，丁肇中回应说：中文是世界上最重要的语言之一，我就是要用中文，你管不着！文化是一个民族持久发展的不竭动力，是一个国家和民族在长期的社会实践中形成的精神产物，是人类社会历史的积淀。文化自信是一个国家兴旺发达的重要支撑。文化自信源于本民族深厚的文化根脉。文化自信是国家软实力建设的指引。我们需要文化自信。

后记：我对科学方法论的一些体会

2023 年是东北大学建校 100 周年，我在东北大学学习、工作、生活了半个多世纪，回顾那激情燃烧的岁月，令人心潮澎湃。自 20 世纪 60 年代到 80 年代，我在东北大学给钢冶系各年级主讲“高等数学”“应用数学”“概率统计”“小波理论”“混沌与分形”“试验设计”等十多门课程。90 年代任东北大学计算中心教授、博士生导师，培养了 47 名硕士、19 名博士，发表国际学报 12 篇 SCI、50 篇 EI 论文，出版 10 部专著，发表论文 160 余篇。在东北大学信息工程学院“计算机软件与理论”博士点中，东北大学的“混沌、分形和小波理论与应用”研究方向曾处于国内领先地位。

在长期的应用数学实践中，虽然从事应用数学的工作近半个多世纪，但我一直引以为傲的是 1975 年首次召开的《中国概率与统计》全国数学会议，中国概率论与数理统计会议第一次在苏州阊门饭店召开，由于我参与了东北制药厂“人工合成黄莲素”的数学应用实践工作，打破国外专利封锁为东北制药厂解决黄连素回收率问题，为国家节省了大量外汇，成为辽宁省唯一正式受邀代表，并得到中科院数学与系统科学院的表扬和鼓励。

黄连是常用中药材之一，在我国有悠久的种植历史。但是天然合成黄连素需要从南方福建一带生长 60 年的“黄樟树的树根”中提取，20 世纪 70 年代，当时 60 年生长树根已挖掘完了，只能购买国外专利进行人工合成，但是由于美、欧、日的专利封锁，卡我们的脖子，我们只能自力更生，人工合成黄莲素的任务下到了东北制药厂，通过查阅各种专利目录，根据各种各样目录介绍来“拼凑”实验方案进行＂全厂工人大会战＂，三个月未果，回收率始终徘回 50%左右。

当时东北工学院（现名为东北大学）党委的领导是我们副校长、学数学出身的革命老前辈庞文华女士，当年她亲手抓的试验点就是《回归设计在炼铁的应用》。在她的亲自领导和鼓励下，对我们年轻的数学工作者给予充分信任和支持，在辽宁丹东与当时东北制药实验室的技术团队密切配合，利用数学上的回归设计算法解决了东北制药总厂的《人工合成黄莲素关键技术》，让回收率从 46% 上升到 98%，片剂的成本由几元钱下降至几分钱，用事实打破欧美日专利封锁，为国家节省了大量外汇，这是当时全国唯一一次货真价实的应用数学实践。后来这次应用数学实践总结成《最优设计理论与应用》并获得辽宁省科技进步一等奖。

后来，这次在东北制药厂的数学应用实践过程和原创算法以《回归设计与应用》的标题论文发表在 1978 年的中国权威的《应用数学学报》和《数学的实践与认识》上，连续 3 期刊登，向全社会推广。最优设计对解决科学试验中建立数学模型、获得最佳工艺条件和质量控制等问题，是一种极其有效的统计数学工具。最优设计理论在国内的应用遍及采矿、钢铁冶金、有色冶炼、金属材料、机械制造、自动控制、轻化工等等领域内，均取得较好的成果。

试验设计是统计学的一个分支，也是应用数学的最有使用价值的一个分支，是数学应用于实践的典型，回归设计的正交实验法，其数学的核心是利用了高斯分布、最小二乘法、矩阵等，把采集到的大数据通过矩阵进行平移、旋转和放大处理，在试验点和回收率之间建立回归方程，这里面涉及了概率论、测度论、集合论、勒贝格积分、实验设计等等基本的数学理论。随着计算机技术的发展，试验设计的方式方法得到了根本上的提升。1986年，我们遇到一个在炼钢中的实际问题，如何在炼钢中通过混料设计而开发出最佳钢铁，这需要建立数学模型和算法。于是我们采用混料实验设计的方法，混料问题也是统计学的分支，有悠久的历史，混料实验设计采用数学统计的方法达到最省钱、最省力、最快地找到生产中工艺参数和期望的目标之间最佳、最可靠的关系。我们首次提出"混料设计的对数项模型"，运用这一模型有效地解决了炼钢中微量元素的比例搭配问题，并通过这一实际问题的解决抽象出一个关于混料问题的数学算法，即"对数项混料模型"。当时为了对这一模型进行证明，我们自编软件利用CAD方法证明了"对数项混料模型的KieferD一最优性"，在东北工学院计算中心的ACCOS计算机上运行了三天三夜，共72小时！这是国内首次用计算机证明一个数学模型，开创了一个先河！这一成果发表在由中国著名数学家华罗庚主编的1987年英文版中国《应用数学学报》(Acta Mathematicae Applicatae Sinica)(VoI.3 No.1—1987,26页—36页)，发表这一成果的英文标题是"D-Optimality And Dn-Optimal Designs For Mixtures Regression Models With Logarith-Mic Terms"

朱伟勇教授1981年至1983年为美国北卡罗来纳州阿巴拉契大学高级访问学者，图为在美国北卡罗来纳州阿巴拉契大学讲学

（对数项混料模型 KieferDn 一最优性 CAD 证明）。1990 年《最优设计理论的计算机回归设计证明与构造》获国家教委、冶金部科技进步一等奖。

20 世纪 80 年代我作为交换学者由东北工学院派往美国北卡州立大学阿巴拉契大学，期间参加美国统计数学大会，赴肯塔基州 Morehand 大学介绍“回归设计与应用”及有关算法，讲课期间与陈惠森教授共同翻译文章“纪念国际著名统计学家杰克·卡儿·凯佛（1924—1981）”，此文发表在《数学的实践与认识》（《科学出版社出版）1984 年 No. 1，该杂志由中国科学院“数学与系统科学院主办”，现为北大学报）。

1983 年，我作为访问学者去到美国，这次访问使我首次参加了《美国统计学会年会》，在分会场听到了美国马里兰大学教授讨论《OGY 混沌控制方法》，当时觉得非常新鲜有趣！在国内仅仅听过张嗣瀛教授介绍《卡尔曼滤波控制方法》，由概率论中马尔柯夫过程演变而来，当时感到神奇，目前又有学者研究《OGY 混沌控制方法》，使人惊奇万分。同时法国数学家伊夫·梅耶尔（1939—　）为勘探石油改变傅立叶变换，提出了在傅立叶变换基础上考虑位置与边缘精细筛选的“小波变换”新方法！该方法在探测引力波、测慌仪、癌细胞边缘提取等应用中获奇效。小波理论处于数学、信息技术和计算科学交叉的发展领域，他的研究成果使小波分析发展成为一种逻辑连贯、应用广泛的理论。2017 年度世界著名的数学阿贝尔奖授予法国数学家伊夫·梅耶尔，以表彰他在小波数学理论发展方面发挥的关键作用。

在高等数学的学习中了解过数学的三大变换：傅立叶变换、拉普拉斯变换、Z 变换，这是极其有用的算法。傅立叶变换能将满足一定条件的某个函数表示成三角函数（正弦和／或余弦函数）或者它们的积分的线性组合。傅立叶分析最初是作为热过程的解析分析的工具被提出的，可以看作是复杂性研究的第一次定量分析。拉普拉斯变换是傅立叶变换的推广，拉普拉斯变换是一个线性变换，是解常微分方程一种代数方法，拉普拉斯变换在许多工程技术和科学研究领域中有着广泛的应用。Z 变换（英文：z-transformation）是一种离散变换，可将时域信号（即离散时间序列）变换为在复频域的表达式。拉普拉斯变换是傅里叶变换的扩展，傅里叶变换是拉普拉斯变换的特例，Z 变换是离散的傅里叶变换在复平面上的扩展。

这三种经典数学方法统治了数学 200 多年，那么是不是还有新的算法、变换出现呢？所以，当我接触到混沌分形的思想和算法时，好像一股新鲜空气吹进来，使一成不变僵化脑子开了点窍，数学哲学思维才是数学本质属性、创新亮点。20 世纪 90 年代初，东北大学申请了“计算机科学理论与应用”博士点，在中国科学院院士、北京大学信息科学技术学院教授杨芙清院士主持审核之下，国家教委通过审核的第一批有五所大学，包括北京大学、北京中国计算机所、西安电子科大、清华大学、东大大学，东北大学申请的名称“计算机科学理论与软件”后来改称为“计算机软件与理论”。

在我们的博士讨论班上，中科院院士郝柏林教授的著作《从抛物线谈起》是我们重点讨论的读本，这本书对于混沌理论进行了由浅入深，再深入浅出的叙述，体现了郝柏林院士认真细致、一丝不苟的学者气质和深厚的学术涵养！混沌是一种运动过程的状态，而分形是混沌过程的投影或映射。我与我的博士们在研究混沌的过程中，对 M 一丁混沌分形芽苞的周期规律进行猜想，认为与斐波那契序列有关，因为斐波那契序列的和包含有无理数，所以斐波那契序列是通向混沌的一条道路。这一猜想的论文标题是《周期芽苞 Fibonacci 序列构造 M-J 混沌分形图谱的一族猜想》，发表在 2003 年第 2 期的《计算机学报》上。这只是猜想，没有证明，希望有兴趣的年轻人可以勇敢地尝试证明一下。

在东北大学信息工程学院“计算机软件与理论”博士点研究生讨论班上，我与在“混沌、分形和小波理论与应用”研究方向的博士生们对非线性科学思想进行了全面的探讨。

分形体现了自然界无限细分的思想，曼德勃罗特认为那些表面上看起来杂乱无章、高度无序的现象蕴涵着深刻的规律性。曼德勃罗特认为空间不是传统认为的那样是光滑、平直或弯曲的，而是破碎的。用分数维代替欧氏空间的整数维，在新的度量和运算规则下，产生了今天的“分形空间”。曼德勃罗特当时在 1982 年出版的《大自然的分形》里面，认为空间和时间是一种混沌动力学的结构，混沌就是研究物体运动的动力学过程，混沌动力学过程通过迭代所产生的时空结构，这个科学发现带来了新的时空观。

爱因斯坦广义相对论指出，在引力场的作用下“时空弯曲”，使牛顿的绝对时空观念受到冲击，由“平直的欧氏时空”到“弯曲的非欧时空”，这不仅仅是物理学上的一次革命，也是认识论上一次重要的突破。分形理论的出现再一次说明:“物理、几何的直观对于数学问题和方法是富有生命力的根源”这一哲理的深刻性，“分形的概念”再一次唤起人们对原有欧氏空间的“测度”和“量纲”概念的转变，促使人们进一步寻找和认识反映自然客观新的空间观。

人们从数学与物理等自然科学中学习了一系列的空间知识，从线性变换开始概括出线性空间与子空间的概念，从了解夹角直观意义上升到内积或对偶空间、对偶映射与正交补空间和希尔伯特空间，由于对空间概念不断升华，使人们具备更加深刻的抽象思维的概括能力，对各种尺度运算操作赋予各种新意。为此，巴拿赫空间、概率空间和尺度空间与一致空间应运而生。由于物理学上时空概念发生深刻的变化，使人们对现实空间认识不断深化，从平直无穷伸展的绝对时空，发展到封闭正曲率与无穷伸展的负曲率空间，这些新鲜的创造性思维对人类认识论产生巨大的冲击，促使数学思维更新换代，人们对各种运算操作反复认识，以及所遵循的客观规律的符号体系形成一套共识，在千变万化的操作过程中，“拉伸压缩”变换下的“不变性”给予人们创造性灵感的思维。

自然科学及数学的难点一数学的哲学思维一时空变换，例如：人的思想被原时空或旧的时空束缚，会习惯地从旧时空标准衡量新时空或称相空间，而聪明人善于跳出旧时空的度量尺度，只会用四则运算求线尺量距离、体积面积；当进入新时空时需要用新尺度量度，为了区别旧时空的距离测量单位，新时空的测量单位一般被称为测度、正交、线性无关等。在混沌分形中，用新时空标准新维数新度量新测度计算新目标，康托尔集是在旧空间欧氏空间闭区间 0,1 上三等分，去掉了一个（1/3 及 2/3…）这种无限过程，使得在欧氏空间形成了康托尔集三进制的无穷点集，当出现从无穷三进制小数转到无穷二进制小数时，就从旧空间（一维的欧氏空间）到新空间（分数维的豪斯道夫空间），康托尔集在旧空间中长度是一的对象被无限三等分迭代后，好像长度变为零，实际上在新空间中，长度仍然是一，因为新空间的维数是分数的！

几何学的发展史就是空间观念的发展史，非欧几何的产生说明欧几里得的平行公设不是空间本身所固有的特性，而是加在空间上的先验性假定，这样，空间的观念有了革命性的突破。“空间”的重要性在于它是数学演出的舞台；随着一种新的空间观念的出现和成熟，新的数学就会在这个空间中展开和发展。通过对空间发生、发展与构造过程的分析，使人们认识到支撑空间概念产生的三大框架：共性、操作（运算：代数运算、代数系统及其他）和抽象的符号体系。从共性中延伸出：交换、结合、分配、零元、逆元、空集、封闭与完备等八大共性是构成框架形式化第一标准。其次，建立空间运算操作系统，使空间“活化”（可以对集合进行合并、通交、映射、压缩、内积、旋转、移动、迭代等一系列活动），并形成合理的符号表达形式及推导系统，从而为发现未知的新规律创造条件。构造科学空间的三大要素，即是：首先根据实际现象制定新测度和新标准，研究自然现象中无标度性，无特征长度的特性，合理制定新测度，这是一种科学思想和观念，是一种原始创造性思维的反映。其次，该新测度和新标准必须满足八大数学共性（封闭性、完备性等）。第三，建立抽象的符号表达式及推导系统，构造新的分形拓扑空间，并研究其中集合与迭代函数系的混沌分形性，以及压缩映射的构造和证明，度量构造集间的豪斯道夫测度的“拼贴定理”，进而完成混沌分形图谱最优设计计算机构造的运算体系，为发现未知的新规律创造条件。这里面的关键要点在于创新思想，所有的数学符号、所有的数学公式背后都是为了表达那种新的创新思想，如果我们对于那些创新思想把握不住，就会停留在表面公式的推导，同时也会对大量的数学符号产生畏惧。

美国科学哲学家托马斯库恩在《科学革命的结构》中认为曼德勃罗特的混沌分形有可能使人们的时空范式再一次发生转移，产生科学革命。混沌分形理论实际上也提出了一种时空观，虽然是以直观的分形几何为表达的，但其中的数学思维与时空观是深刻的。

西方科学的传统是追求逻辑性和明晰性，最好是能够被数学化和公理化。而在复杂性科学方法体系中，隐喻却是重要的手段。隐喻实际上就是文学中使用的暗喻手法。在许多学科中都有隐喻的运用，比如在管理学中，通过对蚂蚁和蜜蜂的观察来研究组织行为学。复杂性科学的研究者认为丰富的隐喻和类比，是创造性科学的核心。隐喻是复杂性研究的一种方法，意指对宏观实在各个方面的描述和动力学模拟。隐喻通常被用来表达关于实在的现象。隐喻复杂性概念主要通过比喻、类比等方式来达到表述用精确语言难于表述的复杂事物，用隐喻的概念表达难于言说的复杂现象。复杂性科学中有不少隐喻，如蝴蝶效应、面包师变换、路径依赖、奇怪吸引子、人工生命等等。本书中的序言用中国的拉面隐喻复杂的混沌分形动力学就是典型的隐喻。实际上到目前为止还没有人研究出中国拉面的动力系统数学模型，虽然我们清楚地知道中国拉面与斯梅尔的“面包师”变换在本质上是一样的，但中国拉面的数学模型仍在等待着它的中国“斯梅尔”出现。期待有志于非线性科学的青年数学家们关注这一课题。

我经过半个多世纪才顿悟数学的核心是思维方法！数学思维要高于数学证明！我们总是认为高难度的数学证明是最重要的，实际上数学技巧并不能产生创新的数学思维，例如英国的伟大物理学家狄拉克发现薛氏量子概率波动方程的本质与海森堡量子矩阵特征值方程是等价的，由此引申发现最美的“狄拉克方程”，求解过程量子轨道除经典的平移旋转之外，狄拉克猜出正电子存在并无中生有出“反物质”的概念，开创了物理研究的崭新领域！科学数学思维创新是一种”猜”的艺术！

在东北大学的“计算机软件与理论”博士点，我先后培养了19名博士，其中13名后来成为教授，五名成为博导。我已发表专著八本700多万字，论文160多篇，SCI 12篇 EI 50多篇 ISTP 20多篇，培养19位博士（现15位正教授，一位2级教授，6位博导）。

非线性科学领域是新兴的自然科学领域，应用非常广泛，混沌是研究自然界非线性系统内部随机性的科学，而分形理论是与混沌紧密联系的一门新兴学科，它研究非线性系统内部的确定性与随机性之间的关系，它们是自然界中普遍存在的现象。对它们的研究和应用已经涉及几乎自然科学和社会科学的所有领域，成为现代学科研究的前沿领域。希望有更多的中国年轻学者关注这一领域。

我也曾在美、加、德、日、韩及中国香港和台湾地区进行学术交流与讲学，并曾荣幸地在中国科学技术协会向两弹元勋朱光亚、周光召二位元老介绍曼特勃罗特“混沌分形及形成混沌的斐波那契通道”。我从1990年开始担任辽宁省科协副主席职务及东北大学计算机学院“理论与软件”博士生导师，直到2006年退休。退休后曾为社会各界及东北大学学生讲《时空简史》《数学危机》《六大时空观》《欧氏与非欧几何》《牛顿极限与微积分》《麦克斯韦及拉普拉斯算子》《傅立叶变换及小波算子》等系列科普讲座。

我们创作的《时空简史一从芝诺悖论到引力波》《科学的数学化起源》《混沌中的机遇》都是属于科学人文类的科学哲学读物，半个多世纪的思考，二十多年的创作，只能算是抛砖引玉。对于中国的科普现状，我认为分为几大类科普，实际应用的科普，具体科学知识的科普，科学家生平事迹的科普，科学历史发展的科普，科学哲学的科普等等。这其中，科学哲学类的科学普及非常少，而实际应用的科普则非常多。科学哲学类的科普更关注的是科学思维的产生、创见和发展的过程，科学哲学实质是创新哲学，特别是原始创

新的哲学。哲学是科学之母，西方两大哲学传统中的唯理论哲学孕育的数学哲学及经验论哲学孕育的实验哲学，构筑了西方科学的两大支柱，科学的核心就是数学加实验。但是这里要注意的是，西方科学哲学的兴起是在西方哲学传统的基础上使“哲学科学化”的一种努力和拓展，在这一过程中，科学思维与科学方法也成为科学哲学研究的重要对象。如果科学知识是“术”的话，那么科学哲学探讨的则是“道”。在中国，除了科学知识的传授之外，也应注重科学哲学的“道”的传播。中国科学哲学的使命应是在广大中学生、大学生中传播科学精神、科学思维、科学方法，通过对科学历史、科学哲学的了解，增加我们在原始创新中的胆识。在我们的教育体系中更注重科学知识及实用技巧的“术”的训练，忽视科学精神、科学思维、科学方法的“道”的熏陶，而这正是科学哲学的领域。可能由于我们常年关注实际应用的科普，甚至导致了我们有不少专家认为科学人文类的内容可能都不属于科普的范畴！这是悲哀的。我们应大力向我们的中学生、大学生及社会各界系统介绍科学哲学的内容，培养他们的创新哲学思维，对于科学我们不仅要知其然，还要知其所以然，常言道：有道无术，术上可求，有术无道，止于术！。期待更多的年轻人投身到科学的创造发明中去，为民族复兴贡献自己的力量。

朱伟勇

2023 年